# EL PENSAMIENTO MUSICAL

Susan Rogers es doctora en Psicología por la Universidad McGill y profesora de Cognición Musical en el Berklee College of Music de Boston, donde recibió el Berklee Distinguished Faculty Award, el máximo galardón docente de la institución. Antes de dedicarse a la ciencia, Rogers fue productora discográfica, ingeniera de sonido y mezcladora, y obtuvo varios discos de platino. Es conocida por su trabajo con Prince en *Purple Rain*, así como con David Byrne, Barenaked Ladies y muchos otros artistas.

OGI OGAS, doctor en Filosofía, es neurocientífico matemático y autor de *Journey of the Mind: How Thinking Emerged from Chaos.* Fue becario del Departamento de Seguridad Nacional y becario de investigación en la Escuela de Posgrado en Educación de Harvard. Se dedica a escribir sobre autismo, felicidad, conciencia y sexualidad. Su libro *A billion wicked thoughts* alberga una de las investigaciones más exhaustivas jamás publicadas sobre el deseo erótico.

SUSAN ROGERS y OGI OGAS

# EL PENSAMIENTO MUSICAL

**La neurociencia detrás de las canciones
que nos enamoran**

Traducción de Haizea Beitia

Título original: *This is What it Sounds Like: What the Music You Love Says About You*

© del texto: Susan Rogers y Ogi Ogas, 2022
© de la fotografía de Susan Rogers: Sharona Jacobs
© de la traducción: Haizea Beitia, 2026
© de la edición: Blackie Books S.L.
Calle Església, 4-10
08024, Barcelona
www.blackiebooks.org
info@blackiebooks.org

Diseño de cubierta: Luis Paadín
Imagen de la cubierta: Matt Broughton | Getty Images
Maquetación: David Anglès
Impresión: Liberdúplex
Impreso en España

Primera edición: marzo de 2026
ISBN: 979-13-87748-79-1
Depósito legal: B 24060-2025

MIXTO
Papel | Apoyando la
silvicultura responsable
FSC® C109440

*Para Art, a quien la música salvó.*

Esa sensación de libertad absoluta, de no tener un rumbo fijo y, aun así, estar en el mejor camino; esa sensación de decir: *de algún modo, soy parte de esto.*

SAM PHILLIPS, productor,
sobre dedicar la vida a hacer discos

# Índice

# *Escucha este libro*

El libro que tienes entre manos te invita a escuchar unas cuantas grabaciones concretas. Para disfrutar de la experiencia al máximo, te recomendamos que las busques y las oigas en alguna plataforma de streaming conocida, como Spotify, Tidal, Apple Music, Pandora, iHeartRadio o Amazon Music. Encontrarás una lista de las canciones de *El pensamiento musical* en esta página web que hemos creado: ThisIsWhat ItSoundsLike.com.

# Obertura

Puedo identificar el momento exacto en el que comenzó la travesía que me llevó a ser oyente de música profesional. Tenía veinte años y estaba en un concierto de Led Zeppelin en el Forum de Los Ángeles. Y, tras haber presenciado varios cientos más, aún diría que ese fue uno de los mejores que he visto nunca. Robert Plant estaba ya en la cúspide de su fama como dios del rock e hipnotizaba al público con su voz, mientras que el guitarrista Jimmy Page, ataviado con un traje de seda negra bordado con dragones entre naranja y carmesí,[1] arremetía con incendiarios *power chords*. Pero cuando el concierto había llegado casi a la mitad —el grupo no había tocado aún clásicos como «Kashmir» o «Stairway to Heaven»—, me di cuenta de que había llegado el momento de irme.

Aquello me partió el corazón. La música confería el sentido y la pasión más reales a mi vida, y el concierto me había llevado a un estado de puro éxtasis. Pero si no estaba en casa a las diez y media, se me iba a caer el pelo. Y no por culpa de mis padres. Mi madre había muerto cuando tenía catorce años y yo ya no vivía con mi padre. Había dejado el instituto con diecisiete años para casarme con mi novio, que me sacaba unos años, pensando que el matrimonio sería la vía más rápida para conseguir seguridad e independencia. En lugar de eso, se había convertido en una trampa cargada de desesperación y soledad. A mi marido le molestaba que me gustara tanto la música, y si no respetaba el toque de queda que me imponía, me esperaba en la puerta celoso y colérico (en el mejor de los casos). Así que cuando Page se lanzó a interpretar los arpegios acústicos que abren «Bron-Y-Aur Stomp», pedí disculpas a mis desconcertados amigos y me dirigí a la salida con paso solemne.

Me sentía impotente y deprimida a más no poder. Durante toda mi vida había disfrutado de una relación intensa, irresistible y, al parecer, esencial con la música —cuando la escuchaba, sentía que cada nota era importante, que cada verso sonaba auténtico—, y a pesar de todo me habían intimidado hasta el punto de tener que abandonar una de las experiencias musicales más emocionantes de mi vida, solo para volver a un lugar de aislamiento. Entonces, de pronto, me embargó un sentimiento de desobediencia y desafío. Me detuve y, al estilo de Scarlett O'Hara, erguí la espalda, alcé la mirada hasta las vigas del pabellón y juré: «¡Algún día volveré al Forum para que una banda brutal suene increíble en directo!».

Las posibilidades de cumplir el juramento eran nulas. Para empezar, ni siquiera tenía muy claro lo que hacía una técnica de sonido, y mucho menos cómo convertirme en una. No sabía tocar ningún instrumento. No sabía cantar. No conocía a músicos ni a nadie de la industria. Me ganaba la vida ensamblando válvulas cardíacas en una cadena de montaje biomédica. Y, aun así, aquella fantasía improbable llevaba arraigada en un rincón de mi mente desde que, de niña, había visto la foto de la contraportada de un disco de Sonny & Cher. La imagen mostraba a un hombre sentado frente a una compleja consola repleta de botones, potenciómetros y controles deslizantes. El pie de foto rezaba: «Ingeniero de sonido». Cuando vi esa imagen sentí, más que pensé: «Este tío está haciendo discos sin tocar ni un solo instrumento... ¡tal vez yo pueda hacer lo mismo!».

Poco después del concierto de Led Zeppelin, decidí tomarme en serio el juramento. Me divorcié y me mudé a Hollywood con menos de cien dólares en el banco. Convencí a una empresa de sonido profesional para que se la jugara conmigo y me contratara como aprendiz de técnica de sonido. Me enseñaron a instalar y reparar el sofisticado equipo electrónico de los estudios de grabación, aquellos talleres mágicos donde los genios de la música creaban discos. Trabajar como técnica de sonido no era ni la mitad de glamuroso que hacer música —o que mezclarla, dicho sea de paso—, pero en unos pocos años adquirí conocimiento de primera mano sobre cómo grababan algunos artistas talentosos, por ejemplo, Crosby, Stills & Nash, Jackson Browne y Bonnie Raitt.

Admiraba a todos los artistas cuya música tuve la suerte de acompañar, pero mi estilo favorito era el soul: intérpretes como James Brown, Marvin Gaye, Al Green y Sly Stone. Y no había dudas sobre quién era mi preferido. El recién llegado que se estaba cargando todas las convenciones del rock, el pop y el soul: Prince. Pero este grababa en otro lado, y yo era consciente de que jamás cruzaría las puertas del estudio angelino donde trabajaba.

La cosa cambió un día de principios de verano de 1983, cuando me llamó un exnovio que ejercía de técnico jefe en Westlake Audio, los estudios predilectos de Michael Jackson. Con su marcado acento bostoniano, John soltó: «El trabajo de tus sueños te espera, ¡Prince está buscando técnico!». Supe que el puesto sería mío al instante. Era fan de Prince desde que oí su primer sencillo, «Soft and Wet», en un loro portátil que un adolescente negro llevaba sobre su regazo en los asientos traseros de un bus que, a paso de tortuga, recorría el Sunset Boulevard de Hollywood en dirección este. Había visto a Prince un par de veces en directo en sus giras y tenía todos sus discos. También sabía, por lo que se comentaba dentro del mundillo, que le gustaba trabajar con mujeres.

Su sonido, que era una coctelera de géneros, y su imagen vanguardista lo convertían en un *rara avis*, en alguien ecléctico y al margen de los músicos de folk-rock de mi entorno en el sur de California. Pero como yo era una de ese puñado de técnicas de sonido dentro de la industria, eso me convertía a mí también en una *rara avis*. Ninguno de los técnicos más experimentados de Los Ángeles tenía interés en el puesto, porque exigía mudarse al Medio Oeste, a miles de kilómetros del meollo de la industria del entretenimiento. Yo, sin embargo, estaba dispuesta a dejarlo todo atrás, mudarme a Minneapolis y convertirme en la técnica personal del artista que más me importaba.

Prince acababa de terminar la gira de *1999*, un rompedor disco doble. Apenas estaba comenzando a preparar su siguiente álbum, y lo primero que me tocó hacer fue instalar una nueva mesa de mezclas en su casa. La tarea me llevó más o menos una semana, tras lo cual comenzamos a tener brevísimas conversaciones. (Prince era conocido por ser taciturno, sobre todo mientras trabajaba.) Lo poco que hablábamos se ceñía a temas de equipo y asuntos prácticos, pero un día conduje hasta el portón exterior de su casa con «Thank You (Falettinme Be Mice Elf Agin)» de Sly & the Family Stone sonando a todo trapo en el coche. Bajé la ventanilla y llamé al interfono. Prince respondió... cantando la canción.

Quizá fue entonces cuando se dio cuenta por primera vez de que compartíamos gustos musicales, de que «vivíamos en la misma calle», como a él le gustaba decir. Tal vez por eso, una vez terminada la instalación del equipo y sin que yo me las viera venir, me invitó a sentarme en la silla del ingeniero de grabación.

Hay una gran diferencia entre una técnica de sonido y una ingeniera de grabación. Por explicarlo mediante una analogía con el mundo del cine: la ingeniera de grabación es como la directora de fotografía, mientras que la técnica de sonido sería el miembro del equipo que se encarga de reparar la cámara. Pero

Prince parecía no darse cuenta —o, más bien, no le importaba lo más mínimo— de que yo no tenía experiencia alguna en el arte de manipular el sonido. Confiaba en mis conocimientos técnicos y, de manera un poco osada, se atrevía también a confiar en mi capacidad de escucha. Para alguien tan decidida como yo a abrirse camino en la industria musical, se trataba de una oportunidad de oro. Estaba aprendiendo a grabar discos con una de las mentes más originales de su generación; oía lo mismo que él, escuchaba a través de sus oídos. Mi primera experiencia profesional en la silla de ingeniera me sirvió para comprender que todas las horas de felicidad que había pasado escuchando discos me habían dotado de un amplio marco mental para tomar decisiones musicales. Una vez que la ingeniera domina las herramientas técnicas del oficio, el siguiente paso consiste en usarlas para crear algo que le guste. Lo que siempre había sido mi pasión —escuchar discos— me ayudó a manipular el sonido aquí y allá hasta dar con algo que mi nuevo jefe aprobaba.

El disco que concebimos en aquel estudio subterráneo fue *Purple Rain*. Se convirtió en uno de los álbumes más exitosos e influyentes de todos los tiempos, vendió más de veinticinco millones de copias y le valió a Prince dos Grammys y un Óscar. Se mantuvo en el número uno de la lista *Billboard 200** durante veinticuatro semanas, igualando al sexto disco que más tiempo había ocupado esa posición hasta entonces.

Acompañé a Prince en la gira de *Purple Rain* como ingeniera de sonido y uno de los recintos que nos tocó visitar fue el Forum de Los Ángeles. Aunque no me encontrara mezclando el sonido en la mesa frente a las tablas, conseguí lo que me parecía un trabajo mucho mejor: grabar el concierto desde un

---

* Se trata de la principal lista de álbumes de Estados Unidos, elaborada por la revista *Billboard* en función de las ventas y las reproducciones en streaming de dicho país. Existe también la lista *Billboard* de las 100 mejores canciones. (Todas las notas a pie de página son de la traductora.)

estudio móvil en un camión aparcado tras el escenario. El concierto iba a quedar registrado para la posteridad y yo era la responsable de ello.

En casi todos los sentidos, aquella era una fecha de la gira como cualquier otra. Se instalaron y probaron las luces y el sistema de sonido. Las plataformas y la utilería se colocaron en su debido sitio en el escenario. Se instalaron los micrófonos e instrumentos, se establecieron las conexiones y se hizo el *linecheck* para comprobar los canales. Y todo gracias a la eficiente labor de un equipo curtido en la carretera. Pero para mí esa fecha era de todo menos rutinaria.

Hice las mismas revisiones de siempre: ajustar los micros y los niveles de volumen y preparar el sonido meticulosamente durante la prueba de la banda. Pero a cada momento podía sentir las vigas del pabellón sobre mi cabeza. Recordaba con total exactitud el lugar donde me había parado ocho años antes, cuando había lanzado al aire aquel imposible juramento. Y ahora se estaba haciendo realidad: era una ingeniera de grabación profesional trabajando en el Forum para mi artista favorito del mundo.

Unas pocas horas antes del concierto, fui al camerino de Prince con el casete de la prueba de sonido para acabar de concretar algunos detalles de último minuto. Estaba solo, sentado frente a un tocador. Pese a que rara vez le contaba cosas personales, aquel momento era demasiado como para guardármelo.

—Prince, me gustaría contarte algo...

Se giró y me clavó una mirada inquisitiva. Le hablé de la promesa que me había hecho en el concierto de Led Zeppelin y cerré mi historia con unas palabras sencillas que, esperaba, sirvieran para expresar una verdad muy simple: «Así que quiero darte las gracias por hacer que mi sueño se haga realidad».

Todo el mundo sabía que Prince era alguien que evitaba la cháchara y las conversaciones personales innecesarias, y que prefería compartir sus ideas a través de las letras de sus canciones. Tanto en público como cuando trabajaba con otra gente, ponía siempre cara de póker para proteger su arte de las incesantes demandas y distracciones del estrellato. Rara vez vi al Prince auténtico, previo a la fama, que se escondía tras ese velo, pero aquella noche fue una de esas escasas ocasiones. Una gran sonrisa le iluminó el rostro, señal de que haberme ayudado a que mi fantasía se hiciera realidad le alegraba de veras, y en sus ojos pude identificar que él también estaba viviendo un sueño. No hacía falta decir nada más. Aquel fue uno de los momentos más relevantes de los cuatro productivísimos años que pasamos juntos.

Al cabo de un tiempo, regresé a Los Ángeles y me puse a trabajar como ingeniera de grabación por mi cuenta. Las discográficas y artistas no tardaron en descubrir que tenía buen oído además de habilidades técnicas. Ascendí otro peldaño en mi carrera y pasé a ser productora musical. Si la ingeniera de grabación es como la directora de fotografía de las películas, la productora sería la directora: guía a los actores en su interpretación, analiza la disposición de las cosas y da forma al producto final para que cumpla con los objetivos artísticos.

A mediados de los noventa, me había convertido en una de las pocas mujeres productoras musicales exitosas en una industria totalmente dominada por hombres. (Durante la mayor parte de mi carrera en los años ochenta y noventa, podías contar con los dedos de una mano las mujeres que trabajaban exclusivamente en puestos de producción.) Edité, mezclé o produje música con diversos artistas, entre ellos David Byrne, Tevin Campbell, Rusted Root, Robben Ford y Geggy Tah. Trabajé en discos de oro y platino, incluida la coproducción del hit número uno de *Billboard* «One Week», de Barenaked Ladies. Había alcanzado la cumbre como oyente de música profesional: grababa canciones, es decir, las convertía en objetos de devoción y afecto para los oyentes. Sin embargo, durante gran parte de mi carrera, y pese a que trabajaba estrechamente con algunos de los músicos más talentosos de la industria, en privado me asaltaba a menudo una pregunta inquietante.

¿En serio escuchar música importaba tanto?

Pese a que cobraba bien y siempre me ganaba el respeto de mis colegas, sentía que una línea invisible atravesaba el estudio y que yo no podía cruzar al otro lado. En mi cabeza, yo no era más que una «mera» oyente. A menudo me dejaba convencer por lo que sugerían los músicos, incluso cuando pensaba todo lo contrario, porque creía que mis opiniones sobre música no tenían tanto peso como las de un compositor o un intérprete. Asumía y amaba el rol de productora de discos, pero durante las conversaciones más específicas y sutiles sobre cómo funciona la música, a veces me sentía como una mera espectadora.

Mis creencias sobre la importancia de escuchar no cambiaron de la noche a la mañana, pero sé que empezaron a tambalearse tras un memorable encuentro con uno de los músicos más aclamados de todos los tiempos: la leyenda del jazz Miles Davis. Aunque tuvieron que pasar varios años para que floreciera por completo, Davis plantó una semilla de sabiduría que, con el tiempo, acabó transformando mi perspectiva sobre lo que, en última instancia, significa escuchar música y me llevó a escribir este libro.

Un día, Miles visitó a Prince en su casa de Minnesota para cenar y escuchar parte del material en el que estábamos trabajando. Cuando acabaron de comer, bajaron al estudio, donde yo los esperaba. Miles permanecía de pie, dándome la espalda, mientras hablaba con el padre de Prince, John Nelson, un pianista de jazz. Los dos veteranos músicos estaban inmersos en una absurda conversación de sobremesa acerca de pantalones.

—Me encantan esos pantalones de rayas que sueles llevar —dijo el padre de Prince.

—No llevo pantalones de rayas —repuso Miles.

—Te digo yo que sí, que te los he visto.

—¿Dónde me has visto con pantalones de rayas?

—En la tele. En los Grammys.

—¡Que no tengo ningún pantalón de rayas!

—¡Que sí! ¡Blancos y negros!

—¡Te estoy diciendo que no tengo ningún pantalón de rayas! —insistía Miles.

De repente se dio la vuelta, clavó sus ojos redondos y célebres por su intensidad a pocos centímetros de mi cara y exclamó:

—¡Sí que tengo! —dijo, como si llevara hablando conmigo todo el tiempo—. ¡Son de piel de anguila, como en Vietnam!

Decidida a no ceder terreno, solté:

—¡¿Anguila?! ¡¿Como en Vietnam?!

Sin retroceder ni un ápice, Miles Davis mantuvo su rostro incómodamente cerca del mío y me acribilló con un montón de preguntas aceleradas:

—¿Y tú quién eres?

—Susan.

—¿De dónde?

—Anaheim.

—¿A qué te dedicas?

—Ingeniera de sonido.

—¿Cuánto tiempo llevas aquí?

—Unos pocos años.

El aluvión de preguntas continuó y yo fui dándome cuenta de que aquel peculiar diálogo era lo mismo que hacían los músicos de jazz: Miles me estaba «lanzando» riffs verbales a los que yo debía responder, sin pausa, como si estuviera improvisando con un colega de profesión. Me sentí un poco orgullosa de poder devolver sus saques y mantener el ritmo de la partida. En el momento más álgido del dueto, Miles soltó la afirmación que me llevaría a reconsiderar el valor de mis contribuciones a la música.

—¿Eres músico?

—No.

—No pasa nada —proclamó, con sus enormes globos oculares fijos en los míos—. Algunos de los mejores músicos que conozco no son músicos.

Y acto seguido se dio media vuelta, dando la jam session por terminada.

Aquel día no comprendí del todo la enigmática afirmación de Miles, pero intuí que tenía algo de cierto y que, además, resultaba esencial para comprender la naturaleza de la música. Sus palabras rondaban mi mente mientras trabajaba con músicos, productores e ingenieros, cuando explorábamos la música desde los detalles más nimios hasta el marco más general. A medida que ganaba confianza en el estudio y veía trabajar a toda una variedad de mentes musicales, fui comprendiendo poco a poco que la perspectiva que estaba desarrollando complementaba las teorías formales que se enseñaban en los conservatorios como Juilliard y Berklee.

Escuchar la música —fijarse en qué funciona y qué no en una canción; sentir los ritmos y las melodías como si fueran parte de tu cuerpo igual que los dedos y las caderas— es un componente indispensable de la música en sí. Si nos ponemos puramente prácticos, sin oyentes no hay música. Al percibir, sentir y reaccionar ante las múltiples dimensiones de una canción, el oyente cierra el ciclo creativo y completa la experiencia musical. El mensaje implícito en la afirmación de Miles Davis era la convicción de que, en lo que respecta a la creación de una experiencia musical, el acto de escuchar puede ser tan vital como la propia interpretación.

Pero fíjate en este matiz crucial: *puede ser*. No ocurre de manera automática. Escuchar no es lo mismo que oír. La escucha es un proceso activo, no pasivo, y convertirse en una «escuchadora» competente de música requiere curiosidad, esfuerzo y amor. Pero también hace falta algo más, algo que me llevó años comprender del todo: requiere entender y aceptar tu identidad única como oyente. Por eso escribí este libro: para ayudarte a comprender mejor «la calle en la que vives», para que puedas sacar el máximo partido de tu relación con la música, incluso si, como yo, eres incapaz de distinguir un la sostenido de un si bemol.

Cada una de nosotras busca experiencias y recompensas emocionales diferentes cuando se acerca a la música. Algunos oyentes prefieren canciones que evocan una nostalgia dulce, mientras que otros quieren un ritmo que coincida con el que sienten dentro. Hay oyentes a las que les gusta dejar volar su imaginación mientras escuchan sus discos favoritos, mientras que otras visualizan escenas específicas que se narran en las letras. Algunos oyentes desean que el diseño sonoro sea innovador, mientras que para otros todo pasa por los graves. La ciencia no puede predecir cómo reaccionará una persona ante una determinada música basándose solo en sus características objetivas. Las características de la música no sirven para predecir el enamoramiento; el tipo de escucha, sí. Dos personas pueden escuchar la misma canción y dar respuestas completamente diferentes al explicar cómo suena para ellas.

Este libro se basa en la premisa de que estas reacciones divergentes no se deben sobre todo a nuestra formación musical, el grupo de amigos que tuvimos en la adolescencia o al año en que nacimos. La música que mayor placer nos produce viene determinada por siete influyentes dimensiones propias de la escucha musical: la autenticidad, el realismo, la novedad, la melodía, las letras, el ritmo y el timbre. En conjunto, tus respuestas naturales a cada una de estas dimensiones conforman un «perfil de oyente» personalizado,[2] tuyo y de nadie más. Y este perfil de oyente determina tus ideas, emociones y respuestas físicas al escuchar música.

Las dimensiones de tu perfil de oyente funcionan como vías características a través de las cuales tu cuerpo y tu cerebro pueden enamorarse de una pieza musical. Cada dimensión contiene un «punto sensible» neuronal, único e intransferible, que posee la capacidad de brindarte la experiencia más intensa de disfrute musical. Si hablamos de melodía, puede que tu punto sensible se active con canciones en escalas menores y estribillos tristes, mientras que tu colega tal vez se deleite con melodías briosas que levantan el ánimo. Puede que tú conectes mejor con los ritmos saltarines del ska o el reggae, mientras que yo quizá lo haga con los bajos vibrantes del R&B. Para que puedas reconocer y apreciar tus puntos sensibles, te invitaré a escuchar grabaciones de todo tipo de géneros, incluidos artistas que, según tu criterio, quizá no toquen «música de tu rollo».

Al comprender mejor tu identidad como oyente, ahondarás en tu conexión con la música, sentirás empoderamiento para llevar una vida más musical, escucharás la música que siempre te ha gustado con oídos nuevos y —espero— aprenderás algo nuevo y sorprendente sobre ti.

Así que vamos allá. Como a Prince le gustaba decir cuando había acabado con los preliminares y estaba listo para saltar a las tablas:

«¡Banda, al escenario!».

## *Grabaciones versus canciones*

Por lo general, usaré el término *grabación* para referirme a una pieza de música específica grabada en cualquier soporte físico, sea un disco de vinilo, un CD, un vídeo de YouTube, una pista de audio en streaming o una toma hecha con el radiocasete de Playskool. Por el contrario, usaré el término *canción* para referirme a la letra y la melodía de una pieza específica, sin importar quién la esté interpretando o grabando.

# CAPÍTULO 1
# AUTENTICIDAD

## La importancia de expresarse

Una nota errónea tocada con entusiasmo siempre suena
mejor que la nota correcta interpretada con reservas.

TOMMY JORDAN, cantante principal de Geggy Tah

Algunos de los momentos más felices de mi vida se han dado en quedadas para escuchar música. Me refiero a cuando un grupo de amigos o colegas de profesión se juntan para ponerse música los unos a los otros. Hay dos normas. La primera es que tienes que escoger grabaciones que sean significativas para ti. Puede tratarse de una interpretación increíble o una letra reveladora, de un tema que asocies con algún período importante de tu vida o hasta de la canción que quieres bailar en tu boda. La segunda norma es más bien una sugerencia. Idealmente, la grabación debe ser rara o poco conocida —un tema con el que la gente que te acompaña no esté muy familiarizada—, aunque puedes saltarte esta regla si quieres que escuchen una canción popular de un modo nuevo.

Una de las mayores alegrías de estas quedadas es que te proporcionan la oportunidad de descubrir algo nuevo sobre cómo sienten y piensan los que te rodean. Profundizar en los gustos musicales de tus amigos puede convertirse en una experiencia íntima que revela cómo se ven a sí mismos en relación con el mundo, qué valor les dan a las experiencias estéticas en su vida o quiénes quieren ser cuando crezcan (o quiénes querían ser). Y no solo resultan reveladoras las canciones que los participantes eligen, sino que también está la explicación de por qué significan tanto para esas personas en concreto. En las quedadas buenas de verdad se cuentan historias en la misma medida en que se escucha música.

Una vez compartí una sesión de escucha con el científico Daniel Levitin, especializado en cognición musical y autor de *Tu cerebro y la música*, y escogió «Joanne», una grabación de Michael Nesmith, de The Monkees, que fue popular en su época. Aunque ya había escuchado la canción muchas veces, después de que Levitin me ofreciera un relato sorprendentemente emotivo sobre la influencia del tema en los comienzos de su propia carrera como compositor, reconocí una ternura en la que no me había fijado antes, tanto en aquella canción sincera con tintes folk como en la musicalidad de Dan.

Estas quedadas también son increíbles para aprender algo nuevo sobre ti misma. Al seleccionar grabaciones que expresan tu más profunda identidad, al arriesgarte a que los demás conozcan tus pasiones musicales privadas y al describir por qué caíste rendida ante tal o cual canción, puede entrar en contacto con los matices de tu yo musical. Además, el carácter recíproco de estas quedadas te expone a música nueva con la que quizá no te hubieras topado, te lleva a fijarte en detalles que antes habías pasado por alto y te permite comparar tus reacciones con las de tus amigos. Las mejores quedadas no son simples encuentros sociales, sino también aventuras para el autodescubrimiento.

Este libro está pensado como una especie de quedada para escuchar música, pero con un objetivo concreto en mente. Cada capítulo presenta grabaciones cuyo propósito es ayudarte a prestar atención a cómo conectas con la música. Algunas de ellas tienen un significado personal para mí o para el coautor, el neurocientífico Ogi Ogas. Como verás enseguida, él y yo somos oyentes de tipos muy distintos, pero nuestros gustos musicales no vienen al caso. Espero que, al contrastar nuestras respuestas, tan divergentes frente a la música, te ayudemos a conocer mejor tu propia identidad musical, sobre todo aquellos aspectos ocultos que quizás aún no tenías identificados.

Me gustaría comenzar la sesión de escucha que constituye este libro con un tema de una de las bandas más controvertidas de los Estados Unidos, aclamada dentro de la industria musical por su talento único... aunque también haya sido tachada de «inolvidablemente mala». Comparto esta canción aquí porque su música constituye uno de los ejemplos más puros de autenticidad que escucharás nunca. Pero antes de que podamos apreciar las lecciones que nos ofrece la peculiar música de estas chicas, debemos conocer su peculiar historia...

## 2

La historia comienza con un padre obsesivo llamado Austin Wiggin Jr., obrero en una fábrica de la localidad rural de Fremont, New Hampshire. Antes de tener hijos, el interés de Austin por la música era prácticamente nulo; como mucho, tocaba el arpa de boca de vez en cuando. Los orígenes del extraño papel que Austin jugaría en la historia de la música no se remontan a una pasión personal por el arte del sonido, sino a la profecía de una adivina.

La madre de Austin era un oráculo rural. Cuando su hijo era joven, pronosticó que este se casaría con una mujer de cabello rubio cobrizo y, mira tú por dónde, así fue. También tuvo la premonición de que, tras su muerte, Austin sería padre de dos hijos y, en efecto, después del fallecimiento de la señora, Austin y su mujer tuvieron dos chiquillos. El último augurio de la madre fue que algún día sus tres nietas formarían una banda tan potente que su música sería aclamada en todo el territorio. Pero Austin creía que, para que esta última e impresionante profecía se cumpliera, debía forzar un poco la mano de la Providencia. Así, a finales de la década de 1960, Austin Wiggin se propuso transformar a sus hijas, un trío de adolescentes provincianas y algo desaliñadas, en una versión femenina de los Beach Boys.

Las chicas se llamaban Dot, Betty y Helen, nombres tan comunes y prosaicos como su pueblo natal. Austin puso a Dot a cantar y tocar la guitarra solista. A Betty le cayeron los coros y la guitarra rítmica. A Helen le tocó la batería. Austin sabía que, para alcanzar la fama que les estaba destinada, la entrega a la causa debía ser total. Sacó a las chicas de la escuela y se hizo cargo de toda su educación. Les prohibió salir con amigas o tener citas con chicos. Ni siquiera les permitía oír música popular por miedo a que contaminara su talento natural. En cambio, las obligaba a ensayar a todas horas, todos los días, guiándose por su propio criterio de lo que constituía la excelencia musical.

Aisladas del mundo en su casa pastoril de Nueva Inglaterra, obedeciendo en silencio las órdenes de su padre, las vidas de las hermanas Wiggin no se parecían en nada a la típica historia de las estrellas del rock. Eran más como tres Emilys Dickinson recatadas que un trío revoltoso de Joans Jett.

«No teníamos permitido salir ni ir a bailar ni nada de eso. Nos quedábamos en casa y punto. [Austin] No quería que nos mezcláramos demasiado con el mundo exterior —comentaría más tarde Dot Wiggin en una entrevista de la BBC—. Ensayábamos durante el día, mientras él trabajaba, luego ensayábamos cuando regresaba a casa y, a veces, ensayábamos antes de cenar. Practicábamos hasta que salía como él quería. Si no le gustaba, tocábamos la canción sin parar una y otra vez.»

Tras varios años trabajando en sus habilidades («puliendo» no sería el verbo adecuado) y tocando los sábados en el ayuntamiento de Fremont para los hijos de los jornaleros y de los obreros fabriles, Austin pensó que por fin estaban listas para entrar al estudio. Bautizó la banda de sus hijas como The Shaggs, quizá debido al corte de pelo a capas que estaba de moda en la época (conocido como *shag* y que las chicas llevaron durante un tiempo), o tal vez por los perros greñudos que tanto les gustaban a las tres chicas. Contrató unas sesiones en un gran estudio de grabación cerca de Boston para que pudieran grabar las doce canciones que habían compuesto y crear así su primer disco. El ingeniero de grabación del estudio, Russ Hamm, fue el primer profesional de la música que escuchó tocar a las Shaggs. Y en cuanto las chicas se pusieron a ello, supo exactamente a lo que sonaban.

A incompetencia. A una incompetencia vergonzosa, insalvable, que te dejaba sin respiración.

Bob Hearn, músico de sesión que se unió a sus colegas en la sala de control, describe así la escena: «Cerramos las puertas de la sala de control y nos tiramos al suelo muertos de la risa. ¡No podíamos parar! Era terrible. No tenían ni idea de lo que hacían, pero pensaban que estaba bien. Vivían en otro mundo».

Seguramente entenderás la reacción de Hearn en cuanto escuches el tema de las Shaggs del que hablaré a continuación. Empieza con unos acordes indefinidos en unas guitarras que suenan desafinadas incluso para los oídos más inexpertos. Cada rasgueo viene precedido por una inesperada pausa rítmica y da la impresión de que los pobres instrumentos no quisieran tocar. Luego entra el golpeteo irregular de una caja, seguido de un platillo que, lejos de sonar como un delicado complemento, parece un niño revoltoso golpeando cacerolas. Dos de las jóvenes comienzan a cantar, pero a duras penas encajan con los acordes de guitarra, por lo que la melodía sigue una lógica armónica propia. La forma de cantar es plana y monótona, sin el menor atisbo de la actitud de una estrella del pop. La tonalidad de la canción —en la música, el equivalente a la paleta de colores de un pintor— cambia en lugares absurdos. Y entre tanto desatino aparecen letras tan simples e infantiles que es imposible saber si representan los anhelos y quejas triviales de la adolescencia o un intento irónico de sonar profundas:

I'm so happy when you're near.
I'm so sad when you're away.

Soy tan feliz cuando estás cerca.
Estoy tan triste cuando te vas.

Austin se arrogó el papel de productor aquel día en el estudio y se calificó a sí mismo como el «propietario» del grupo. Durante las sesiones, a veces las chicas paraban de golpe en mitad de una toma. Irwin Chusid, cronista de las Shaggs, escribe que entonces los ingenieros se giraban hacia el «propietario» y preguntaban: «¿Por qué se detienen?». Austin respondía, incrédulo: «¡Porque se han equivocado!».

Tras haber oído a las chicas tocar sin dar pie con bola y totalmente desafinadas, el personal del estudio se sentía culpable por vaciar las arcas de la familia Wiggin. Estaban cobrando 60 dólares la hora en 1969, lo que hoy equivaldría a unos 456 dólares por hora: una cantidad desorbitada para un operario de fábrica con mujer y siete hijos. Uno de los ingenieros le confesó a Austin lo que pensaba de verdad: que estaba tirando el dinero que tanto esfuerzo le había costado ganar, porque sus hijas no poseían destreza musical alguna. Austin lo escuchó con educación, pero se aferraba a las profecías infalibles de su madre. En el fondo de su corazón sabía que sus hijas estaban destinadas al triunfo. Pasó de la opinión del ingeniero y animó a sus chicas a terminar la grabación de su primer álbum, *Philosophy of the World*.

Lo que ocurrió después ya es legendario: una mezcla entre mito embellecido e historia oral no documentada. Austin sufragó mil copias en vinilo del disco de sus hijas. Según la versión más habitual, el ingeniero se largó con novecientas, un giro de guion extraño y poco convincente si tenemos en cuenta que en el estudio todos pensaban que esa música no tenía el menor valor. Otra versión de la historia cuenta que Austin las dejó en el estudio a propósito. Un cliente recuerda al dueño de las instalaciones comentando que «Austin se niega a vender estas [las novecientas copias restantes] porque tiene miedo de que alguien les copie la música».

Lo que nadie pone en duda es que Austin repartió alrededor de cien copias de *Philosphy of the World* en emisoras de radio y discográficas. No sirvió de nada. Ninguna de sus canciones sonó en las ondas. Ni un solo cazatalentos se puso en contacto con ellas. El mundo ignoró a las Shaggs, que —como siempre— siguieron tocando cada semana en el ayuntamiento de Fremont, su pueblo natal, donde les llovían vasos y las interrumpían constantemente. Aquello ocurría porque cuando los habitantes de Fremont escuchaban a la banda, sentían lo mismo que los técnicos de grabación de Boston, que les «hacía daño a los oídos y era una tortura», en palabras de un asistente habitual a los recitales del ayuntamiento.[1]

Cuando Austin murió de un infarto en 1975, a la temprana edad de cuarenta y siete años, las Shaggs se separaron. La obsesión de su padre por hacer realidad la profecía de la abuela era lo único que había mantenido unida a la banda, y las hermanas —ya veinteañeras— no veían el momento de escapar al control tiránico del «propietario». «Lo dimos por finiquitado y seguimos con nuestras vidas —le contó Helen a la BBC—. Ahí acababa una vida y empezaba otra.» Parecía que a las Shaggs les esperaba el mismo destino que al 99,9 % de las bandas garajeras de adolescentes: quedarían como una anécdota curiosa y un poco incómoda en la historia familiar de los Wiggin y de ningún modo pasarían a los anales de la historia de la música.

Pero en 1980 ocurrió algo inesperado. Uno de los discos de las hermanas cayó en manos de Terry Adams, teclista de la ecléctica banda de rock underground NRBQ. Cuando escuchó a las Shaggs, tuvo una impresión muy distinta de la que sintieron los ingenieros de grabación bostonianos, las emisoras de radio comerciales y los habitantes de su localidad natal, Fremont. «Su música tiene una estructura propia, una lógica interna particular», dijo Adams con admiración. Seguro de que había dado con un diamante en bruto, se las arregló para convencer a Rounder Records para que reeditaran *Philosophy of the World* en 1980. Por primera vez, un amplio grupo de profesionales del mundo de la música escucharon a las hermanas Wiggin... y muchos expresaron el mismo asombro y admiración que Adams. El pionero del rock vanguardista Frank Zappa declaró: «Son mejores que los Beatles, incluso hoy en día». La revista *Rolling Stone* calificó la reedición como «inestimable y atemporal» y calificó a las Shaggs como «el regreso del año». Y la prescriptora de lo cool dentro de la industria del entretenimiento, la revista *L.A. Weekly*, observó con cierta sorna: «Si podemos juzgar la música según su honestidad, originalidad e impacto, entonces *Philosophy of the World*, de The Shaggs, es el mejor disco jamás grabado en la historia del universo».[2]

Chusid cita a Lester Bangs, el legendario crítico de rock que Philip Seymour Hoffman interpreta en *Casi famosos*, cuando describe el encanto de las Shaggs: «Grabaron un álbum en Nueva Inglaterra que, en mi opinión, puede estar [...] entre los hitos de la historia del rock and roll [...]. ¡No saben tocar! Pero sobre todo les asiste la actitud correcta, que es de lo que va el rock and roll desde el principio de los tiempos».

Yo las escuché por primera vez a finales de los ochenta, después de que un colega las alabara como uno de esos grupos que los profesionales adoran pero que el público general desconoce (o, en el caso de las Shaggs, directamente rechaza). Las escuché con asombro y enseguida comprendí por qué generaban tanta controversia.

Ahora te animo a ponerte «I'm So Happy When You're Near».

¿Qué era exactamente aquello que los profesionales del sector oían en esa música y que tantos otros habían pasado por alto? ¿Qué nos hacía creer que estábamos escuchando algo digno de atención?

## 3

Nadie estaba sugiriendo que las hermanas Wiggin poseyeran una aptitud musical no reconocida. No, desde una perspectiva técnica carecían de cualquier talento musical; pero, así y todo, su música provenía del mismo lugar que la de todos los grandes artistas. La música de The Shaggs revela el sencillo pero arraigado deseo de los seres humanos por expresarse. El hecho de que fracasaran a la hora de dominar la técnica formal hace que este deseo se muestre tal cual, vívido y sin artificios. Son el equivalente musical del primer dibujo que un niño hace de sus padres: las piernas de papá miden la mitad de sus brazos y todo hace indicar que mamá tiene tres ojos, pero la pureza de intención que hay tras el gesto es inconfundible. Lo que mis colegas y yo reconocíamos al escuchar a las Shaggs era aquello que dota de alma a la música: la autenticidad.

La autenticidad es la creencia subjetiva de que la emoción que se expresa en una actuación musical es genuina y no está forzada. La autenticidad recoge un hilo significativo en el tapiz de la experiencia humana, ya sea un sentimiento sutil, como la compasión o el desconcierto, o una emoción intensa y primaria, como la alegría, el miedo o la tristeza. Cualquier productor discográfico que se precie trata en todo momento de capturar esa autenticidad emocional en sus grabaciones, porque la expresión sincera de los sentimientos es una de las principales vías para conectar música y oyentes. Hay que aprender la técnica musical. Pero el sentimiento musical es innato y, por lo tanto, muy apreciado.

Puedes notar autenticidad en algunas grabaciones de principios del siglo XX, cuando los artistas aún no se preocupaban por los contratos discográficos y los videoclips. La oyes en la interpretación de un músico que cree que nadie le está escuchando. La ves en el dibujo que una niña hace con los dedos y sientes su sabor en las galletas de una feria local. Cuando el acto de crear es el objetivo en sí mismo —en lugar de la admiración o el beneficio económico—, puede que la calidad del resultado no esté asegurada, pero la intención se percibe a menudo con mayor intensidad.

Al igual que otras dimensiones de tu perfil de oyente, la autenticidad no es fácil de medir. La percepción de si un disco es auténtico depende de cada oyente. Si una canción te toca la patata, si sientes que los músicos creen en lo que tocan y cantan, nadie podrá argüir que tu reacción es ilegítima o errónea. Aun así, los estudiosos de la música nos han proporcionado una herramienta analítica útil para evaluar cómo se expresa la autenticidad, en un continuo que discurre entre dos polos opuestos.

Las Shaggs se encuentran en un extremo de ese espectro. Su música se denomina naíf: un arte que nace sin educación formal o que está al margen de pretensiones, vanidades, artificios o preocupaciones sobre las normas y las teorías musicales.[3] Describen, en sus propios e ingenuos términos, cómo es la vida de una adolescente en una pequeña ciudad de provincias. Cantan sobre el gato de la familia ('A mi colegui Foot Foot | Le gusta vagar por ahí'), sobre Halloween ('Incluso Drácula estará allí') y sobre soñar despiertas y la curiosidad ('Me pregunto por qué mi mente divaga')*. Tal y como decía Cub Koda, líder del gru-

---

* En el idioma original los versos citados son, respectivamente: «My pal Foot Foot | Always likes to roam», «Even Dracula will be there» y «I wonder why my mind drifts astray?».

po Brownsville Station: «Hay una inocencia en estas canciones y su interpretación que resulta a la vez encantadora e inquietante». Encantadora por su sinceridad tan reconocible, pero inquietante porque es socialmente arriesgado mostrarse tan naíf en público.

He producido dos discos de la banda Geggy Tah, cuyo cantante principal, el talentoso Tommy Jordan, me enseñó unas cuantas cosas sobre la autenticidad. Tommy llama «música de cuello para abajo» a la música naíf. Estas piezas expresan emociones que parecen eludir los circuitos que restringen nuestros comportamientos en sociedad, y nos ofrecen música que suena como si surgiera directamente del corazón, las tripas o las caderas. La autenticidad naíf y visceral de las Shaggs hace que los productores discográficos recuerden cómo suenan las emociones sinceras, sin filtrar. Y las he buscado en cada grabación que he hecho desde que oí *Philosophy of the World* por primera vez.

A veces, a lo opuesto de la música naíf se le llama *música cerebral*. Los compositores e intérpretes de este tipo de música expresan sus sentimientos valiéndose de conceptos bien pensados y una técnica muy perfeccionada. Johann Sebastian Bach es un buen ejemplo de ello. Su música transmite una amplia gama de emociones potentes, desde la expresión dramática del triunfo o la tristeza hasta sentimientos más sutiles como la nostalgia o la espiritualidad. Y no lo logra mostrando de manera espontánea lo que ocurre en su corazón, sino utilizando un preciso arsenal de técnicas muy estudiadas. En pocas palabras, Bach era capaz de expresar auténtica tristeza sin estar triste. Los oyentes sin formación musical pueden experimentar la tristeza (o la alegría o la ira) en la música de Bach de un modo inmediato e íntimo, mientras que un oyente entrenado puede deconstruir los métodos de Bach e identificar las técnicas composicionales concretas que utilizó para obtener esos efectos emocionales.

Para que quede claro: la música de Bach no es menos auténtica que la de las Shaggs, pero, a diferencia de la de ellas, fue cuidadosamente construida mediante un elaborado andamiaje de teoría musical y reglas de funcionamiento bien calculadas.

A la música cerebral, Tommy Jordan la llama «música de cuello para arriba»: un producto de los sesos más que de las caderas, el pecho o la entrepierna. Aunque verdaderos maestros como Bach son capaces de evocar un montón de emociones deslumbrantes valiéndose de un sistema formal de normas, los músicos menos talentosos que recurren a las mismas reglas a veces producen música que suena seca, cohibida o sin alma. En sus esfuerzos por alcanzar la perfección, algunos artistas se dejan la vida en evitar los impulsos «de cuello para abajo», que, mirándolo bien, son los que dotan a la música de su atractivo y cualidad humana. Cuando sus canciones o conciertos carecen de autenticidad, los compositores y músicos «cerebrales» pueden sonar como si estuvieran pensando en lugar de sintiendo. Si tu disco suena técnicamente competente pero hace que un crítico a nivel nacional escriba «No solo las letras son tristemente mediocres, sino que gran parte de la producción y los arreglos son más autoindulgentes de lo normal y están cargados de efectos»...[4] puede que le faltara una buena dosis de caderas y corazón. James Brown se refería a este sonido como «Hablar alto para no decir nada».[*]

La autenticidad es una dimensión que influye mucho en tu perfil de oyente. Ofrece una recompensa enigmática pero poderosa: la experiencia de una verdad emocional sin fisuras. Algunos la encontramos en la crudeza descarnada del blues, mientras que otros la escuchan en la intrincada elegancia de los genios de la composición. Pese a que en general prefiero la música con

[*] «Talkin' Loud And Sayin' Nothing» es el título de una canción de James Brown grabada en 1970.

un obvio componente «de cuello para abajo», muchos oyentes se decantan por la autenticidad «de cuello para arriba», entre ellos el coautor de este libro. Te animo a escuchar un minuto y pico de una de sus piezas favoritas, una composición de Bach conocida como «Magnificat en re mayor» (BWV 243). En ella, el compositor expresa un júbilo trascendental que entusiasma a Ogi. La conexión emocional que Bach consigue establecer surge de un contrapuntístico coro a cinco voces e intervalos simétricos y perfectamente equilibrados. Incluso los oyentes sin conocimientos técnicos pueden sentir cómo la pieza se comunica de manera directa con su alma.

Más allá de su marcada y fresca autenticidad, hay otro motivo por el que muchos profesionales —yo incluida— consideran a las Shaggs como una referencia musical fundamental: lograron comunicar sus verdades emocionales de una manera unificada y distintiva. Aquellas jóvenes, encerradas en una casa de campo por un padre autoritario, privadas de cualquier aprendizaje derivado de una experiencia social sana o de la interacción con el mundo exterior (ni hablemos de educación musical), experimentaban, pese a todo, los mismos anhelos que cualquier otro adolescente. A pesar de la mano dura de Austin —y no gracias a ella—, transformaron esos sentimientos en un sonido característico que no se parecía a nada más. Una a una, las hermanas Wiggin eran musicalmente ineptas, pero las Shaggs se expresaban como una unidad. Si cualquiera de ellas tocara sola con un grupo musical competente, sonaría fuera de lugar; pero, juntas, las baterías, voces y guitarras de las Shaggs resultan sorprendentemente satisfactorias.

Para los oídos de una productora musical, esta es la cualidad más interesante de las Shaggs. Chusid cuenta que el ingeniero encargado de grabar *Philosophy of the World* se fijó en cómo las chicas paraban en plena interpretación para corregirse unas a otras; «No, debería sonar así», decían, lo que demostraba que todas compartían un mismo objetivo, por críptico que fuera. El legendario productor Tony Berg planteó la pregunta con admiración: «¿Cómo es posible que tres personas lo hagan tan mal al unísono?»,[5] mientras que la cantante de blues Bonnie Raitt declaró afectuosamente: «Las Shaggs son como unas náufragas en su propia isla musical».[6] Y al igual que los pinzones de Darwin en las remotas Galápagos, que evolucionaron hasta obtener su canto único, las Shaggs desarrollaron su propio lenguaje musical.

Incontables músicos han interpretado las composiciones de Bach, cada uno aportando su toque personal a la voz del músico germano; sin embargo, es inútil hacer una versión de las Shaggs (aunque algunos valientes lo han intentado). Las melodías de las hermanas Wiggin no son especialmente interesantes ni cautivadoras. Es el modo en el que tocan juntas lo que resulta especial y les confiere (en mi opinión) esa autenticidad «de cuello para abajo».

Como Emily Dickinson, las Wiggin fabricaron una poesía colaborativa que, fruto del aislamiento, seguía sus propias reglas y dirección particulares, y convirtieron así su soledad mutua en algo bello y trascendente. Dickinson, de hecho, también era fan de la autenticidad naíf. La poeta de Amherst escribió la famosa frase: «La naturaleza es una casa encantada; el arte es una casa que intenta estar encantada». Lo que quería decir es que, para ella, los intentos autoconscientes de describir una interpretación de la verdad nunca resultan tan atractivos como la expresión natural de esa misma verdad.

Permíteme añadir cuanto antes que, si has escuchado a las Shaggs y decidido que, pese al posible valor educativo de su música, simplemente no te gustan, no te preocupes, por favor. El objetivo de este capítulo (y de este libro) no es pontificar sobre qué es el buen gusto musical, sino más bien ayudarte a comprender mejor cómo suena la autenticidad que más te atrae. Si has encontrado más inspiradora la sofisticación barroca de Bach que la excéntrica sinceridad de las Shaggs (o si ninguna de las piezas te dice nada, o ambas lo hacen), ya has aprendido algo útil sobre tu apetito de autenticidad y sobre el lugar del que prefieres que nazca la expresividad: por encima o por debajo del cuello. Tu punto sensible en la dimensión de la autenticidad refleja tu ideal de lo que constituye una expresión emocional sincera.

Esto nos lleva naturalmente a una pregunta lógica, la misma que guía este libro: ¿qué hay en ti que hace que te identifiques con determinado tema cuando lo escuchas, mientras que otros solo te producen indiferencia? ¿Qué pasa en el cerebro del coautor de este libro para que se decante por el meticuloso arte intelectual de Bach, mientras que yo prefiero la música que expresa las torpes imperfecciones del corazón del intérprete?

En pocas palabras, ¿qué hace que una persona se enamore de una canción?


# 4

Tras alcanzar la cima de mi carrera como productora y crear discos que conectaron con millones de personas, seguía sintiendo curiosidad acerca de la tremenda diversidad de respuestas humanas a la música. Conocer el funcionamiento interno de los grandes éxitos musicales (y de los fracasos) solo sirvió para que esa diversidad me resultara aún más misteriosa. Empecé a preguntarme si la ciencia de la mente podría mejorar mi comprensión de la música y arrojar luz sobre por qué esta había significado tanto para mí a lo largo de mi vida. Así que, a mis cuarenta y tantos, decidí abandonar la industria musical y matricularme en la universidad.

La última vez que había asistido a una clase fue en mi último año de instituto, justo antes de dejarlo para casarme. Esta vez me ponía nerviosa ser la estudiante más vieja de mi curso en la Universidad de Minnesota, pero me sentí como en casa desde el principio. Descubrí que mi cerebro de mediana edad estaba listo para aprender una disciplina completamente nueva. Me gradué con una doble titulación en Psicología Experimental y Neurociencia. Después, me dirigí más al norte para estudiar en la Universidad McGill de Montreal, donde obtuve un doctorado bajo la tutela de Daniel Levitin (quien muy amablemente me permitió leer los primeros borradores de *Tu cerebro y la música*) y Stephen McAdams, renombrado especialista mundial en psicoacústica. Hoy en día soy profesora de psicoacústica y producción discográfica en el Berklee College of Music. Tengo mi propio laboratorio de investigación musical.

Tras veintidós años dedicándome a producir discos de éxito en el estudio y casi otros tantos estudiando psicología musical como académica y científica, he llegado a la conclusión de que la mejor manera de entender por qué te enamoras de una canción es comprender tu perfil de oyente.

Tu perfil de oyente consta de siete variables que, tomadas en su conjunto, revelan por qué las alegrías que experimentas al escuchar música son únicas e intransferibles. Los puntos sensibles de tu perfil se formaron mediante la biología, la experiencia y la casualidad. Tu cableado neuronal aleatorio, tu exposición a la cultura musical de la época y el lugar en que creciste y la mera casualidad de escuchar una grabación y no otra en momentos cruciales de tu vida han moldeado el tipo de oyente que eres e influyen en el tipo de música que te apasiona.

Durante generaciones, los científicos asumieron que existía un boceto de «cerebro normal», oculto en el ADN de nuestra especie, que hacía que cada uno de los cerebros fuera una variante de esa «plantilla estándar». Hoy sabemos que esta idea no puede estar más lejos de la realidad. Cada parte de tu cerebro sigue su propia trayectoria de desarrollo, única e impredecible, por lo que los circuitos neuronales que se forman en tu cabeza son diferentes a los de cualquier otra persona. Dado que tu cerebro está programado para experimentar placer a través de aspectos de la música distintos a los que estimulan mi cerebro, resulta erróneo sugerir que los gustos musicales de una persona son superiores a los de otra.

Prefiero mil veces a los Rolling Stones que a los Beatles, por ejemplo. El blues me llega más que la música pop, desde niña. Esto no es algo que cultivara, sino algo que reconocía. Aún recuerdo el día en que los Rolling Stones tocaron «Time Is on My Side» en el programa de Ed Sullivan cuando tenía siete años. Me sorprendió la intensidad de mi reacción. La actuación me encandiló. ¡Aquella música era para mí! Mi reacción ante los Beatles en el mismo programa hacía ocho meses, en cambio, había sido mucho más analítica. Miraba el televisor perpleja, buscando alguna pista que me explicara por qué toda la chavalería del barrio estaba tan loca por ellos.

Hoy comprendo que los Rolling Stones se acercan más a mi punto sensible de la autenticidad que los Beatles. Con su sonido impulsivo y basado en el blues, los Rolling Stones me cautivan de un modo similar a las Shaggs. El arte más cuidadosamente elaborado de los Beatles, por el contrario, resulta gratificante para millones de oyentes, pero no para mí. Y esto no tiene nada que ver con que una banda sea mejor que la otra. Siento una gran admiración por la maestría musical de los Beatles... pero no un flechazo amoroso. (Al coautor de este libro, en cambio, le entusiasma el perfeccionismo sesudo de los Beatles más que la energía basta y desinhibida de los Stones.)

El modo único en el que se desarrollan nuestros circuitos neuronales explica en gran parte por qué los seres humanos encontramos gratificación en músicas tan variadas, pero los meros mecanismos fisiológicos de la audición no pueden explicar por qué sentimos un vínculo personal tan intenso con la música.

Por suerte, la investigación neurocientífica está en vías de revelar algo increíble sobre el cerebro humano, algo que no solo nos ayuda a entender por qué los distintos oyentes se enamoran de distintas canciones, sino que también aclara por qué sentimos una conexión personal tan intensa con nuestra música favorita. Nuestros sueños y fantasías más privados —los miedos, esperanzas y anhelos que guardamos en lo más profundo de nuestra psique— están todos conectados en una red neuronal recién descubierta, relacionada con nuestro sentido del yo. El descubrimiento de esta estructura cerebral desconocida reveló una sorpresa aún mayor: resulta que una de las mejores formas de activar esta «red del yo» es escuchar música que resuene en los puntos sensibles de tu perfil de oyente.

La música que más te llama puede revelar aquellas partes de ti misma que son más «tú», aquellos lugares a los que tu mente regresa indefectiblemente cuando sueña despierta o fantasea. Por tanto, al aprender cuáles son las características de la música que más encaja con tu perfil de oyente, no solo te convertirás en un oyente avezado, sino que también llegarás a conocer mejor tu naturaleza más íntima. Quizás una de las razones por las que valoramos tanto nuestra propia noción de autenticidad musical es que nuestra experiencia consciente de ella se origina en esa red cerebral que conforma la imagen que tenemos de nosotros mismos.

Ya sean discos o parejas sentimentales, nos enamoramos de aquellos que nos hacen sentir mejores y más auténticos.

## *Anhedonia musical*

Cuando disfrutas de la música, tus redes cerebrales asociadas a la escucha musical se comunican con tu sistema de recompensa dopaminérgico para ofrecerte una grata experiencia sonora personalizada. En el caso de los oyentes cuyos cerebros presentan limitaciones en la conexión entre el circuito de recompensa y el circuito musical, el resultado puede ser la anhedonia: la ausencia de respuestas placenteras a la música. Se estima que la anhedonia musical afecta a un 5-10 % de la población. Las personas que la padecen generan una cantidad normal de actividad dopaminérgica con el arte, la comida, el dinero y otros tipos de estímulos, pero no con la música.

# CAPÍTULO 2

# REALISMO

## ¿Qué ves cuando escuchas música?

Logra lo que siempre hemos querido:
una verdadera reciprocidad entre imagen y
abstracción, en la que una emerge de la otra.

DAVID SALLE, artista, sobre la pintora
Amy Sillman, que practica el *action painting*

# I

Sigamos con nuestra sesión de escucha. Ahora vienen dos canciones muy diferentes. Cuando las escuches, cierra los ojos y presta atención a una sola cosa: las imágenes (si las hay) que se forman en tu mente. No te preocupes de si las piezas te gustan o no, el objetivo de este ejercicio es reflexionar sobre la pregunta «¿Qué visualizo cuando escucho música?».

La primera grabación es «Born on the Bayou» de Creedence Clearwater Revival.

La segunda es «The Grid», de Daft Punk.

No sigas leyendo hasta que hayas escuchado uno o dos minutos de cada canción.

¿Ya estás? Genial.

Mientras las escuchabas, ¿qué veías en tu mente? Quizás imaginaste una historia que te incluía a ti, al cantante o a unos personajes inventados. Según las investigaciones que llevé a cabo con el coautor de este libro, cerca del 19 % de las personas visualizan una historia basada en la letra cuando escuchan su música favorita. ¿O te imaginaste a los músicos tocando la canción? Ya sabes, un grupo sobre el escenario, en el estudio o en un videoclip. Alrededor de un 17 % de las personas visualizan a los intérpretes. ¿O imaginaste que eras tú quien cantaba o tocaba la música? (Lo hace más o menos un 11 %.) Tal vez en tu mente se formó un paisaje que nada tenía que ver con las letras, como un río, una montaña o un planeta, ¿no? (Cerca del 3%.) ¿O viste cosas que te gustaría construir o crear? (Alrededor del 6%.) Quizás incluso visualizaste mundos imaginarios, como sacados de las pelis de ciencia ficción (cerca del 9%). ¿O viste patrones de colores o formas que no representaban nada en concreto? Solo un poco más del 1% de los oyentes ven formas y colores abstractos. Si ya conocías «Born on the Bayou» o «The Grid», quizás oírlas de nuevo te haya hecho recordar escenas de otra época de tu vida. De hecho, la visualización más común al escuchar música son los recuerdos autobiográficos (25% de los oyentes).

¿O tal vez perteneces al aproximadamente 9% de la población que no se forma ninguna imagen mental mientras oye música?

Este capítulo trata sobre lo que ves cuando escuchas música, pero, ante todo, trata sobre lo que tu mente *quiere* ver: esos paisajes privados a los que te transporta la música. Como ya aprendimos con la autenticidad, las experiencias musicales que persigues, inconscientemente (o no), pueden revelar qué tipo de recompensas ansía tu cerebro. En este capítulo exploraremos las diferentes formas en que los oyentes «ven» la música y lo que tus imágenes mentales predilectas cuentan sobre ti.

El tipo de imágenes que formas de manera natural en tu mente cuando escuchas música constituyen otra dimensión de tu perfil de oyente: el realismo. Algunas obras de escultura, gastronomía, poesía o pintura se asemejan a la realidad observable. Así, la mayoría de personas llegan a la misma interpretación «canónica» de lo que la obra representa. La *Gioconda* es un buen ejemplo. Cualquier observador estaría de acuerdo en que la pintura de Leonardo da Vinci representa a una mujer joven con las manos cruzadas, el pelo oscuro y una sonrisa enigmática.

Hay otras obras cuya conexión con la realidad es más difusa. Ilustran el polo opuesto del realismo: la abstracción. Las obras abstractas evocan interpretaciones subjetivas y sumamente personales. *La metamorfosis* de Franz Kafka, por ejemplo, es una novela corta sobre un viajante que descubre, al despertar una mañana, que se ha convertido en un insecto gigante, y en ningún momento se explica por qué ha ocurrido o qué sentido simbólico tiene (si lo hubiera). No existe una interpretación canónica de este peculiar relato porque ni siquiera los académicos pueden ponerse de acuerdo sobre qué se supone que significa que un viajante se convierta en un bicho.

Del mismo modo, algunas canciones son más realistas, mientras que otras resultan más abstractas. La aparición de las canciones abstractas podría ser la mayor revolución en la música desde que Thomas Edison inventó el fonógrafo en 1877.

2

El desarrollo de lo abstracto en la música es muy reciente, aunque a los menores de cuarenta años les cueste creerlo. Hoy en día, las grabaciones abstractas —aquellas que están hechas, total o parcialmente, de sonidos controlados y generados por máquinas, en lugar de por personas que tocan instrumentos acústicos (incluidos aquellos que se amplifican electrónicamente)— han conseguido copar a toda velocidad el panorama musical global. Según esta definición, casi todos los éxitos que en 2021 alcanzaron el primer puesto de la lista *Billboard* son muy abstractos. Las únicas excepciones fueron «Easy on me» de Adele, con sus escasos arreglos de piano y bombo, y la sempiterna favorita de las Navidades, «All I Want for Christmas Is You» de Mariah Carey, grabada en 1994, cuando el realismo aún dominaba las ondas. La guitarra acústica en «MONTERO (Call Me by Your

Name)» de Lil Nas X y el piano en «drivers license» de Olivia Rodrigo son típicos de las canciones abstractas de ahora: un instrumento acústico tradicional, solitario, envuelto por sonidos sampleados y generados por ordenador. Durante casi toda la historia de la humanidad, la música ha sido estrictamente realista. Antes de que Edison ensamblara su invención favorita —una aguja que grababa una onda sonora sobre la superficie de un cilindro de cera—, la música era sinónimo de tocar en vivo: gente de carne y hueso que tocaba instrumentos de verdad en tiempo real. El público no solo escuchaba, sino que veía cómo la orquesta, el cuarteto de cámara o la banda de la taberna tocaba y cantaba. Así que cuando apareció un artilugio que permitía escuchar música a la carta sin necesidad de acudir a una sala de conciertos, los profesionales de la grabación emprendieron una búsqueda que duraría un siglo: crear grabaciones que suenen como en directo.

A lo largo de casi todo el siglo xx, estos profesionales cultivaron una obsesión por encima de todas las demás: la alta fidelidad. Cuando me adentré en la industria musical en los años setenta y ochenta, el oficio de ingeniera aún consistía en elegir el equipo, los materiales y las técnicas apropiados para recrear una actuación musical con tanta fidelidad que el oyente pudiera imaginarse que estaba sentado frente a la banda.

El realismo en las grabaciones se define principalmente por el tipo de sonidos que escuchamos (instrumentos acústicos frente a otros virtuales) y la fidelidad, o exactitud, con la que se han grabado (alta o baja fidelidad). Pero existe un tercer factor que influye en cómo percibimos el realismo de una grabación: los gestos interpretativos de los músicos. Se trata de las formas únicas en que un artista usa su voz o su instrumento para expresar musicalmente sus ideas y emociones. Algunos gestos interpretativos se vuelven icónicos, como el de Robert De Niro cuando arruga el ceño e inclina la barbilla para expresar «Sí, quizá», o el de Meryl Streep cuando frunce los labios para decir «Espera, que estoy pensando...». En el ámbito musical, algunos de estos gestos son tan distintivos que se convierten en el «sonido característico» del artista, por ejemplo: el modo en que el violinista decimonónico Niccolò Paganini pulsaba las cuerdas (el pizzicato); el canto a la tirolesa (el yodel) del pionero del country Jimmie Rodgers a principios del siglo xx; el rasgueo de guitarra de Maybelle Carter, que hoy lleva su apellido, y el modo en que Jerry Lee Lewis aporreaba el piano para tocar rock and roll.

Los gestos interpretativos pueden ser sutiles, pero nos ofrecen pistas muy reveladoras sobre lo que siente el artista. Intuitivamente, sabemos cómo los cuerpos y las voces expresan estados de ánimo (e incluso físicos), y estos pueden transmitirse mediante delicados «matices» acústicos, como el tipo de respiración que hace un cantante entre frases o la velocidad a la que el batería golpea el charles para acelerar el ritmo hasta llegar al estribillo. Por eso, durante la mayor parte del siglo xx, los ingenieros de grabación se dedicaron a capturar cada sutileza interpretativa del directo, para que aquello que se registrase sonara lo más realista y característico posible. Al reflejar meticulosamente las peculiaridades acústicas de cada músico, intentaban seducirte con un sonido —y quién sabe si una visualización— que te hiciera sentir como si estuvieras allí mismo, en el estudio.

«Jumpin' Jack Flash» de los Rolling Stones y «Eet» de Regina Spektor son buenos ejemplos de canciones realistas con evidentes gestos interpretativos. Es fácil imaginarnos a Keith Richards apurándose para llegar al micro a tiempo de hacer los coros. No es nada difícil imaginarse a Regina acariciando las teclas del piano mientras canta.

Las grabaciones de alta fidelidad con instrumentos reales (no virtuales) y que preservan los gestos interpretativos característicos de los músicos se consideran realistas. (La Audio Engineering Society* les da el nombre oficial de «grabaciones acústicas tradicionales».) Si has escuchado música grabada en el siglo pasado, has experimentado alguna vez el efecto naturalista de estas canciones realistas.

Los oyentes que prefieren la música realista suelen disfrutar imaginándose a los músicos tocando o a ellos mismos haciéndolo. Como la música realista se toca a una velocidad «humana», con melodías también «humanas», es fácil acompañarla cantando la letra o hacer como si tocáramos uno de los instrumentos o dirigiéramos la orquesta. Para aquellos cuyos cerebros se decantan por las grabaciones realistas, la experiencia auditiva puede ser un reflejo de lo que se siente al cantar y tocar y, para muchos de nosotros, esto resulta muy gratificante.

Las grabaciones realistas dan en mi punto sensible porque me permiten experimentar el tipo de fantasías musicales que me resultan más agradables: imágenes basadas en la interpretación humana de la pieza. Automáticamente veo a los músicos tocando o me imagino que soy una de ellos. Adoro al virtuoso pianista de jazz Bud Powell, entre otras cosas, porque disfruto imaginándome que son mis dedos los que vuelan sobre las teclas con su destreza inigualable. No puedo resistirme a moverlos en el aire para imitar lo que creo que él está haciendo, aunque no tengo ni idea de cómo se toca un piano. Para los que tenemos debilidad por la música que suena realista, visualizarnos tocando equivale a la satisfacción que otras personas sienten al asestar una derecha como Roger Federer o comerse la pasarela como Gigi Hadid.

Otro tipo de fantasía realista toma forma en mi mente cuando escucho la voz etérea y melancólica de Lana Del Rey, una de

---

* Fundada en 1948, es la mayor asociación mundial de ingenieros de sonido. Tiene su sede principal en Nueva York.

mis artistas favoritas. Me gusta imaginar que colaboro con ella, que estoy sentada tras la consola en el estudio, repasando detalles de las letras y los arreglos. Cuando escucho a Led Zeppelin, en cambio, suelo imaginarme que soy parte del público y veo a la banda desde un sitio en primera fila. La cuestión es que, sea cual sea el artista, en cuanto escucho música mi mente trata de construir una fantasía visual anclada en el mundo real. Por eso mis canciones favoritas pertenecen a los géneros tradicionales: blues, rock, jazz y soul, quizá porque su realismo me permite colocarme en plena escena musical.

Esto nos lleva de vuelta a Creedence Clearwater Revival y «Born on the Bayou». El tema es un ejemplo bastante convencional del rock estadounidense de finales de los sesenta, influenciado por la moda de la época, que consistía en hacer canciones más largas, exclusivas para el formato de disco y que luego predominarían en los setenta y se adaptarían a las emisoras de radio FM que los pinchaban. No creo que «Born on the Bayou» sea una canción excepcional, pero pienso que es una grabación excelente. Va creciendo poco a poco: la guitarra crea una atmósfera de suspense hasta que entran las congas y la batería, y entonces comprendemos que ese groove (es decir, el ritmo), se intensificará. El ritmo cambia en la primera estrofa y se vuelve más *staccato*, más urgente. El «peso» de la grabación se desplaza hacia abajo, a nuestras caderas y rodillas. ¡Y esa voz! John Fogerty ataca el micrófono desde el primer verso para contarnos que cuando era un chiquillo su padre le advirtió de que el sistema lo atraparía y haría con él «lo mismo que hizo conmigo». Su modo de cantar demuestra una técnica magistral y auténtica. Fogerty controla a voluntad el aire que va soltando en cada verso (solo los mejores cantantes tienen ese control de la respiración). Se entrega al cien por cien a la interpretación, con una potente capacidad emocional y pulmonar. Podemos sentir la presencia del pantano (el «bayou», con su influjo letárgico, siniestro) aunque nunca hayamos viajado al sur de la línea Mason-Dixon.

Escucha cómo Fogerty prácticamente jadea la segunda estrofa sobre su viejo sabueso, que persigue a un espectro hoodoo. Estoy ahí mismo, con el perro, ¡y me encanta! Para cuando el cantante desea estar «de viaje con una reina cajún», en un rapidísimo tren de mercancías que trompiquetea hacia Nueva Orleans, yo quiero ser esa mujer y «trompiquetear» (una palabra inventada que refleja a la perfección el terroso espíritu del tema).

La apasionada interpretación vocal de Fogerty es lo que hace que me enamore de la grabación completa. «Born on the Bayou» despierta las fantasías realistas que necesito, al tiempo que me ofrece la autenticidad de «cuello para abajo» que tanto me gusta.

# 3

Conseguir realismo grabando en cintas magnéticas no era tarea fácil. Los auténticos maestros de la alta fidelidad siempre fueron pocos. Lo que diferenciaba a los buenos ingenieros de los grandes era la destreza, es decir, ejecutar cuidadosa y concienzudamente los trucos del oficio, que se aprendían con esfuerzo. Las técnicas de alta fidelidad incluían, por ejemplo, captar las cuarenta y siete cuerdas de un arpa de manera equilibrada con un solo micrófono, así como trucos más creativos, como colocar un micro en el extremo de una manguera y la otra punta delante del bombo. O poner un micrófono y un altavoz en una escalera de cemento para obtener un poco de reverb casero.

Uno de los maestros de la alta fidelidad que más admiro es Mick Guzauski. Se trata de un meticuloso ingeniero que sobresale por sus técnicas de microfonía y por dominar el difícilísimo arte de la mezcla (combinar las pistas grabadas individualmente de cada instrumento o voz para obtener una mezcla final en estéreo). Aún recuerdo el día de 1983 en que visité el estudio Westlake, donde Mick trabajaba. Acababa de terminar la mezcla de «Catch My Fall», de Billy Idol. Mi novio era el técnico del estudio, por lo que me dejaron pasar a la sala de control, algo inusual, puesto que la mayoría de sesiones de grabación son privadas. (En el estudio, Prince aplicaba una política de «prohibido civiles».) Cuando Mick se levantó a buscar una taza de café, señaló la grabadora con la cabeza. «Dale al play si quieres.» ¡Fue como si un dios me invitara a escuchar a los ángeles! Le di al botón. ¡Ay! ¡La fidelidad cristalina de esa mezcla! Nunca había oído nada parecido y recuerdo lo que pensé: «¡Podría decir hasta de qué color son los calcetines del batería!».

Mick es un ingeniero de mezclas excepcional, y sus grabaciones generan en el oyente vívidas imágenes mentales, del mismo modo que las grandes series de televisión o novelas trascienden todo artificio y te sumergen de lleno en un mundo de soldados, reinas o astronautas.

Hay un motivo por el que capturar la realidad sonora en una cinta magnética es más difícil de lo que parece: no importa el cuidado que pongas al planificar el sonido que entra en una grabadora, siempre sonará diferente cuando lo reproduzcas después. Cada máquina y cada marca de cinta tiene su propia curva de respuesta, que determina cuánto cambiarán los sonidos grabados al reproducirlos. Si la cinta registrara una copia perfecta del sonido, diríamos que su curva de respuesta es lineal. Pero, en realidad, la cinta magnética no graba a la perfección. Esa discrepancia entre lo que entra y lo que sale hace que la curva de respuesta de la cinta sea no lineal. En la época de la alta fidelidad, los ingenieros desarrollaron la capacidad de oír esas curvas, al igual que los pintores aprendieron a reconocer los cambios de color de la pintura al secarse.

Quizás el ejemplo de realismo más impresionante y refinado de esta época —el equivalente a pintar un fresco en el Vaticano— sea la técnica de grabar directamente en disco. Hoy en día es rarísima, aunque ya era inusual incluso durante el apogeo de la alta fidelidad, porque exige un talento magistral. Cuando grabas directamente en disco, no utilizas cinta para nada. Grabas la canción en el «disco maestro» que se usará después para fabricar los vinilos. Se mete un fonoincisor en la sala, y su aguja, o «cabezal de grabado», recibe la señal eléctrica directamente de la salida estéreo de la mesa de grabación. Grabar directamente en disco evita las imperfecciones e idiosincrasias de las cintas y ofrece a los ingenieros la posibilidad de conseguir una alta fidelidad espectacular.

Este método es prácticamente una hazaña de nivel olímpico, pues una vez se empieza a grabar en el disco, no se puede parar. Los músicos deben tocar las canciones en el mismo orden en que aparecerán en el álbum, con el espacio justo entre ellas. Grabar directamente en disco supone condensar todas las distintas etapas del proceso normal en una sola interpretación, como cuando se graba un programa de televisión en directo. Todos los instrumentos y las voces, sin excepción, deben estar perfectamente afinados y en sincronía, y nadie puede fallar ni una nota. No se pueden añadir instrumentos o voces después. Por si fuera poco, la posición de los micrófonos, la ecualización, los reverbs, los compresores, los limitadores y la mezcla de instrumentos también deben ajustarse a la perfección en tiempo real, durante la interpretación de cada canción. No existe la posibilidad de modificar sonidos no deseados o corregir una nota fuera de lugar, salvo desechar el disco maestro y empezar de nuevo desde el principio.

Uno de los discos grabados con esta técnica que más me gustaban es *I've Got the Music in Me*, de Thelma Houston y Pressure Cooker, editado por Sheffield Lab y grabado por el ingeniero Bill Schnee. ¡La de veces que lo he oído para estudiar su increíble calidad de sonido! Aun siendo una profesional, sabía que, a menos que grabara directamente en disco, no tenía ninguna posibilidad de conseguir el sonido casi perfecto de Schnee. Aunque con el tiempo aprendí a alcanzar la alta fidelidad en cada trabajo, nunca tuve la oportunidad de probar la grabación directa en disco. Al final, resulta que no hizo falta. A mediados de la década de 1990, justo cuando ya dominaba las técnicas de ingeniería y mezcla, surgió una nueva tecnología que acabaría transformando la naturaleza de la música y nos lanzaría de lleno a una nueva era: la de la abstracción musical. Este invento revolucionario se llamaba DAW (del inglés *Digital Audio Workstation*, 'estación de trabajo de audio digital').

## 4

Antes de adentrarnos en lo que hace una DAW y su crucial impacto en la música, pensemos primero en otra revolución similar impulsada por la tecnología, pero en el ámbito de las artes visuales. Hace casi doscientos años, apareció una máquina que cambiaría la pintura para siempre. La historia de J. M. W. Turner, paisajista de principios del siglo XIX, es, tal vez, la que mejor refleja la experiencia de quienes vivimos la revolución de la DAW.

Turner tenía fama de brusco y una impresionante habilidad técnica para plasmar vívidas escenas al óleo. Su enfoque realista de la pintura encajaba de lleno con la tradición predominante en las artes visuales europeas, una tradición que favorecía la alta fidelidad y se remontaba al siglo XIV. A partir del Renacimiento, los artistas occidentales se habían lanzado a pintar retratos, paisajes, naturalezas muertas y bodegones que reproducían con fidelidad el mundo tal y como lo veían el cerebro y los ojos. La *Gioconda* de Leonardo y *El juicio final* de Miguel Ángel se consideran clásicos en gran medida por su asombrosa verosimilitud. Rembrandt, uno de los maestros europeos del realismo más célebres, empleaba la luz y la sombra con tal maestría que las emociones en los rostros de sus personajes dan la impresión de traspasar el lienzo.

No resulta de extrañar, pues, que las técnicas artísticas utilizadas para transmitir realismo, como la perspectiva, el escorzo, el modelado y el claroscuro, fueran muy valoradas, y quienes las conocían las protegían con celo. Durante el período realista, que se extendió a lo largo de siglos, el oficio —el dominio de las habilidades técnicas— fue el principal objetivo de los artistas profesionales. Los aspirantes a pintor buscaban mentores que les enseñaran sus trucos, al igual que hacían los aprendices de carpinteros y de picapedreros. Los pintores podían ponerse creativos en época de Rembrandt, claro, siempre y cuando pintaran objetos o escenas fácilmente reconocibles. El neerlandés fue un gran artista, pero ante todo fue un gran artesano, un maestro de su oficio. Los pintores más venerados de los siglos XVII y XVIII eran famosos por su destreza para aplicar pinceladas de pintura al óleo sobre lienzos y crear en ellos la ilusión de tela arrugada, madera desgastada, fruta en descomposición, cristal irisado o piel angelical.

De joven, J. M. W. Turner también fue un consumado artesano, y se especializó en marinas y escenas de la vida en el mar. En 1803, Turner cargó sus pinturas y su caballete hasta un muelle que se adentraba en el estrecho de Dover, frente a la costa norte de Francia, y plasmó lo que vio con la mayor precisión posible. El resultado fue *El muelle de Calais*.

En su minuciosa obra, podemos apreciar las olas rompiéndose, las cuerdas enrolladas, las velas de lona agitándose y los pañuelos que las mujeres ondean en el muelle rociado por las aguas del mar. Turner pintó cientos de óleos y acuarelas realistas similares a *El muelle de Calais* antes de cumplir los treinta. Entonces, como de la nada, apareció una nueva tecnología que alteró la trayectoria profesional de Turner y transformó para siempre el arte de la pintura.

La fotografía.

La invención de las cámaras y de las placas fotosensibles recubiertas de plata permitió obtener imágenes de una fidelidad tan extraordinaria que ningún ser humano podía competir con ellas. Este avance tecnológico desencadenó una profunda crisis profesional y psicológica entre los artistas visuales. ¿Por qué contratar a un pintor para un retrato familiar si podías obtener una imagen mucho mejor, más rápida y barata con una caja de madera? ¿Y por qué se molestaría un artista en pintar la representación más realista posible de una escena sabiendo que jamás se acercará siquiera al realismo de una fotografía? Aunque al principio la cámara solo se consideró un hito de la ingeniería,

*El muelle de Calais*, de J. M. W. Turner (1803).

en la década de 1830 muchos críticos de arte creían que la fotografía se había convertido en el paradigma del realismo en las artes.

Pese a que la llegada de la fotografía llevó a que algunos pintores se cuestionaran qué propósitos tenían, también abrió las puertas a un nuevo universo creativo. Si ya no podías pintar el mundo tal y como era, tenías la libertad de representarlo como *podría* ser o incluso de pintar cosas que no se parecieran en nada al mundo físico. Turner fue uno de los primeros en aceptar el reto y desarrollar un estilo no realista que se valía de formas y colores para representar la experiencia interna del observador. Ideó nuevas pinceladas y paletas, así como métodos nunca vistos para que la creatividad prendiese. Se rumoreaba que, para representar con exactitud la sensación de ser azotado por un clima despiadado, Turner asomó la cabeza por la ventanilla de un tren que circulaba a toda velocidad en medio de una tormenta y que también se ató al mástil de un barco golpeado por otra tempestad. Aunque los expertos contemporáneos cuestionan la veracidad de estas historias, no niegan que Turner buscara sensaciones intensas para revitalizar su pintura. (Estos esfuerzos podrían categorizarse como un enfoque naíf de la pintura. Turner trataba de dejar atrás su instrucción formal y activar sus impulsos más viscerales, «por debajo del cuello».)

En 1842, tras haber comprendido que la nueva tecnología transformaría las artes visuales, Turner regresó al muelle de Calais, pero esta vez, en lugar de intentar reproducir fielmente lo que *veía*, trató de pintar lo que *sentía*, las emociones personalísimas que la escena despertaba en él. En la pintura, que se titula, *Tormenta de nieve sobre el mar*, el mar y el cielo quedan reducidos a un dinámico remolino de luces y sombras. Sus amplias pinceladas, que se mezclan entre sí, expresan la turbulencia propia de una tormenta en el mar. Está considerada como una de las primeras obras de arte abstracto.

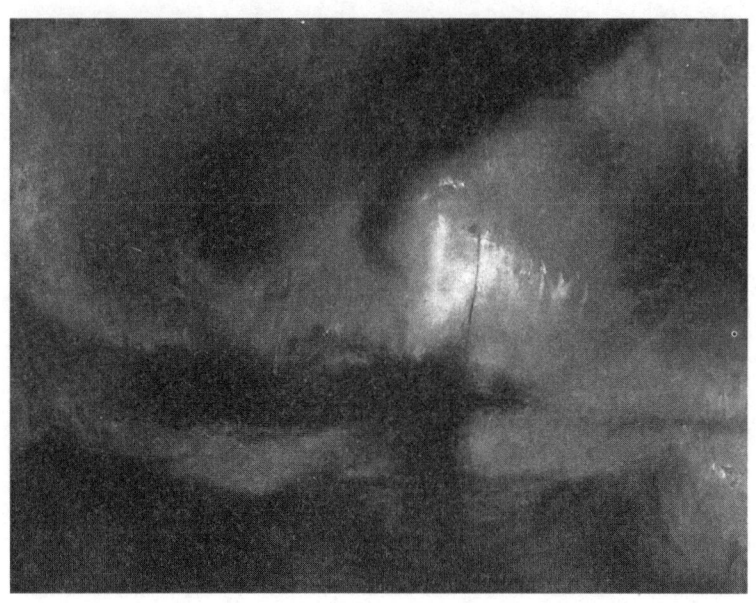

*Tormenta de nieve sobre el mar*, de J. M. W. Turner (1842).

Hoy en día nos resulta difícil entender lo transformador que fue ese nuevo enfoque abstracto de la pintura. Hemos nacido en un mundo visual repleto de imágenes abstractas. Las vallas publicitarias, los banners de internet, los créditos de los programas de la tele y los filtros de Instagram nos someten a diario a un aluvión de imágenes muy estilizadas. Pero para los artistas de principios del siglo XIX y su público, la posibilidad de contemplar imágenes que evocaran la experiencia subjetiva de cada uno en lugar de la realidad objetiva supuso un importante punto de inflexión que marcó una época.

El arte realista se ocupa de lo que hay, mientras que el arte abstracto lidia con lo que se omite, y con lo que nuestras mentes son libres de completar. Como carece de formas visuales conocidas, el arte abstracto nos invita a inventar, imaginar y fantasear sobre lo que la pintura parece mostrar, en vez de sobre lo que sí muestra. Y a medida que el nivel de abstracción de la pintura aumenta, a medida que las imágenes se vuelven más ambiguas e inciertas, el observador se concentra más en su propia «historia» personalizada sobre lo que ocurre en ella. Como explica la neurocientífica Vered Aviv, «el arte abstracto libera a nuestro cerebro del dominio de la realidad, permitiéndole fluir por sus estados internos, crear nuevas asociaciones emocionales y cognitivas y activar estados cerebrales a los que, de otro modo, sería más difícil acceder. Al parecer, este proceso es gratificante, ya que permite explorar territorios internos del cerebro del observador que aún no han sido descubiertos».

Las pinturas figurativas (realistas) activan áreas del cerebro familiarizadas con los objetos y las escenas representados. Cuando los observadores miran retratos de personas, se activa su giro fusiforme, una parte del cerebro implicada en el reconocimiento facial. Por el contrario, la pintura de paisajes provoca una mayor activación en el giro parahipocampal, que es importante para formar la memoria y para conocer el entorno. Las naturalezas muertas y los bodegones —representaciones de flores, frutas, manteles...— generan más actividad en la corteza visual que el resto de estilos pictóricos, quizá porque incluyen objetos conocidos con los que interactuamos.

Cuando se presentan diferentes estilos de pintura a los espectadores, las abstractas son las pinturas que menos activación cerebral localizada provocan. Cuando observas una obra realista, tu cerebro identifica automáticamente personas, muebles, montañas, puentes, manzanas y cualquier otro elemento familiar que aparezca en la pintura, y se activa su sistema de reconocimiento de objetos. Cuando observas arte abstracto, sin embargo, en vez de activarse una sola estructura cerebral, se encienden muchas partes de tu cerebro. Al fin y al cabo, ¿qué puede pensar un cerebro sobre un cuadro de la última época de Jackson Pollock, con sus salpicaduras de color sin figura alguna?[1] Sin objetos específicos que reconocer, contemplar arte abstracto exige un proceso mental más complejo y, para algunos cerebros, ese esfuerzo adicional es un regalo.

Puede que el distanciamiento del arte abstracto de la realidad física alcanzara su cenit en la obra del artista estadounidense James Turrell. En algunas de sus obras más célebres no emplea lienzo ni pintura, ni tampoco manipula ningún material físico. En lugar de eso, se vale únicamente de la luz para crear simples obras geométricas que parecen tener el peso y la sustancia de una pintura. «Mi trabajo no tiene objeto, ni imagen ni foco —explica Turrell—. Sin objeto, sin imagen y sin foco, ¿qué estás mirando? Te miras a ti mismo mirando.»

Las fotografías no alcanzan a transmitir los extraños efectos que se sienten al contemplar en persona una de las creaciones lumínicas de Turrell. Sus obras son, como dice el crítico de arte Arthur Danto, «bellos, intangibles rectángulos de luminosidad que se experimentan como si de visiones místicas se trataran». De manera similar, el también crítico John McDonald escribe que las obras de Turrell son «aburridas de describir pero mágicas si la experimentas», una opinión con la que estoy totalmente de acuerdo.

Hace poco pude experimentar las creaciones de Turrell en el Museo de Arte Contemporáneo de Massachusetts (MASS MoCA), una de las cuales consistía en una cavidad del tamaño de un desván donde flotaba una neblina iluminada con luz rosa claro. Se invitaba a los espectadores a introducir la cabeza en la bruma rosa. Esta aparentemente sencilla instalación producía un efecto mental extraordinario, onírico, y provocó que muchos espectadores experimentaran agradables alucinaciones. Como no había elementos visuales que el cerebro pudiera procesar —ni paredes, ni suelo ni techo—, mi mente buscó desesperadamente un punto de referencia antes de rendirse y dejarse llevar por sus propios impulsos. Mientras seguía mirando a mi alrededor, la niebla rosa acabó volviéndose negra (un fenómeno perceptivo que se conoce como *efecto Ganzfeld*), y me sorprendí cuestionándome la realidad de los colores. Para mí, aquella fue una experiencia enriquecedora y profundamente contemplativa. Las dos mujeres que tenía a mi lado, sin embargo, no pararon de soltar risitas durante casi diez minutos seguidos, encantadas con la experiencia mental que la obra de Turrell les evocaba y, quizá, con las estelas de luz que algunos espectadores veían al pasar la mano por la neblina.

El aspecto más rompedor del expresionismo abstracto, patente en la obra de Turrell, es que resulta imposible formular una interpretación canónica de lo que representa la pieza, al contrario de lo que ocurre, por ejemplo, con *El muelle de Calais*, de Turner, en la que todos vemos un barco en una tormenta. Pero cada espectador contempla algo diferente en el arte de Turrell, ya que cada mente procesa las obras no figurativas de una manera muy personal e intrínseca.

Al cambiar el epígrafe profesional de los pintores de «artesanos» a «visionarios», la fotografía provocó una explosión de creatividad en las artes visuales. Las DAW hicieron lo mismo con la música.

# 5

Como ya hemos dicho, DAW son las siglas de *Digital Audio Workstation*, o 'estación de trabajo de audio digital'. Con su llegada, la grabación digital se introdujo de lleno en la industria de la creación de música comercial. Con este método, las ondas sonoras no se graban directamente en una cinta magnética o en un disco blando. En lugar de eso, los dispositivos de grabación digital (como el disco duro de un ordenador) reciben la información después de que la onda sonora entrante se haya muestreado electrónicamente decenas de miles de veces por segundo. Este proceso convierte la onda, que cambia de forma dinámica, en una serie de ceros y unos, como las rayas blancas y negras de un código de barras. El audio digital supuso una revolución (¡y una revelación!) para los ingenieros de estudio. Por primera vez, la tecnología permitía que los dispositivos de grabación tuvieran una curva de respuesta lineal. A diferencia de la cinta analógica, las grabaciones digitales presentaban una correspondencia exacta entre lo que entraba en la máquina y lo que salía de ella. En resumen, la tecnología digital logró una fidelidad del 100 %; es decir, la reproducción impecable de un sonido o una interpretación musical.

Cabría pensar que los profesionales de la grabación celebraron la llegada de las DAW. Al fin y al cabo, ¿no era la fidelidad perfecta lo que andábamos buscando? En vez de eso, muchos reaccionamos igual que los pintores del siglo XIX ante la fotografía. ¡Nos desmoralizó! Casi de la noche a la mañana, décadas de arduos esfuerzos para perfeccionar el laborioso arte de grabar en cinta habían quedado obsoletos. Así como algunos pintores lamentaron que, al parecer, el futuro del arte visual residiera en los operadores de pequeñas cajas de madera, muchos de nosotros tuvimos la impresión de que el futuro de la música pertenecía a quienes operaban pequeñas cajas de silicio.

La primera vez que escuché una grabación digital, pensé que sonaba extrañamente aburrida. No fui la única. Las grabaciones digitales carecían de la distorsión armónica habitual en las cintas analógicas, un sonido característico que muchos de nosotros habíamos aprendido a amar. Llevábamos años subiéndoles las frecuencias altas a nuestras grabaciones, porque la cinta va perdiéndolas con el tiempo. Esas técnicas aplicadas a lo digital podían hacer que la música sonara «chillona», «áspera» o «fría». Nos gustaba la calidez de lo analógico, decíamos, del mismo modo que nos gustaba el aspecto cálido del celuloide. En una grabación analógica, la onda sonora «empapa» el medio de almacenamiento, del mismo modo que las ondas luminosas saturan la emulsión fotográfica del celuloide. Los platillos se desvanecen poco a poco en el crepitar de la cinta o el suave caos del sonido de fondo. En una grabación digital, los platillos cesan abruptamente y caen en la nada.

También nos frustraba que, de repente, tantas tareas profesionales se hubieran convertido en algo fácil. Habíamos sudado la gota gorda para aprender una serie de trucos sofisticados con los que conseguir que las grabaciones sonaran realistas. Usar la tecnología digital era como hacer trampa. Tras años perfeccionando nuestra identidad sonora, resultaba chocante descubrir que cualquiera podía obtener un bombo perfecto o un reverb deslumbrante con solo clicar un ratón. ¿Dónde quedaba el oficio entonces?

Por suerte, con las DAW, había una de cal y otra de arena. Aunque Leonardo, Miguel Ángel y Rembrandt se fueran, llegaban Monet, Mondrian y Miró.

La grabación digital abría perspectivas completamente nuevas sobre lo que la música podía representar: un nuevo mundo sin viejos lastres ni limitaciones. Del mismo modo que la tecnología de vídeo digital nos ha dado zombis, superhéroes y dragones escupefuegos que se integran a la perfección en escenas realistas, la tecnología de audio digital puede usar sonidos artificiales que no pueden producirse de fuentes acústicas en el mundo real para crear música que suena como si la tocaran humanos. Al igual que ocurrió en las artes visuales, la meta del arte musical ha pasado de expresar gestos humanos a expresar ideas, o como dijo el crítico de arte Ernst Gombrich, «símbolos en lugar de signos naturales». Si bien este cambio de paradigma ha reducido el realismo de las grabaciones de la música popular, también ha revolucionado la expresión creativa. Y, además, se trata de una revolución democratizadora. Una de las primeras cosas que cambió la aparición de la tecnología digital fue el presupuesto para producir un disco.

Antes, solo los estudios de primera categoría poseían el equipo necesario para obtener una fidelidad superalta, y solo los músicos consagrados con contratos discográficos podían permitirse pagar las desorbitadas tarifas de esos espacios. Del mismo modo, los instrumentos y los músicos de sesión de primer nivel solo estaban al alcance de los artistas que recibían desde sus discográficas el dinero suficiente para pagarlos. Las limitaciones en cuanto a herramientas y personal nos obligaban a trabajar partiendo de los materiales hasta alcanzar la visión. Nuestra tarea consistía en hacer la mejor grabación posible con el equipo, los ingenieros y los intérpretes de los que pudiéramos echar mano. Si queríamos un órgano Hammond B3 y en el estudio no había ninguno, reescribíamos esa parte.

Los productores de hoy en día pueden trabajar partiendo de la visión y buscar entonces los materiales. Tienes a tu disposición casi cualquier sonido que se te ocurra, o puedes crearlo fácilmente. Por el precio de un ordenador portátil, puedes reunir una biblioteca de sonidos y software de grabación con un nivel de fidelidad que en el pasado costaba cientos de dólares diarios. En el siglo XXI, las grabaciones no compiten en el mercado por su fidelidad, sino por sus efectos en la imaginación del oyente.

En la era de la producción digital, la creatividad artística se centra en desarrollar nuevas formas de grabaciones abstractas, las cuales quizá ni siquiera tratan de imitar a músicos tocando en directo con instrumentos conocidos. Existen por lo menos dos maneras de conseguir «grabaciones abstractas». La primera consiste en usar sonidos de nuevo cuño. La segunda, en manipular o eliminar los gestos interpretativos de los humanos.

Los productores contemporáneos usan las DAW para crear tonos, ruidos, melodías y ritmos que no necesariamente provienen de personas que los toquen con instrumentos. Los diseñadores de sonido digital pueden sacarse quimeras auditivas de la manga: ondas sintéticas que mezclan los sonidos de una guitarra y un trombón, por ejemplo, o de un periquito y una rana, o de un hombre y un bebé. Cuando escuchas estos conjuros digitales, es más difícil visualizarlos, porque no estás segura de lo que oyes. Y cuando eres incapaz de identificar un objeto —como al contemplar arte abstracto— tu mente empieza a explorar posibilidades muy imaginativas. Esto puede hacer que te sumerjas más en la experiencia.

Las grabaciones abstractas fomentan así una interacción más personalizada, pues ofrecen al oyente más huecos que rellenar. Cuando escuchas música no realista, te conviertes en parte de la experiencia musical gracias a tu propia interpretación de lo que suena (y dónde y cómo lo hace) o dejándote llevar por la pura fantasía. Si quieres oír un ejemplo donde el viejo mundo choca con el nuevo, escucha lo que Floating Points (el neurocientífico Sam Shepherd) hace en su EP de electrónica cósmica *Kuiper*, un disco que transita por sonidos familiares como la guitarra, la batería y el piano Rhodes antes de adentrarse poco a poco en remolinos irreconocibles. Esta clase de sonido creativo se escuchaba antaño sobre todo en la música electrónica y tecno, pero hoy se ha convertido en un pilar del pop del *Top 40*. La tecnología responsable de ese diseño innovador, como la que se emplea en «Taki Taki» de DJ Snake (con Selena Gomez, Ozuna y Cardi B), ofrece a los artistas emergentes un amplio abanico de posibilidades para crear un sonido propio y único. Cuanto más profundizamos en esa área, donde se manipula el sonido en lugar de la ejecución humana para influir en nuestra experiencia auditiva, más abstracta se vuelve la música en sí misma. En el videoclip oficial de «Taki Taki» sale gente cantando y bailando, pero nadie toca ningún instrumento. Al igual que con el arte abstracto, el atractivo de muchas grabaciones actuales reside en la idea de una actuación tradicional, más que en su realización.

La segunda forma en que la música se ha vuelto cada vez más abstracta es mediante la homogeneización y la «corrección» de los gestos interpretativos. Si Ariana Grande falla en una nota (algo inusual, pero que puede pasar), sus productores buscan el si bemol errado en la pantalla del ordenador y lo convierten en un si a secas. En el pasado, los artistas y productores solían mantener los desaciertos para favorecer una sensación de autenticidad emocional. Encontramos un buen ejemplo en la tercera estrofa (minuto 1:40) de la canción «4 + 20» de Crosby, Stills, Nash & Young. Stephen Stills se atasca en el verso «I embrace the many-colored beast». Él quería regrabarlo, pero sus compañeros insistieron en dejar el error. Cuando escuchaba la canción de adolescente, la manifiesta vulnerabilidad que expresaba ese momento me ofrecía una imagen muy vívida del intérprete, lo que me hacía disfrutarla aún más.

Como la edición digital es rápida y fácil, la práctica de «limpiar» las grabaciones ya no es un método pragmático para pulir los errores objetivos, sino una filosofía creativa que puede llevar a los productores e ingenieros a corregir «fallos» subjetivos en la interpretación de un músico. No obstante, al hacerlo, eliminan los gestos únicos y expresivos que las generaciones anteriores celebraban y que muchos oyentes actuales aún quieren escuchar. Como resultado, la gran mayoría de grabaciones contemporáneas son técnicamente perfectas... pero imposibles de tocar en directo. O, al menos, imposibles de tocar tal y como suenan grabadas.

Hoy en día, mis alumnos suelen interpretar cualquier discordancia como un signo de dejadez imperdonable y de falta de esfuerzo. Según muchos oyentes jóvenes, si algo se puede arreglar, se debe arreglar. Pensemos en uno de los gestos interpretativos más simples: la respiración. Compara las inhalaciones y exhalaciones tan maravillosas que escuchamos en «Eet» de Regina Spektor con la total ausencia de ellas en «7 rings» de Ariana Grande, un tema que me pone nerviosa cada vez que lo escucho porque no paro de pensar: «¡Respira, mujer, respira!».

# 6

Así como la aparición de la pintura abstracta reveló preferencias no exploradas en el gusto del público en las artes visuales, ha ocurrido lo mismo con la producción musical abstracta. Los oyentes que prefieren sonidos e interpretaciones generados por ordenador suelen dar menos importancia al realismo que aquellos cuyos gustos se decantan por las grabaciones analógicas tradicionales. Como todo puede sonar perfecto si se emplea una DAW, la fidelidad y la técnica impolutas no resultan especiales. Esto incrementa muchísimo el valor que los oyentes atribuyen a la visión imaginativa de una grabación, a la creatividad de su diseño sonoro. A medida que nos hemos alejado del realismo hasta caer, al fin, por un precipicio y llegar a los valles de la invención sonora, se han expandido las formas en que una grabación puede deleitar al oyente, y eso incluye las formas en que las personas visualizan la música.

Las grabaciones abstractas te invitan a crear tu propio mundo y a formar tu imaginario particular, sin atender a los límites de la realidad consensuada. El coautor de este libro, por ejemplo, jamás se imagina a los intérpretes cuando escucha música. A diferencia de mí, que de niña pensaba instintivamente en cómo sería la banda y sentía una fuerte conexión con el trabajo imperfecto y sudoroso que suponía tocar, el cerebro juvenil de Ogi generaba patrones abstractos de formas y colores agradables cuando escuchaba música. Como resultado, al principio prefería música sin letra y a base de complejas e intrincadas melodías, como las de Bach, que, al parecer, producían los patrones visuales más intensos. Luego, a medida que fue creciendo, empezó a decantarse por la música con paisajes sonoros abstractos que lo invitaran a imaginar y deambular por mundos de fantasía «imposibles». Un buen ejemplo sería «The Grid», de Daft Punk.

Daft Punk fue un dúo francés influenciado por Kraftwerk y otros pioneros de la abstracción musical. Guy-Manuel de Homem-Christo y Thomas Bangalter estuvieron entre los primeros en abrazar las nuevas posibilidades que ofrecían las DAW, y experimentaron con sintetizadores y cajas de ritmos hasta que dieron con un estilo musical genuinamente propio. Pese a que sus exuberantes paisajes sonoros son, sin duda, artificiales, permanecen vinculados a las emociones humanas reales porque combinan melodías electrónicas hechas por ordenador con elementos del funk y el rock interpretados por músicos. Daft Punk se tomaron las nuevas ideas y filosofías de la abstracción sonora tan a pecho que se inventaron «personajes robóticos» para sí mismos, y en cada concierto o aparición pública llevaban unos elaborados cascos y guantes eléctricos que ocultaban por completo su identidad.

«The Grid» pertenece a la banda sonora de *TRON: Legacy* (2010). El disco, por tanto, fue compuesto por Daft Punk para una película y combina sus característicos montajes electrónicos con música sinfónica interpretada por una orquesta real. Aunque la película en sí, que va de un mundo oculto dentro de un ordenador, no tiene nada de reseñable, la banda sonora sí logra evocar un universo alternativo. En vez de pedir a los oyentes que visualicen lo que los músicos andan haciendo, «The Grid» los invita a viajar a otro lugar, a imaginar un reino que funciona bajo leyes desconocidas.

El tema logra estos efectos sobrenaturales mezclando instrumentos de cuerda tocados por seres humanos que todos conocemos con un ritmo mecánico insistente, armónicos mejorados con tecnología digital y un estilo de producción que se apoya en la típica precisión de los ordenadores. También incluye un monólogo sobre la fantasía y la exploración, recitado por la potente voz de barítono del actor Jeff Bridges, que rompe con las expectativas habituales al escuchar una canción y, junto con los urgentes arpegios de las cuerdas, sugiere que algo dramático está a punto de ocurrir, que quizás estés a punto de embarcarte en una aventura. Lo que Ogi obtiene al escuchar este tema de Daft Punk no es el placer de identificarse con el artista, sino la alegría de vagar por un mundo de ensueño.

La preferencia por el arte realista o abstracto no dice nada sobre la inteligencia, la madurez o el nivel de sofisticación cultural de una persona; simplemente arroja luz sobre las actividades mentales que cada cerebro encuentra placenteras. Por desgracia, y de manera errónea, los diversos movimientos del arte abstracto, como el impresionismo o el cubismo, a menudo se malinterpretan como «avances» culturales, del mismo modo que los coches eléctricos y los iPhones representan avances tecnológicos. Es decir, se perciben como superiores a lo que había antes. A veces se fomenta la idea de que el arte abstracto es intelectualmente más elevado que la pintura realista. Nada más lejos de la realidad. Tanto si te maravillan los exquisitos detalles de *La joven de la perla* de Johannes Vermeer como si te conmueve la genialidad geométrica de *Composición n.º 10* de Piet Mondrian, lo que se revela es la manera única en que tu constelación de redes neuronales disfruta de aquello que la pintura te trasmite.

De manera similar, antes de las DAW había muchas personas cuyo gusto latente por las fantasías «imposibles» no quedaba satisfecho con los discos realistas, repletos de sonidos e interpretaciones de este mundo. Que prefieras «Born on the Bayou» o «The Grid» no es un indicador de que seas más o menos sofisticado musicalmente; solo refleja que tu cerebro está cableado para inclinarse por un polo del realismo frente al otro.

Un hallazgo interesante del estudio sobre individualidad sugiere que, al parecer, nuestro gusto por el realismo es diferente según el tipo de arte. Tus circuitos visuales se desarrollan en gran medida al margen de tus circuitos gustativos, que se desarrollan en gran medida al margen de tus circuitos auditivos, que se desarrollan en gran medida al margen de tus circuitos olfativos, por lo que el placer que obtienes de las ofertas visuales puede acabar siendo bastante distinto del que experimentas mediante el gusto, el tacto, el olfato o el sonido.

Este hecho biológico puede dar lugar a algunas contradicciones sorprendentes en nuestra personalidad. Aunque tengo una fuerte preferencia por la música realista, me gustan muchísimo más las artes visuales abstractas, por ejemplo, los cuadros de Jean-Michel Basquiat y Cy Twombly. La alegría que me produce imaginar músicos de verdad en un estudio de verdad es equiparable a lo que experimento ante el «arte encontrado» de Picasso y al ver un sillín de bici convertido en cabeza de toro. Al coautor de este libro le pasa justo lo contrario. Aunque lo que más escucha son grabaciones abstractas que le permiten adentrarse en sus propios espacios psíquicos fantasmagóricos, no le gusta el arte abstracto, sino que prefiere obras con un tema claro, concreto y realista. Prefiere contemplar una de las primeras marinas de J. M. W. Turner, anteriores a la fotografía, que una de sus pinturas abstractas más tardías.

Piensa en tus propias tendencias. ¿Prefieres la poesía terrenal, sobre la vida cotidiana en Nueva Inglaterra, de Robert Frost ('La manera en que un cuervo | dejó caer en mi frente | polvo de nieve | desde lo alto de un abeto') o los versos más enigmáticos de Carl Sandburg ('Yo | el oro de la casa, | me retorcí hasta formar un charco agarrotado')? ¿Las esculturas figurativas de Camille Claudel (como *Perseo y la Gorgona*) o las geometrías sin rostro de Constantin Brâncuşi (como *Pájaro en el espacio*, que tiene forma de plátano)? ¿Los platos tradicionales en los que reconocemos cada ingrediente de inmediato (como la pasta con salsa marinara) o la cocina vanguardista donde apenas hay conexión entre el aspecto del plato y sus ingredientes (por ejemplo, el «Graffiti» del Alinea, en Chicago, una salpicadura de color sin formas identificables hecha de «spray de zanahoria y setas salvajes»)?

Las imágenes que te vienen a la mente mientras escuchas tu música favorita están ligadas a tu sentido fundamental del yo. Al identificar tu punto sensible en la dimensión del realismo, comprendes por qué ciertas grabaciones son más susceptibles de inspirar las visiones que te gustan; y eso impide que sientas que hay algo que no funciona cuando otros prefieren una música que no despierta tu imaginación.

# *Oído absoluto*

Las melodías tienen una cualidad perceptual bastante curiosa. Puedes cambiar todas las notas que conforman una melodía y, aun así, seguir reconociéndola al escucharla, siempre y cuando se mantengan los mismos intervalos entre las notas de origen y las notas de destino. Cuando una melodía se traslada así de una tonalidad a otra, llamamos a esto *transposición*.

Casi todos los seres humanos tenemos la capacidad de identificar una melodía transpuesta con la original. Esta habilidad se conoce como *oído relativo*. Por el contrario, aproximadamente una de cada diez mil personas posee oído absoluto: la capacidad de identificar al instante a qué nota corresponde cualquier sonido, sea un la sostenido o un mi. (Algunos científicos insisten en que, para que se considere oído absoluto, la persona también debe ser capaz de cantar cualquier nota de forma precisa e instantánea.)

El oído absoluto es una proeza de la categorización. Esta capacidad se desarrolla en la infancia, cuando las conexiones neuronales vinculan tonos específicos con etiquetas verbales, de forma parecida a cómo aprendemos los nombres de cada color. Algunas personas con oído absoluto pueden identificar hasta setenta notas distintas, que abarcan aproximadamente seis octavas. Por el contrario, alguien con oído relativo podría reconocer las siete notas presentes en la escala de do mayor (do, re, mi, fa, sol, la, si), pero solo si ha logrado identificar correctamente la nota fundamental o tónica.

# CAPÍTULO 3

# NOVEDAD

## Lanzarse a la piscina

Siempre me la juego, no lo puedo evitar.
La mano derecha atrás mientras la izquierda avanza.

BOB DYLAN, «Angelina»

# I

Omar, uno de mis alumnos de Berklee, era un chico brillante y afable que siempre andaba rodeado de un grupo de amigos. Se esforzaba mucho por caer bien. Omar rechazaba el esmalte de uñas negro, las botas militares y la barba que marcaban la moda en nuestro campus urbano de bellas artes. Cuando daba su opinión acerca de temas culturales, sus puntos de vista solían ser más cautelosos y moderados que los de la mayoría. En lo que respecta a la música, sentía una lealtad absoluta por el pop.

Para Omar, cualquier cosa que no encabezara las listas era sospechosa. Tras escuchar «Condition of the Heart» de Prince, que para mí expresa la soledad y la añoranza de un modo sublime y poco convencional, Omar dijo que, si no fuera porque conocía que no era así, diría que Prince no sabía cantar. No mostraba ningún interés en adentrarse en nuevos terrenos musicales para explorar otros estilos que no fueran los del pop más comercial.

Sheryl, por el contrario, sentía cero interés en la música pop. Y tampoco expresaba curiosidad alguna por los discos de vanguardia que tanto interés suelen despertar en Berklee. Toda su devoción se centraba en un solo género: el reggae. Cuando ponía sus temas favoritos de reggae en clase, se le iluminaba la cara. A menudo se zambullía en la historia de los artistas y los productores de reggae, una cualidad que yo apreciaba porque siempre aprendía algo nuevo de sus investigaciones. Sheryl había abrazado esta tradición musical por completo, y dedicaba todo su tiempo a escuchar, tocar y producir canciones reggae para perpetuar su género predilecto.

Y luego estaba Andrew. Sus temas favoritos eran los de artistas innovadores que retorcían y distorsionaban las formas clásicas en nombre de la exploración creativa. Andrew, un productor discográfico nato, se había fijado una meta que yo admiraba mucho: cada día escuchaba un álbum nuevo de principio a fin. Cada vez que me lo encontraba, solía preguntarle «¿Cuál fue el disco de ayer?», y él respondía con un artista nuevo, generalmente alguien del que yo nunca había oído hablar. Siempre lo acompañaba con una breve reseña de la obra.

Cuando aún era su profesora, Andrew me descubrió el hardcore estadounidense. Se trata de una vertiente más extrema del punk (en cuanto a velocidad y agresividad), y también más sofisticada (con mayor complejidad armónica y rítmica). Cuando acompañé a Andrew y otros estudiantes a un concierto de hardcore en la sala Middle East de Cambridge, me quedé justo al final del público, rodeada por mis acompañantes, que me protegían como escuderos. A los pocos minutos de empezar el set, el ágil y flaco Andrew anunció: «¡Me voy a meter!», y se lanzó de cabeza al pogo más brutal que he visto nunca.

Este trío de estudiantes de Berklee ejemplifica un aspecto del perfil de oyente que indica tu apetito por el riesgo musical: la dimensión de la novedad. Los seres humanos nacemos con el deseo de explorar nuevos objetos y situaciones, siempre y cuando nos mantengamos dentro de nuestra «zona Ricitos de Oro»: ni demasiado extraño, ni demasiado aburrido. Como la niña del cuento, que va probando diferentes camas y sopas, buscamos una música que nos siente bien.

Pese a que el apetito por la novedad puede variar drásticamente dependiendo del contexto y la etapa vital, tus listas de canciones quizá revelen una preferencia profundamente arraigada por avenidas musicales muy transitadas o, si no, por callejones sin señalizar que serpentean en los lindes de la ciudad. Algunos sentimos una atracción magnética hacia artistas cuyos nombres raros y misteriosos solo hemos oído de pasada, mientras que otras personas piensan en sus bibliotecas musicales como viejas compañeras a las que visitamos con gusto y de manera recurrente a lo largo de nuestras vidas.

En este capítulo exploraremos la dimensión de la novedad y aprenderemos cómo tu apetito por el riesgo influye en las canciones que «te sientan bien».

## 2

En lo que respecta a la música, lo familiar y lo novedoso son categorías subjetivas. Lo que a ti te resulta conocido puede parecerme inaudito, y viceversa. Siempre que el oyente esté familiarizado con la música de una cultura concreta, es relativamente sencillo clasificar una pieza de esa cultura musical como estándar o vanguardista. Cada tema se escucha en relación con otras grabaciones que siguen el mismo conjunto de reglas musicales. A los oyentes que no estén familiarizados con un sistema musical determinado, todas las piezas de ese estilo les sonarán como algo novedoso.

Las canciones melancólicas y etéreas de la cantante libanesa Fairuz suenan exóticas para los oídos estadounidenses, pero todos los habitantes de Oriente Medio conocen de sobra la música de este icono árabe. Los ragas de la India emplean microtonos (notas que se ubicarían entre las teclas negras y blancas adyacentes de un piano), que resultan muy inusuales en la música occidental. Los oyentes que conocen bien los ragas pueden clasificarlos fácilmente según su grado de innovación, mientras que para los occidentales todos los ragas suelen sonar igual de extraños.

Sin embargo, en el siglo XXI, casi todo el mundo comparte una idea común de la estructura y los elementos básicos de la música occidental. Para el pesar de los etnomusicólogos, después de que el pop y el rock and roll surgieran en Reino Unido y Estados Unidos en la década de 1950, estos géneros se extendieron a toda velocidad hasta convertirse, según el venerado *New Grove Dictionary of Music and Musicians*,* en la «lengua franca» del mundo. Para bien o para mal, las formas occidentales de la música llegan hoy a todos los rincones del planeta a través del cine, la televisión, los vídeos de internet, los videojuegos, la publicidad y las típicas listas de reproducción que suenan en los centros comerciales.

Un elemento de la música occidental que ha calado en casi todos los cerebros humanos sin que nos diéramos cuenta es la sección de ocho compases. Un compás es una unidad métrica musical. En las composiciones, un compás tiene una duración específica, determinada por el número de tiempos o pulsos que lo forman. La música pop occidental normalmente incluye cuatro tiempos por compás: UNO-dos-tres-cuatro, UNO-dos-tres-cuatro, UNO-dos-tres-cuatro. Eso serían tres compases. Con ocho de esos seguidos, ya tendrías una sección de ocho compases.

Este tipo de sección está tan presente en la música contemporánea que sirve para generar anticipación para algo nuevo. La mayoría de oyentes esperan de manera instintiva que, tras ocho

---

* Literalmente, 'Diccionario Grove de la música y los músicos'. Se trata de un diccionario enciclopédico, considerado por muchos expertos como la obra referencial más amplia de la música occidental, al menos en inglés.

compases, la sección anterior (quizás una estrofa) termine y empiece una nueva (quizás un estribillo).

He aquí dos grabaciones bastante distintas en cuanto a estilo pero que están construidas siguiendo esta estructura: «I Can See My House from Here» de Steven Page y «Don't Start Now» de Dua Lipa. En la de Page, la estrofa introductoria de ocho compases viene seguida por otra igual, y luego entra directamente en un dinámico estribillo de también ocho compases. Por el contrario, en la de Lipa, a la estrofa introductoria de ocho compases le sigue una segunda estrofa extendida, que nos sorprende al acabar tras solo cuatro compases y nos conduce a un preestribillo (ocho compases de transición que mantienen las expectativas). Este, a su vez, viene seguido por el estribillo, que nos proporciona el alivio que esperábamos (otros ocho compases).

La exposición constante a la música contemporánea nos ha adiestrado para esperar algo nuevo cada ocho, cuatro o dieciséis compases, ya se trate de musicales de Broadway o de death metal. A los oyentes contemporáneos les resultará más familiar la música con compases pares que la música con secciones que cambian tras cinco, siete o trece compases. El hecho de que la mayoría de oyentes compartan un conocimiento común, si bien implícito, de los elementos que forman la música actual da lugar a la curva de novedad y popularidad.

Esta curva muestra de manera gráfica el nexo entre lo familiar que resulta una canción y su éxito comercial. La curva no solo ilustra las dinámicas colectivas del mercado discográfico, sino que también puede ayudarte a determinar dónde se encuentra tu punto sensible en la dimensión de la novedad.

El eje horizontal del gráfico representa lo novedosa que es una canción culturalmente. Abarca desde las más sencillas, familiares y, por tanto, predecibles, situadas en el extremo izquierdo, hasta las más complejas, transgresoras e impredecibles, en el extremo derecho. El eje vertical representa la popularidad

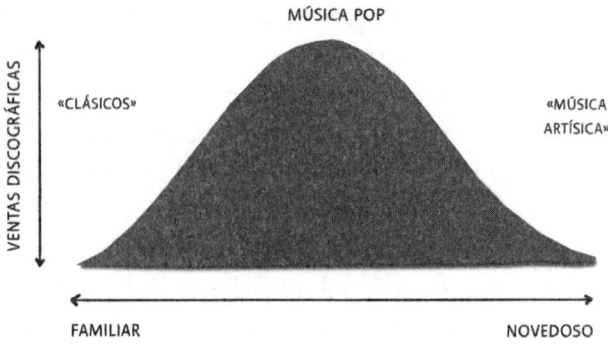

MÚSICA POP

«CLÁSICOS»

«MÚSICA ARTÍSICA»

VENTAS DISCOGRÁFICAS

FAMILIAR

NOVEDOSO

Curva de novedad y popularidad

de una canción en términos de ventas (streaming incluido).[1] Va desde cero, en la parte inferior, hasta los superéxitos mundiales, en la parte de arriba. La música de mayor éxito comercial —la que copa los primeros puestos de las listas de *Billboard* y que tanto le gustaba a mi alumno Omar— se encuentra en la cima de la curva, entre los dos extremos de «familiar» y «novedoso».

En el extremo izquierdo de la curva está la música más sencilla, como las nanas o las canciones para niños, es decir, el tipo de música que la mayoría de oyentes escuchan en la infancia. Esta música simple suele caracterizarse por ritmos sencillos y constantes, interpretados a un tempo moderado. Su estructura se basa en la repetición de unas pocas frases melódicas agradables y armoniosas, lo que facilita que los niños pequeños la sigan y aprendan.[2] Las rimas de las letras son claras y obvias. Encontramos un buen ejemplo en «Twinkle, Twinkle, Little Star», que es lo más sencilla que puede ser una melodía que funcione. Una canción predecible y fácil de memorizar hace que los más pequeños tengan la grata sensación de estar participando en algo.

Para el resto de nosotros, las melodías repetitivas de las canciones infantiles pueden resultar francamente molestas e irritantes. Por eso rara vez entran en la lista Hot 100 de *Billboard*. Son demasiado banales para enganchar a los adultos. Sin embargo, de tanto en tanto alguna canción para niños se cuela en las listas solo por lo absurdamente pegadiza que es. «Baby Shark», de Pinkfong, publicada como vídeo en 2015, enloqueció a todos los infantes del mundo y se convirtió en un clásico instantáneo que entraría en la Hot 100 de *Billboard* en 2019.[3]

Si nos desplazamos más hacia la derecha en la curva, encontramos formas musicales consagradas que son menos repetitivas que las canciones infantiles y tienen la suficiente variedad como para atraer a los adultos. A estas las llamo grabaciones «clásicas» (no debemos confundirlas con la «música clásica», la de compositores como Mozart o Brahms). Aquí se ubican los géneros duraderos con elementos musicales muy estandarizados, como el blues, el rock, el country, el R&B, el góspel y también el reggae, que tanto le gustaba a mi alumna Sheryl. Los amantes de los clásicos no buscan innovación sonora ni compositiva. Disfrutan escuchando interpretaciones magistrales dentro de un estilo familiar.[4]

«My First Lover», de Gillian Welch, es un buen ejemplo de lo que encontramos en el lado izquierdo de la curva. Welch y su compañero David Rawlings se han dedicado a revivir y expandir la música tradicional estadounidense de los Apalaches y el sur. Las obras fundamentales del bluegrass, el country y el *americana* se crearon en una época de grandes dificultades económicas provocadas por la Primera Guerra Mundial, la Gran Depresión y la sequía que azotó las llanuras. Estas grabaciones clásicas se hicieron con instrumentos de cuerda acústicos que se encargaban de todas las funciones rítmicas sin necesidad de una batería. También solía haber dos vocalistas que cantaban en armonía. Por lo general, las letras describían las dificultades que preocupaban a los habitantes de la zona y la redención a través del trabajo y el sacrificio. Al igual que ocurre con el rock o el reggae, el canon de la música tradicional estadounidense es bien conocido entre los puristas, así que, para llegar a este público, cualquier intento de modernización debe mantenerse fiel a la forma clásica. «My First Lover» resulta familiar en cuanto a la instrumentación, pero se adentra en un territorio moderno por su sonido de alta resolución y el patrón rítmico *four-on-the-floor*, típico de la música disco y electrónica y que consiste en cuatro golpes de bombo a intervalos iguales por compás, en vez de dos, que es lo más común.

La grabación de Welch no nos transporta al pasado, a cabañas con suelo de tierra y niños descalzos. No es esa su intención. En su lugar, la letra nos sitúa de lleno a finales del siglo xx, pues menciona una canción de Steve Miller (un cantautor popular en los años setenta y ochenta). Sin embargo, Welch canta de un modo directo y decidido, como se hacía en el pasado, en lugar de expresar la sexualidad juguetona típica de las canciones pop actuales.

Las grabaciones que, como «My First Lover», ensanchan los géneros tradicionales introducen un grado de sorpresa calculado, que opera dentro de los fiables límites de lo familiar. Esta forma de placer es bien conocida por los aficionados al deporte. Los fans del baloncesto han visto cientos o miles de partidos y se conocen al dedillo las normas, las posiciones de los jugadores, las técnicas para anotar y el orden del juego. Por tanto, todos los partidos de baloncesto son, en gran medida, predecibles. Sabes que presenciarás algunas bandejas, algunas faltas y algunos tiros en suspensión, que el partido tendrá en Estados Unidos cuarenta y ocho minutos de juego y quince de descanso y que al final uno de los dos equipos saldrá vencedor. Lo que hace que un seguidor disfrute de cada nuevo partido es el drama y la incertidumbre hasta llegar al resultado, que dependerá de la ejecución por parte de los profesionales de una serie de jugadas y estrategias establecidas. Si no hay ningún partido de baloncesto, un aficionado empedernido no se pondrá a ver esgrima o waterpolo. La falta de familiaridad con las convenciones de estos deportes alternativos sería un obstáculo para el disfrute, en lugar de un acicate.

Del mismo modo, los oyentes que prefieren las canciones del lado izquierdo de la curva se ven recompensados al escuchar cómo artistas talentosos, que respetan la elegancia auténtica y constatada de las formas tradicionales, las interpretan con absoluta precisión. Puede que quienes prefieran las formas novedosas eviten o descarten los clásicos, pues asumen que esta música no les ofrecerá los giros provocativos que anhelan. Por otra parte, los fans de los clásicos disfrutan de la refinada destreza, razón por la cual los compositores, músicos, cantantes e ingenieros que hacen canciones clásicas se encuentran entre los mejores del mundo.

## 3

Si seguimos hacia la derecha, llegamos a la cima de la curva. Las grabaciones de este punto representan el nivel medio de novedad en la música contemporánea. Aquí encontramos el estilo de música más popular entre los consumidores: el adecuadamente llamado *pop*. La música pop(ular) recibe este nombre porque, en el momento cultural actual, ofrece un equilibro entre lo familiar y lo novedoso que coincide con la «zona Ricitos de Oro» de los apetitos por el riesgo musical de la mayoría de los oyentes.

Las canciones en la lista Hot 100 de *Billboard* son más innovadoras que las de los géneros clásicos como el reggae, el rock o el country. Por lo general, los temas pop rompen las convenciones con uno o dos elementos, mientras que el resto de los elementos musicales permanecen en un terreno familiar. Por ejemplo, «bad guy» de Billie Eilish y su hermano, Finneas

O'Connell, presenta un ritmo convencional, como también lo es el gancho melódico, por muy cautivador que sea. Lo novedoso reside en el estilo de cantar. Billie abraza el micrófono y casi no proyecta la voz. Esta técnica, nada común cuando apareció en 2019, sonaba original e íntima, y nos sedujo.

Un músico pop puede innovar en el ritmo de una canción dejando silencios donde esperamos un golpe o colando algunas notas fuera de compás. Podemos escuchar estas dos técnicas, que rompen nuestras expectativas, en «Try Again» de Aaliyah. Esta grabación revela el ingenio rítmico del productor Timbaland: le da al oyente una pequeña descarga de placer musical en cada compás porque los pulsos no caen donde nos esperamos. Cada vez que el ritmo se desvía de nuestras predicciones, es como si viéramos a un mago haciendo desaparecer una carta.

Una canción pop puede incorporar novedades en su diseño sonoro utilizando instrumentos conocidos para formar combinaciones inesperadas. «Runaway», del sublime innovador Kanye West (con la colaboración de Pusha T), presenta un ritmo hip hop de la vieja escuela junto con timbres instrumentales que en 2010 resultaban inauditos para el género. La grabación comienza con unas notas agudas de piano, idénticas, que se toman su tiempo para llegar a alguna variación que pueda establecer una melodía en el sentido tradicional. El inicio a ritmo lento se salta la convención de que las introducciones de los temas actuales deben ser breves porque (en teoría) los oyentes contemporáneos tienen una capacidad de atención escasa y no querrán esperar mucho hasta que entre la primera estrofa. Sin embargo, con esta intro tan larga y desnuda, West logra dar a entender que se viene algo extraordinario. Queremos esperar a ver qué pasa. Y entonces, de repente, tras treinta y ocho segundos de notas de piano repetitivas y escuetas, se desata un aluvión de baterías, bajos y una voz que grita «Look at ya!» ('¡Mírate!'). Por separado, todos los elementos de «Runaway» son familiares. Pero, organizados de un modo tan poco ortodoxo en conjunto, resultan gratificantes porque sorprenden.

Si tu música favorita es el pop, tus gustos se ubican en el punto central donde convergen oficio e innovación, lo que sugiere que disfrutas por igual de ambos ingredientes. No eres la única. En cualquier época, la mayoría de oyentes encontrará su punto sensible allí donde intersecan lo familiar y lo novedoso, que se reflejará a su vez en la lista Hot 100 de *Billboard*.

Ahora dejemos atrás la cima de la curva para deslizarnos al otro lado. Aquí encontramos las canciones que rompen nuestras expectativas más a menudo que el pop. La música de esta zona abre nuevas sendas artísticas. Una pequeña parte de estas grabaciones dará lugar a nuevas tendencias que acabarán popularizándose, mientras que otras superarán las corrientes actuales hasta tal punto que se granjearán la etiqueta de «adelantadas a su tiempo». Por supuesto, algunas de estas grabaciones jamás tendrán su momento, porque expresan ideas musicales que simplemente no les gustan a la mayoría de los oyentes.

A la música que se sitúa justo a la derecha del pico de la curva se le suele llamar *música artística* (*art music* en inglés), y a lo largo de los años ha ido incorporando géneros como el jazz, el punk, la electrónica, el hardcore, el rock gótico, el math metal, el rock progresivo y el grime. Con el tiempo, algunos de estos géneros se han desplazado al centro de la curva. Otros no. La música artística a menudo presenta un mayor grado de originalidad y complejidad que los géneros clásicos que encontramos a la izquierda de la curva; sin embargo, la simetría de esta sugiere que, en conjunto, las grabaciones «artísticas» tienen la misma cantidad de fans fieles y apasionados que los clásicos. Puede que la música artística contenga más secciones que el pop (p. ej., el rock progresivo), que no tenga estribillo (el tecno), que se grite más que cantar (hardcore) o que los ritmos sean del todo impredecibles (glitch hop). Para los aventureros del sonido, la música radical es como el catnip para los gatos. Para los menos intrépidos, es como un enjambre de abejas.

La música artística, igual que el cine de arte y ensayo, suele gustar a los *connoisseurs*, los críticos y los aficionados que disfrutan jugándosela. Estos oyentes buscan nuevos sonidos a riesgo de malgastar su dinero, su tiempo o su reputación. Interactuar con estímulos nuevos exige más esfuerzo cognitivo y compromiso que hacerlo con lo rutinario. También puede acarrear costes sociales y económicos: los fans de la música artística gastan dinero y esfuerzos en busca de nuevas experiencias musicales que no siempre resultan satisfactorias, y a veces se los ridiculiza por sus gustos poco convencionales.[5] Pero, para aquellos con un genuino apetito por el riesgo musical, el mero placer de hallar un nuevo descubrimiento hace que todo merezca la pena.

A veces, las formas clásicas de la música se transforman mediante un chute de innovación, lo que atrae a nuevos públicos. En la década de 1990, el grunge tomó los elementos tradicionales del rock y los mezcló con las letras y las técnicas interpretativas propias del lado derecho de la curva y atrajo a un gran número de seguidores, un logro que ilustran muy bien los iconos del grunge: Nirvana, Soundgarden y Pearl Jam. Estas bandas introdujeron elementos novedosos en sus voces, ritmos y sonidos de batería, pero no se alejaron mucho de las melodías y los timbres de guitarra tradicionales del rock. Por otro lado, grupos como Melvins se inclinaban más hacia el punk, el math metal y otros estilos de música artística, y no gozaron del mismo éxito comercial.

En el siglo XXI, algunos artistas con raíces roqueras están aventurándose aún más en la derecha de la curva, al experimentar con la microtonalidad, los compases irregulares y la *spoken word*. Puedes escuchar todo esto y más en la obra del grupo australiano King Gizzard & the Lizard Wizard. Personalmente, recomiendo «Crumbling Castle», de su disco *Polygondwanaland*.

Tennyson, un dúo formado por dos hermanos (chico y chica) de Edmonton (Canadá), también exploran terrenos desconocidos intercalando unos pocos elementos familiares en piezas que, por lo demás, son muy novedosas. Su sencillo «Like What» de 2015, incluido en el EP del mismo nombre, contiene la señal de llamada de un teléfono analógico y la canción de piano más fácil de tocar del mundo, «Chopsticks». Estas formas familiares se presentan sobre un fondo electrónico exiguo, que a veces desaparece casi por completo para resurgir de nuevo con un popurrí de compases distintos. El resultado es una pista bella, misteriosa y estimulante para aquellos a quienes les gusta una buena dosis de novedad.

Mi propio apetito por el riesgo enriqueció mi carrera profesional, pues me llevó a descubrir joyas musicales que, de otro modo, tal vez habría pasado por alto. El mayor ejemplo de ello es, quizá, que decidiera trabajar con Tommy Jordan y Greg Kurstin, del grupo Geggy Tah. Su música no se parecía a nada que hubiera escuchado antes. Geggy Tah sacaron su disco de debut, *Grand Opening*, en 1994, y los críticos pusieron su enfoque vanguardista por las nubes; en las emisoras de radio, sin embargo, no querían saber nada de esa rompedora creatividad. El álbum experimenta con estructuras novedosas en las canciones, temas poco comunes en las letras, objetos sonoros ingeniosos y lo que Tommy denominaba «autosampleo»: crear música nueva a partir de fragmentos de sus grabaciones anteriores. Pese a que sus enfoques poco ortodoxos me suponían todo un desafío, estaba encantada por los destellos de genialidad que se asomaban en su metodología.

Muchos aspectos de la originalidad de Geggy Tah quedan patentes en el tema «Ovary Z's». La canción trata sobre un hombre que sueña que está despierto y tiene la regla. El concepto mismo era arriesgado, teniendo en cuenta las sensibilidades culturales en torno a este proceso corporal privado. La base

de la canción se grabó colocando un micrófono sobre un tocadiscos que reproducía «Giddy Up», un sencillo de Geggy Tah
a 45 rpm, a la mitad de velocidad. En la grabación de «Ovary
Z's», un hombre se despierta y deja caer la aguja del tocadiscos sobre «Giddy Up», que le recuerda que «la mierda nunca alcanza la barbilla de quienes se yerguen»*. Se pone en pie,
bosteza, abre el grifo de la ducha, cierra la puerta de golpe y el
sencillo empieza a saltar, de modo que repite «giddy up, giddy
up, giddy up» pero a la mitad de velocidad, lento y perezoso,
como quien despierta tras un sueño profundo.

Incluso el título «Ovary Z's» contiene significados super-
puestos, pues combina el término técnico para referirse a los
huevos u óvulos (en inglés, *ova*) de la anatomía femenina (*ovary*)
con dormir un poco (de ahí la onomatopéyica Z, también presente en la expresión inglesa *catching some Z's*, algo así como
'echarse un sueñecito'). De este modo, al pronunciarlo, el título suena igual que *over easy*, que es como a mucha gente le
gustan los huevos fritos por la mañana. La grabación es de baja
fidelidad y carece de la refinada destreza que suele esperarse
de los clásicos. Es poco probable que eso importara a los fans de
Geggy Tah. «Ovary Z's» rebosa del tipo de ingenio que satisfa-
ce a los oyentes que sienten apetito por lo desconocido.

Para ayudar a mis alumnos de producción a reconocer el talento y a evaluar su propia disposición a asumir riesgos musicales, les mando escuchar *Grand Opening* y contarme lo que
piensan. Por desgracia, sus reseñas a menudo incluyen adjetivos
como «extravagante», «ridículo» o «absurdo». Tanta incompren-
sión puede resultar desalentadora para los artistas y productores más atrevidos. Me suelo ver en la obligación de recordar a
los alumnos que, cuando escuchen una canción extraña, deben

---

* En el original, «shit creek never catches up to the chin of those who get
up». Se trata de uno de los versos de la mencionada «Giddy Up».

considerar dos posibilidades. La primera, que el artista era inexperto o incompetente y no sabía cómo hacer un tema comercial. La segunda, que lo hizo a propósito.

En el caso de Geggy Tah, estábamos ante un dúo extremadamente talentoso y muy formado.[6] Sabían lo que hacían. Al igual que la mayoría de los artistas cuya obra cae en el lado derecho de la curva, Tommy y Greg trataban de ir más allá explorando hasta qué punto podían ensanchar los límites de lo que se considera música.

# 4

Finalmente, llegamos al extremo derecho de la curva de novedad y popularidad. Aquí hay dragones. En esta zona residen las canciones más complejas, novedosas e impredecibles. Por designio consciente, el género musical más impredecible de todos —aparte de los experimentos sonoros que juegan con el azar, como el *circuit bending*[7]— es el free jazz. A él se asocian artistas como Ornette Coleman, Anthony Braxton y Pharoah Sanders. El free jazz toma el componente de improvisación que existe en todo el jazz y lo lleva aún más lejos para crear aventuras musicales que a menudo suenan totalmente ajenas a cualquier tema o estructura reconocible.

El free jazz es la antítesis de la música de ascensor. Los ritmos tienden a acelerar o desacelerarse. Rara vez se recurre a la progresión de acordes. Presenta estructuras melódicas abiertas que apenas se ajustan a las normas de la tonalidad. En un tema de free jazz, los instrumentos nos resultan familiares, pero casi nada más lo es.

Si quieres oír cómo suena la innovación, pon «The Sun», de la pianista Alice Coltrane, la esposa del legendario jazzista John Coltrane. La pieza es hermosa y expresiva, pero las ideas que la sustentan son mucho menos obvias y comprensibles que aquellas que reconocimos de inmediato al escuchar «My First Lover» de Gillian Welch. A nuestros cerebros les cuesta más procesar «The Sun», pero muchos oyentes la encuentran irresistible por esa misma razón. El free jazz tiene un público acérrimo, pero vende muchos menos discos que los estilos populares, porque cuanto mayor es la novedad, mayor es la carga cognitiva para los oyentes, que deben esforzarse más para identificar y seguir los patrones. Los aficionados al free jazz y otros estilos muy complejos están encantados de hacer un esfuerzo mental para seguir y memorizar frases intrincadas, lo que los convierte en oyentes muy activos y comprometidos.

Los artistas que asumen riesgos desempeñan un papel indispensable en el progreso de la música comercial. Todos los artistas con los que he trabajado creían ir en pos de una expresión artística original, aunque limitada por la necesidad de satisfacer a los oyentes. Muy pocos músicos son tan ingenuos como para pensar que sus piezas más experimentales se convertirán en hits, pero la mayoría de ellos aceptan que el posible fracaso comercial es el precio a pagar por ensanchar el campo de la música. A los artistas que lideran la experimentación musical y fraguan ideas nuevas y atractivas, enseguida les salen imitadores, lo que inspira nuevas tendencias. Los productores y artistas pop más espabilados tienen por costumbre echar un vistazo a las propuestas que hay en los márgenes. Los verdaderos influencers tienen el don de reconocer cuándo ha llegado el momento de una buena idea.

Al extraer artículos minoritarios y poco conocidos de la incubadora cultural, obtuvimos el kale, los juegos de rol, los *hoverboards...* y el hip-hop. Según el pionero del rap Carlton Ridenhour, también conocido como Chuck D, el hip-hop se inventó en 1973 cuando Clive Campbell, alias DJ Kool Herc, montó una fiesta en el sótano de su casa en el Bronx para celebrar el regreso a la escuela de su hermana pequeña. Con sus tocadiscos, Herc inventó un modo de poner los vinilos en bucle y así prolongar las secciones de batería (o *breaks*) para la gente que estaba bailando. Durante una de esas secciones, Coke La Roke, amigo de Campbell, cogió un micrófono y se puso a recitar los nombres de sus amigos y a rapear letras improvisadas sobre los redobles. A partir de estos humildes orígenes, el rap generó imitadores en ambas costas de los EE.UU. y, con el tiempo, dio lugar a una de las músicas más populares del mundo en el último medio siglo.

5

Hasta ahora, hemos examinado las dimensiones horizontal y vertical de la curva: lo familiar que resulta el estilo de una canción y su éxito comercial. No obstante, hay una tercera dimensión temporal en la curva: cómo cambia con el tiempo la percepción de la novedad en cuanto a géneros musicales.

En cualquier época, la curva de novedad y popularidad mantiene su característica forma. Tenía forma de campana en la década de los 2000, de los ochenta, de los sesenta e incluso en los años cuarenta y en los veinte del siglo xx. Pero pese a que la forma siga igual generación tras generación, la curva en sí se desplaza constantemente hacia la derecha a lo largo del eje de la novedad, a medida que las diferentes innovaciones musicales se convierten en algo habitual. El pico de la curva —o sea, el estilo más popular de música— mantiene un equilibrio entre elementos familiares y novedosos, pero el sonido de estos cambia a medida que los oyentes se acostumbran a los avances musicales.

La curva de novedad y popularidad está siempre en relación con un momento concreto. Generalmente, una grabación que hace veinte años sonaba rompedora hoy sonará convencional, sobre todo si el estilo se ha imitado mucho. Las nuevas tecnologías y técnicas de producción, así como los nuevos experimentos rítmicos y las nuevas modas en las letras, hacen que la música pop de la década de 2020 suene mucho más innovadora, atrevida y sofisticada que el *Top 40* que yo oía en la radio de los años sesenta. Puede que la música pop actual no les suene innovadora en absoluto a los adolescentes, porque no tienen mucho con que compararla. Los oyentes de más edad, en cambio, solemos tener bibliotecas musicales que abarcan varias décadas, por lo que disponemos de una muestra más amplia a la hora de evaluar la novedad.

Quienes crean discos actualizan constantemente las normas musicales establecidas, valiéndose de nuevos métodos de grabación e instrumentación. Surgen nuevas paletas de timbres, ritmos y letras que rompen tabúes. A medida que las grabaciones novedosas y sin precedentes ganan terreno y empiezan a demostrar su valor en el mercado, atraen a más y más artistas dispuestos a poner en práctica el nuevo estilo. Esto aumenta la complejidad del estilo en su conjunto, porque a medida que los artistas experimentan con un nuevo género, la variedad de este último crece. Sin embargo, en cuanto un estilo musical nuevo llega por primera vez a las listas de éxitos, sucede lo contrario. Cuando esto ocurre, el estilo gana más imitadores pero pierde experimentadores. La presión del mercado reduce la variedad de timbres y apuestas estilísticas del pop al mínimo a medida que los imitadores optan por seguir aquello que saben que funcionará.

Por ejemplo, cuando la música disco y la new wave empezaban a atraer público en los años setenta y ochenta, las canciones de estos estilos fueron ganando complejidad tímbrica enseguida. Pero en cuanto alcanzaron el mainstream, los temas disco y new wave se volvieron estilísticamente más homogéneos y, por tanto, más predecibles, hasta que, con el tiempo, encontraron su sitio actual en el lado izquierdo de la curva. Las grabaciones nuevas de géneros viejos presentan menos innovaciones para poder encajar en unas formas que ahora ya son clásicas.

Dado que siempre hay muchos oyentes con ganas de novedades musicales, siempre habrá obras visionarias de artistas que no tienen miedo a arriesgarse. Algunas llegarán en el momento adecuado, conectarán con el espíritu de la época y cobrarán impulso para acabar marcando tendencia.[8] Cuando sucede esto, los estilos musicales existentes y que los oyentes ya conocen quedan relegados a la izquierda de la curva. A medida que la música evoluciona, muchas de las melodías, letras, ritmos y timbres de épocas anteriores quedan obsoletos desde el punto de vista sonoro. A veces, incluso géneros que en su momento fueron muy apreciados desaparecen por completo, como el ragtime o el glam metal. A mediados de los ochenta, fui testigo de cómo Prince, Michael Jackson y Madonna lo petaban. Su pop con base en el funk se puso muy de moda, por lo que se imitó mucho su estilo. Cuando escucho sus discos ahora e imagino cómo deben de sonar para los chavales de hoy en día, me entran ganas de soltar: «¡Os juro que cuando lo hicimos era lo más!».

Del mismo modo que con casi cualquier pieza de tela se pueden confeccionar distintas prendas, todas las canciones pueden grabarse de distintas maneras. Si un profesional decide aplicar las técnicas y estilos del pop actual, la canción tendrá más posibilidades de convertirse en un hit. Quizá deduzcas, entonces, que quienes desean alcanzar el éxito recurren siempre a esta receta, pero lo cierto es que también acarrea algunos riesgos. Perseguir la ultimísima moda puede acortar la carrera de un artista, porque corre el riesgo de quedarse encasillado como artista de un solo exitazo o como una moda pasajera en cuanto el público, movido por su apetito por la novedad, empiece a buscar a otros músicos con un sonido aún más original y fresco.

La música es una criatura en constante evolución, ya que aquello a lo que suena la música para una generación depende en gran medida de lo que escucharon mientras crecían. El pandémico 2020 coincidió con un cambio radical y largamente anticipado en los gustos musicales de los alumnos de Berklee. En una fecha tan reciente como 2018 todavía teníamos algunos estudiantes que hacían temas de rock clásico, sin duda inspirados por las colecciones en CD de sus padres. Hoy, los alumnos que se decantan por el rock clásico han desaparecido por completo. La revolución digital del nuevo milenio abrió tantas puertas a la novedad que por fin terminó lo que el productor Tony Berg tachaba de período «absurdamente conservador» para la música. El grunge de los noventa no era drásticamente distinto del rock de los años setenta u ochenta. El rap de los noventa no se alejaba tantísimo del hip-hop de los ochenta. Pero una vez que la innovación técnica puso unas herramientas de grabación asequibles al alcance de todos aquellos que deseaban producir, una creciente ola de ideas novedosas saturó el mercado. La gran mayoría de los estudiantes que nos llegan hoy han crecido escuchando grabaciones que estéticamente no tienen nada que ver con las que se hacían en el siglo xx.

Esta revolución digital, que permite a una persona hacer toda la producción por una misma, implica que la curva de novedad y popularidad avanza a un ritmo cada vez más rápido. Con sesenta y tantos, por fin estoy teniendo la sensación de «¡No entiendo lo que escuchan los chavales de hoy en día!»... y me encanta.


# 6


A Sheryl le apasiona el reggae, a Omar le encanta el pop y a Andrew le entusiasman las grabaciones más artísticas. Los tres alumnos con los que abrimos este capítulo tienen diferentes puntos sensibles en cuanto a la dimensión musical de la novedad, debido a la combinación individual de experiencias, biología y casualidades de cada uno. Las gratificaciones y los castigos psíquicos que estos talentosos jóvenes experimentan con la música dependen de cómo perciben los nuevos desafíos. Andrew desarrolló un mayor apetito por el riesgo que Sheryl, mientras que Omar se decantó por algo intermedio.

Para explorar nuevos objetos, ideas y situaciones, nuestro cerebro debe aprender a reconocer patrones nuevos, un proceso neuronal que consume tiempo y energía y que, además, requiere un esfuerzo consciente. Al igual que con cualquier nueva experiencia, aprender estilos musicales novedosos conlleva estar dispuesta a que la gratificación llegue más tarde. Cuanto más rompedor sea un tema, más difícil será disfrutarlo en una primera escucha. Pero cuando ya te has encontrado con la misma construcción compleja y nueva varias veces, es más fácil hacer predicciones la próxima vez que te topas con ella y también es más fácil que te agrade.

Disfrutamos de cómo la música cumple o rompe nuestras expectativas. Sentimos un leve estremecimiento cuando creemos saber lo que va a ocurrir (cuándo entrará el siguiente golpe de batería, qué dirá el próximo verso de la letra o hasta dónde llegará la siguiente línea melódica), y nos sentimos satisfechos cuando nuestra predicción resulta ser correcta. Cuando la música cumple nuestras expectativas —y el estribillo entra justo en el momento álgido de tensión—, estimula los circuitos neuronales que distribuyen dopamina y nos proporcionan así una recompensa química.

Pero ¿qué pasa si la música no coincide con lo que esperábamos? ¿Qué pasa si, en vez de escuchar un glorioso estribillo, la batería se desvanece y nos quedamos solo con una voz o, quizá, con un acorde sostenido? ¿O si la última palabra del estribillo se niega a cambiar o a parar, y se repite una y otra vez como la palabra *wrong* en «What We Do (con JAY-Z & Beanie Sigel)» de Freeway? Innovaciones técnicas como esta, del productor Just Blaze en 2002, metieron al hip-hop y a la música popular en el siglo XXI. Cuando nos encontramos con una sorpresa, ocurre algo especial en nuestro cerebro. El «error» de predicción puede desencadenar recompensas psíquicas aún mayores. He dicho «puede», y el matiz es importante. No todas las sorpresas musicales son igual de satisfactorias. Como explicaba el prestigioso biólogo británico Peter Medawar: «La mente humana trata una nueva idea del mismo modo que el cuerpo trata una proteína extraña; la rechaza». La posible recompensa depende de la naturaleza exacta de la sorpresa: ¿nos transporta ese acorde inesperado a lugares nuevos y gratificantes? ¿O nos suena extraño y desagradable? ¿Un *breakdown* imprevisto crea suspense para una explosión musical aún mayor o se carga el ritmo justo cuando te estabas animando? Algunos giros funcionan y otros no. La satisfacción ante una sorpresa musical no solo depende de tu familiaridad con el género y de tu propio deseo de que te la jueguen, sino que también depende de si la sorpresa es efectiva o no. Los oyentes como Sheryl están programados para sentir satisfacción con pequeñas o escasas alteraciones en la forma clásica del reggae que tanto les gusta, mientras que Andrew busca lo inesperado cada vez que escucha música.

Un ingenioso estudio con neuroimágenes que el equipo de Robert Zatorre llevó a cabo en la Universidad McGill investigó la conexión entre la novedad musical y la gratificación psíquica. Mientras permanecían tumbados en un escáner de imagen por resonancia magnética funcional (IRMf), los participantes escuchaban una selección de canciones desconocidas de diversos estilos populares. La intención de los investigadores era observar en los oyentes la actividad en el núcleo accumbens, una estructura cerebral implicada en generar la sensación de recompensa. Después del escáner cerebral, a cada participante se le presentó una lista de las canciones que acababa de escuchar. Luego se les preguntó cuánto dinero pagarían por escuchar cada canción de nuevo, con un rango que iba desde cero dólares para «No quiero volver a oírla jamás» hasta dos dólares para «Me ha gustado tanto que me gastaría lo máximo para volver a escucharla». Los científicos descubrieron que podían predecir cuánto pagarían los oyentes por una canción determinada basándose en la reacción de su núcleo accumbens. Cuanto mayor era la actividad en tal núcleo al escuchar una canción desconocida por primera vez, más dinero estaba dispuesto a pagar el participante para volver a escucharla.

Los estudios con neuroimágenes como este ilustran la diferencia práctica entre que nos guste algo y que lo deseemos. Que algo nos guste es resultado de que el cerebro evalúe positivamente un estímulo. El deseo es más exigente. Cuando deseamos algo, invertimos esfuerzo y recursos para intentar obtener las recompensas que ese algo nos ofrece. Los investigadores del estudio con IRMf demostraron que, durante el período de escucha inicial, tanto la región auditiva del cerebro como la encargada de la toma de decisiones presentaban un aumento de la actividad, justo como cabría esperar cuando los oyentes se concentran en música nueva. Sin embargo, la intensidad de la actividad en estas regiones «analíticas» no fue lo que predijo el dinero que los sujetos estaban dispuestos a pagar por escuchar las canciones otra vez. Dicho de otro modo, la novedad que percibían en la música —medida según la actividad cerebral analítica— no predijo la intensidad del disfrute auditivo en todos los oyentes. En cambio, cada uno mostró su propia relación con lo novedoso: algunos oyentes consideraron que un determinado grado de novedad era «demasiado» o «demasiado poco», mientras que otros pensaban que ese mismo grado de novedad era el «adecuado».

Los resultados sugieren que, en el ámbito de la novedad, existe una «zona Ricitos de Oro» para cada persona y que ese punto sensible se puede medir fisiológicamente.

## 7

Si un cerebro va a desarrollar el gusto por el riesgo, esto suele ocurrir durante la adolescencia. Los adultos con una corteza frontal totalmente madura (la parte más importante del cerebro a la hora de tomar decisiones) suelen tomarse su tiempo y evaluar los riesgos antes de probar algo nuevo. A medida que nos hacemos mayores y asumimos más trabajo y responsabilidades, disponemos de menos tiempo y atención para explorar cosas nuevas. En términos de asignación de recursos mentales, tiene sentido que los adultos disfruten escuchando música que les suena familiar, ya que esto libera espacio cognitivo para actividades más exigentes. Muchos jóvenes que prefieren la música conocida lo hacen por la misma razón: su cerebro busca la aventura en otros lugares.[9]

Como ocurría con tu preferencia por obras realistas o abstractas, el hecho de que seas un amante del riesgo o que lo evites no refleja una característica general y profundamente arraigada de tu personalidad. Tu gusto por la novedad, al igual que cualquier otro rasgo de carácter, depende muchísimo del contexto. Todos somos conservadores en algunas circunstancias y aventureros en otras. El fundador de Apple Inc., Steve Jobs, fue uno de los mayores visionarios de Estados Unidos en el ámbito de la tecnología, conocido por haber ensanchado los límites de la innovación empresarial y la exploración creativa. Pese a jugársela en los negocios, en lo que respecta a la moda, seguía un estilo conservador: jersey negro de cuello alto y vaqueros. La famosa Caitlyn Jenner asumió un enorme riesgo social y transicionó de sexo a la vista de todos, pero sostiene muchas opiniones políticas tradicionalmente conservadoras. A mí me pirra lo inusual tanto en el cine como en la música, pero tengo gustos muy convencionales en lo que respecta a la comida.

¿Qué influye en nuestro apetito por el riesgo en la música? La búsqueda de emociones fuertes tiende a disminuir con la edad. Para muchos oyentes, la música nueva que tanto nos emocionaba cuando la descubrimos de jóvenes se convierte en nuestra lista de reproducción de cabecera cuando alcanzamos la mediana edad. También existe una serie de factores genéticos bien documentados que influyen en nuestro deseo personal de experimentar cosas nuevas, algo que el psicólogo Marvin Zuckerman define como «la búsqueda de sensaciones y experiencias nuevas, variadas, complejas e intensas, así como la disposición para asumir riesgos físicos, sociales, legales y financieros con el fin de obtenerlas».

Quienes puntúan alto en la Escala de Búsqueda de Sensaciones (una herramienta muy utilizada para evaluar cómo afrontamos la excitación y el aburrimiento) tienden a subestimar el riesgo y prevén que, ante conductas atrevidas, sentirán menos ansiedad que quienes puntúan bajo en la escala. Lanzarse a un pogo en un concierto de hardcore, compartir una banda transgresora con tus compañeros de trabajo y buscar canciones que han sido prohibidas o denunciadas implica buscar sensaciones con el fin de encontrar una música que nos robe el corazón. Aunque, en algunos casos (como el de mi alumna Sheryl, la apasionada del reggae), el impulso de evitar la música transgresora sea lo que más moldee nuestros gustos.

La psicología conductual afirma que si has sentido gratificación al experimentar con estímulos poco convencionales —sobre todo cuando eras joven—, lo más posible es que vuelvas a probar ese tipo de estímulos. Por el contrario, si tu exposición temprana a experiencias desconocidas te provocó decepción, confusión o rechazo, entonces es más probable que la próxima vez que te enfrentes a una elección similar optes por ir sobre seguro.

Como crecí en el sur de California, tenía acceso a muchas emisoras de radio que ponían una gran variedad de música, así que me resultaba fácil dar con grabaciones del lado derecho de la curva. Escuchar formas musicales novedosas me hacía sentir una profunda alegría y me produjo recuerdos muy felices. Por tanto, me entusiasmaba la idea de emprender nuevas expediciones musicales vanguardistas. A medida que fui dejando atrás la infancia y la adolescencia, las recompensas de explorar nuevas formas de música dejaron de ser solo emocionales e intelectuales y adquirieron también una dimensión social. A los veintipocos fui a un concierto de King Crimson con unos amigos. Aunque su elaborado rock progresivo no era «mi rollo», después mi sistema de recompensa se jactó ante el de aversión al riesgo: «¡¿Ves?! ¡Te dije que sería divertido!». Los neurotransmisores del bienestar, liberados al verme acompañada de unos amigos entusiastas y escuchar música desconocida, reforzaron mi creciente tendencia a encarar diferentes estilos musicales con una mente abierta.

Por el contrario, jamás olvidaré la primera vez que comí Vegemite, una pasta de untar con sabor a malta y elaborada con extracto de levadura. Fue como tropezarse con una roca y caer de morros. Increíblemente desagradable. Otras incursiones juveniles en la novedad gastronómica que tuvieron lugar en circunstancias sociales poco propicias produjeron consecuencias similares. Mi sistema de aversión al riesgo por fin podía alzar la voz: «¡Te lo dije! ¡Nunca vuelvas a hacer eso!». Quizá fuera una mera cuestión de azar, pero la experiencia me enseñaba que, en cuanto a la comida, era mejor ir sobre seguro, a pesar de que arriesgarme en lo musical estuviera dando sus frutos. Si mis primeras experiencias gastronómicas hubieran incluido platos exóticos que me gustaran de forma natural, o si hubiera probado alimentos desconocidos en entornos donde me sentía apoyada, tal vez hubiera arraigado en mí un apetito por la aventura epicúrea. Pero eso no es lo que pasó. De resultas, enseguida decidí limitarme a mis pocos platos familiares y reconfortantes. Hoy, pido «lo de siempre» prácticamente cada vez que salgo a cenar y «lo último» cuando busco un nuevo músico con el que disfrutar.

Por supuesto, cuando se trata de la música que amas, no importa cómo llegó a gustarte lo que te gusta. Tanto si te sitúas en el extremo derecho de la curva, en el izquierdo o justo en el centro, eso no dice absolutamente nada sobre la intensidad con la que vives la música. Simplemente ofrece otra perspectiva sobre tu relación personal con ella.

# *Sordera tonal*

La sordera tonal es una discapacidad que impide distinguir entre diferentes tonos musicales. Las personas que la padecen no suelen identificar las melodías familiares ni detectan cuándo hay una nota desafinada en una canción conocida. La sordera tonal es mucho más común que el oído absoluto, pues se da en poco menos del 2 % de la población.

Las personas con este tipo de sordera también tienen dificultades para cantar. Aunque pueden reproducir una nota que acaban de escuchar, a menudo dicen que no están seguras de si la han entonado bien o no.

Conocida técnicamente como *amusia*, la sordera tonal no suele afectar a la percepción del habla, aunque hay excepciones. Cerca de un 30 % de los oyentes con sordera tonal tienen dificultades a la hora de distinguir una afirmación de una pregunta, porque no pueden determinar si el tono de la última sílaba es ascendente o descendente.

La sordera tonal es poco común, pero mucha gente que canta mal piensa incorrectamente que la padece; en realidad, lo que les falla no es escuchar bien los tonos, sino reproducirlos.

# CAPÍTULO 4

# MELODÍA

## Déjate llevar por la emoción

¿Qué quieren decir con eso de que «no es melódico»?
¿Acaso cualquier secuencia de notas no es una melodía?

LEONARD BERNSTEIN

# I

*Rolling Stone* publicó la lista de «Los 500 mejores álbumes de la historia» a finales de 2020. El proyecto, que duró todo el año, recogía nominaciones y votos de artistas, compositores, productores, críticos musicales y ejecutivos del sector, con el acuerdo tácito de que la opinión pública —es decir, las ventas— también contaba. Echar un vistazo a la lista final provoca reacciones del tipo «¡¿Qué?!» (*400 Degreez* de Juvenile supera tanto a *The Stooges* como a *Nick of Time*, de Bonnie Raitt), «¡Nunca lo hubiera dicho!» (el disco de jazz modal *Journey in Satchidananda*, de Alice Coltrane, está más arriba que *Coal Miner's Daughter* de Loretta Lynn) o «¡ESO ES!» (el *Nevermind* de Nirvana en el número seis). Lo que es indiscutible es que todos y cada uno de los quinientos discos de la lista se ganaron la devoción de un amplio sector de oyentes. ¿Qué patrones esconden estos discos para que tantas mentes distintas quedaran prendadas de ellos? ¿Hay algún modo de clasificar en qué se fijaban exactamente los cerebros de los oyentes cuando se enamoraron de estas aclamadas obras?

Hasta ahora hemos explorado tres dimensiones de nuestro perfil de oyente que no son exclusivas de la música: autenticidad, realismo y novedad. Cada una de ellas la procesan múltiples redes cerebrales a la vez, en lugar de activar una única red específica para cada modalidad. Las redes cerebrales que procesan cada una de estas tres dimensiones no solo influyen en cómo reaccionamos ante una canción, sino en cómo lo hacemos frente a cualquier forma de arte creativo, incluidas las películas, las novelas y la danza. Por tanto, podríamos decir que la autenticidad, el realismo y la novedad son las dimensiones estéticas de nuestro perfil de oyente.

En los próximos cuatro capítulos, prestaremos atención a otras cuatro dimensiones que sí son exclusivas de la música: la melodía, las letras, el ritmo y el infravalorado timbre. Existen dos diferencias importantes entre las dimensiones estéticas y las otras cuatro musicales. Cada dimensión estética es binaria. Podemos imaginar que los puntos sensibles que les corresponden se ubican en un solo eje que discurre entre dos polos opuestos: intelectualismo vs. visceralidad, realismo vs. abstracción, novedad vs. familiaridad.

Las dimensiones musicales, en cambio, no son binarias. Percibimos la melodía como un conjunto de características melódicas distintas, cada una con su propio eje. (Técnicamente, las cuatro dimensiones musicales de nuestro perfil de oyente son en realidad «espacios musicales», pero, por claridad y coherencia, seguiré refiriéndome a ellos como dimensiones.) La melodía, por ejemplo, puede tener una gran amplitud de notas o una horquilla estrecha, monotónica. La melodía puede expresarse en un estilo llamado *staccato* (brioso y preciso, con cada nota bien separada de la anterior) o en *legato* (suave y fluido, con las notas conectadas entre sí y a veces solapándose). La melodía puede evocar emociones concretas al imitar el habla, o puede sonar oscura e imprecisa y, por tanto, quedar abierta a múltiples interpretaciones. Así, lo más probable es que tengas varios puntos sensibles en cuanto a la melodía, y cada uno de ellos corresponderá a una característica melódica diferente. Del mismo modo, también podrías tener múltiples puntos sensibles en cuanto a las letras, el ritmo y el timbre.

Otra diferencia clave entre las dimensiones estéticas y las musicales es que estas últimas se procesan por una única red cerebral especializada para cada una. Cada red genera una recompensa mental distinta. Podríamos decir que la melodía funciona como el corazón de las grabaciones, por la eficacia con la que despierta nuestros sentimientos. Incluso las melodías más sencillas son capaces de evocar emociones complejas como la melancolía, el orgullo, el riesgo o el amor no correspondido. Por el contrario, las letras de las canciones apelan a nuestros conocimientos, por lo que serían la cabeza de la grabación. Y el ritmo son las caderas. Este activa el sistema motor de nuestro cerebro y nos impulsa a movernos. El timbre es lo que constituye la esencia de un sonido musical, aquello que lo identifica, como el sonido penetrante y metálico de un saxofón, el resonante murmullo de una guitarra acústica o el zumbido de un didyeridú. Por eso el timbre es como el rostro de una grabación.

Cuando los compositores o productores evalúan una canción nueva, pueden usar un sencillo truco para decidir cuál de estas dimensiones musicales convendría aprovechar para que los oyentes tuvieran la recompensa más satisfactoria. «¿Es fácil de tararear en la ducha?» Si la respuesta es sí, la canción tiene una buena melodía. «¿Te gusta cuando la lees?» En ese caso, la letra es potente. «¿Se te viene a la cabeza mientras haces ejercicio?» Si es así, puede que lo mejor de la canción sea el ritmo.

Cuando escuchas un tema, cada dimensión musical tiene la posibilidad de ganarse tu afecto, sobre todo si el punto fuerte de la grabación se alinea con tus dimensiones favoritas. Los amantes de la música que disfrutan con grandes letras tendrán a Leonard Cohen, Patti Smith, Nas, Alex Turner o Hank Williams en sus colecciones, pues todos ellos son excelentes letristas. Aquellos que prefieren canciones con mucho groove quizá tengan una buena colección de música africana o latina. Cuando diversos elementos de una grabación coinciden con varios puntos sensibles de tu perfil de oyente, puede que te enamores hasta la médula de ella. Eso es justo lo que muchos experimentaron al escuchar el disco más votado en la lista de *Rolling Stone*: la obra maestra de Marvin Gaye, *What's Going On*.

Este álbum de 1971 es un doloroso llamamiento a poner fin a la discordia que dividía a la sociedad estadounidense durante los últimos años de la guerra de Vietnam. Para muchos oyentes, el tema que da nombre al disco, «What's Going On», es altamente gratificante en tres de las principales dimensiones musicales: la canción cuenta con una melodía conmovedora, una letra socialmente relevante y un ritmo irresistible que conjugan a la perfección, todo gracias al talento de Gaye.

La batería y las congas suenan animadas, casi alegres. La guitarra rítmica se une con una progresión de acordes, lo que añade tensión y afianza la sección rítmica. Un saxofón entona la melodía, luego se retira y deja que Marvin tome el relevo con una voz tan suave como el más delicado terciopelo para cantar el primer verso: «Madre, madre, hay muchas como tú llorando».* Entonces el bajo hace lo que mejor sabe hacer: juega un papel rítmico pero también armónico, añadiendo sutiles emociones secundarias: preocupación y esperanza a partes iguales. De fondo, las cuerdas interpretan un potente lamento melódico, rogándonos sin palabras que dejemos de luchar los unos contra los otros. Marvin nos dice que «debemos encontrar un modo de llegar a un acuerdo aquí y ahora».** Los suaves coros permiten que Marvin sea el centro de atención, pero a medida que la grabación avanza, se dividen en facciones, parlo-

---

* «Mother, mother, there's too many of you crying.»
** «We've got to find a way to bring some understanding here today.»

tean y se olvidan del guion, tal y como ocurre en una sociedad caótica y diversa. Y entonces, ¡la redención!

Todas las voces se juntan cuando la canción se acerca al final. Las cuerdas se mueven más rápido, como pájaros, elevándose cada vez más pero sin alejarse nunca del centro tonal: una presión implacable que aumenta y asciende hacia la liberación. En muchas personas, las redes neuronales que se ocupan de la melodía, las letras y el ritmo reaccionan al mismo tiempo, en una especie de resonancia que lo conecta todo. Tu cuerpo puede dejarse llevar por el ritmo y sumergirse en sus seductores patrones, tu corazón puede verse arrastrado al fondo de un mar de emociones gracias a las melodías de las cuerdas y tu mente puede reconocer con tristeza que, cincuenta años después del lanzamiento del tema, el mensaje de la letra sigue, por desgracia, vigente. (No hemos mencionado el timbre porque Marvin Gaye grabó antes de las innovaciones tímbricas que trajeron las DAW.)

En los próximos cuatro capítulos exploraremos cómo cada una de las dimensiones musicales de tu perfil de oyente tiene el potencial de encandilarte, además de ayudarte a identificar dónde residen tus puntos sensibles.

## 2

En 1940, un joven Frank Sinatra de veinticuatro años deseaba convertirse a toda costa en el mejor cantante del mundo. Trataba de alcanzar este objetivo imitando al que entonces era el cantante más famoso en todo el planeta: Bing Crosby.

Crosby fue el primer músico importante en adaptar su estilo de cantar a las nuevas tecnologías de amplificación del sonido que estaban conquistando las salas de conciertos y la radio. Antes, los cantantes necesitaban potencia pulmonar y «cuerdas vocales falsas» —una constricción parcial en la laringe, justo sobre las cuerdas vocales de verdad— para proyectar sus voces por encima de la banda y llegar a los oyentes que se encontraran al fondo de la sala. Pero, gracias al desarrollo de la electrónica, los cantantes podían ya bajar sus voces hasta convertirlas en un susurro, sabiendo que el micrófono captaría hasta las más leves exhalaciones. Crosby fue el primero de estos cantantes melódicos o crooners (en inglés, *croon* significa 'hablar o cantar suavemente'). Aprovechó la nueva tecnología para forjar un estilo vocal relajado y cool que emocionaba a las mujeres y hacía que los hombres quisieran ser como él, incluido el joven y ambicioso Sinatra.

En 1940 Sinatra ya había alcanzado un éxito moderado. Aunque aún no fuera un famoso de primer nivel, sus canciones sonaban en la radio y tenía un puesto fijo como cantante principal de la orquesta de Harry James. Aquella era la época de las big bands, y la estrella del espectáculo era el líder de la banda, no el cantante. En la década de 1940, líderes como Count Basie, Duke Ellington y Tommy Dorsey eran tan populares como Mick Jagger, Janis Joplin o Sam Cooke en los sesenta: músicos virtuosos cuyos nombres eran muy conocidos. Por el contrario, un cantante de big band como Sinatra estaba considerado un instrumento más del grupo. Sin embargo, este anhelaba un mayor reconocimiento. En sus primeros años persiguió este objetivo imitando el estilo melódico de Crosby.

Puedes escuchar a este Sinatra suave y emotivo, aunque a todas luces poco original, en la grabación de 1940 de «All or Nothing at All» con la orquesta de Harry James. Tenía una voz muy buena, pero no había nada que fuera particularmente especial en su estilo de cantar. Tres décadas después, sin embargo, la voz de Sinatra había cambiado drásticamente. Escucha cómo interpreta la misma canción, «All or Nothing at All», en 1971, dentro de su concierto de despedida en el Ahmanson

Theatre de Los Ángeles.[1] No hace falta ser un experto en música para notar que la última versión resulta más cautivadora, auténtica y singular. ¿Qué había cambiado? Ya mucho antes de 1971, Frank Sinatra se había convertido en un maestro de las melodías.

El camino de Sinatra hacia la genialidad melódica comenzó en 1940 con una visita al Carnegie Hall de Nueva York. Siempre andaba en busca de nuevas ideas que pudieran mejorar su forma de cantar. Aquella noche, asistió a un concierto de música clásica en el que el legendario violinista Jascha Heifetz interpretaba a Brahms, Debussy, Rachmaninoff y Ravel. Sinatra quedó embelesado. La técnica con la que Heifetz manejaba el arco producía frases melódicas asombrosamente largas y evocativas, cuyo efecto fue para el crooner como una epifanía musical.

Sinatra se fijó en que Heifetz «llegaba al final del arco y continuaba sin ninguna pausa perceptible en el movimiento». Podía hacer que una nota se prolongara sin interrupción si seguía moviendo el arco en círculos sobre las cuerdas vibrantes. Sinatra se preguntó si la misma técnica funcionaría con la voz humana.

El joven Sinatra empezó a nadar, a correr y a escuchar música clásica, al tiempo que practicaba ejercicios vocales que le permitieron aumentar la resistencia y la potencia de su manera de cantar. Recurrió también al profesor John Quinlan, que le ayudó a reproducir con su aparato fonador las hazañas melódicas que Heifetz lograba con su arco.

El control de la respiración y la capacidad de cantar frases más largas le proporcionaron a Sinatra más posibilidades a la hora de ajustar los tiempos y la pronunciación. A lo largo de las décadas de su carrera perfeccionó y dominó la cadencia de las frases melódicas, para asegurarse «por todos sus muertos» de que el público prestara atención a cada una de las palabras que cantaba. Dotaba a cada una de ellas de una intensa emoción. Controlaba con exactitud cuándo empezaba y cuándo terminaba cada fonema (por ejemplo, alargando la palabra *all* en «all or nothing at all» para enfatizar con claridad los sonidos *a* y *ll*), y elegía colocar algunas notas por delante o por detrás de la sección rítmica para marcar el tono emocional. Esto garantizaba que la banda siguiera a Sinatra y no al revés.

Tal y como cuenta James Kaplan en su exhaustiva biografía de Sinatra en dos volúmenes, el público, los músicos y los líderes de las bandas estaban todos de acuerdo: aquel chaval delgaducho de Hoboken había desarrollado una forma de cantar única. Sammy Cahn, el legendario compositor que escribió algunos de los mayores éxitos de Sinatra, dijo sobre su destreza vocal: «Frank puede sostener una frase larguísima, tremenda, hasta que llega a una especie de paroxismo: jadea, toda su persona parece estallar, liberarse».

Se puede apreciar la destreza melódica de Sinatra en la grabación en directo de «It Was a Very Good Year» en 1966, incluida en el disco *In Concert: Sinatra at the Sands*. Sinatra crea frases que nos hacen estar pendientes de cada inflexión en la historia. Fíjate bien en el ritmo de la Count Basie Orchestra, dirigida por un joven Quincy Jones. Escucha dónde coloca Sinatra sus frases en relación con las de la banda. Se adelanta al compás de entrada cuando quiere enfatizar su fervor por las etapas románticas de la vida, desde la juventud hasta la vejez, pero se retrasa cuando quiere que los magníficos músicos tomen la iniciativa. Debes prestar especial atención al ritmo cuando describe sus diecisiete años y, luego, fijarte en cómo cambia cuando canta sobre el otoño de la vida. A medida que la historia avanza, el ardor no desaparece, solo la prisa. Sinatra controla el tono para adaptarse a las curvas de la melodía como un piloto de carreras, deslizándose con maestría por «a veeeerrrry good year» después del verso «Then I was thirty-five...».

En el canto, es algo habitual que el tono descienda al final de una frase melódica, de la misma manera que la voz suele bajar al concluir una oración hablada. Cuando ese descenso ocurre de forma sistemática, suele revelar una escasa experiencia. Los cantantes novatos tienden a concentrar la mayor parte de su energía al comienzo de cada frase melódica y se quedan sin fuerzas antes de llegar al final. A Sinatra no le pasaba eso.

Bajo la tutela de Quinlan, Sinatra aprendió a controlar la melodía y a cantar cualquier palabra con la potencia que le diera la gana. Podía alargar las frases más de lo que el oyente esperaba (creando así un subtexto de virilidad) y, a veces, encadenaba una frase con la siguiente sin inmutarse, como si no tuviera que parar para respirar, igual que hacía Heifetz con el arco del violín (subtexto: ¡aún más virilidad!).

La técnica melódica de Sinatra era eficaz a la hora de captar la atención de los oyentes, lo que le permitía controlar y manipular las emociones que estos experimentaban al escucharlo cantar.

## 3

En pocas palabras, una melodía es una secuencia de notas. Es curioso cómo nuestros cerebros procesan estas secuencias en comparación con las de cualquier otra cosa. Lee esta secuencia de palabras: verde-azul-rosa-verde-azul-rosa-naranja-morado-morado-verde-naranja-morado-morado-verde al tiempo que imaginas cada color como un destello de luz. ¿Has sentido alguna emoción mientras visualizabas la secuencia? A la mayoría de la gente no le pasa. ¿Serías capaz de reproducir la secuencia tras haberla visto solo una vez? De nuevo, lo más probable es que no. Sin embargo, la misma secuencia expresada en sonidos, de modo que cada color coincida con una nota, da la melodía de «Three Blind Mice» ('Tres ratones ciegos'), una animada canción infantil que la mayoría de personas pueden repetir tras oírla solo una vez.

Se denomina curva melódica a la línea con subidas y bajadas que forman estas secuencias de notas. Una curva podría ser algo así: tres notas hacia arriba, cuatro notas hacia abajo, dos notas hacia arriba, tres notas hacia abajo. Las curvas melódicas son menos precisas que los intervalos melódicos. Dos melodías distintas pueden tener la misma curva porque en ella no se especifica la duración de los intervalos, es decir, el espacio exacto entre las notas. La curva es una especie de bosquejo que nuestro cerebro codifica fácilmente al memorizar una melodía por primera vez.

Como muestra la siguiente figura, si dibujamos la curva melódica de una canción determinada, nos podemos hacer una idea general de la melodía. Los primeros compases de «Over the Rainbow» presentan una curva que asciende drásticamente —con un salto de una octava— antes de descender y volverse más estrecha, con intervalos más pequeños. Los primeros compases de «Autumn in New York», en cambio, presentan un descenso suave, seguido de notas que ascienden poco a poco. La forma de la curva de una canción nos da algunas pistas sobre las emociones que la melodía podría provocar en el oyente. Si la melodía sube, puede transmitir una sensación de entusiasmo o expectación en aumento. Esto ayuda a que «Over the Rainbow» tenga un tono dramático. Una melodía descendente, sin embargo, puede resultar conmovedora o nostálgica. «Autumn in New York» expresa esto de una forma maravillosa.

Generalmente, quien interpreta la melodía es el instrumentista o cantante principal. Nat King Cole, pianista y cantante, es considerado una de las figuras más emblemáticas de la era del jazz, en gran medida por su dominio de las melodías. Escucha lo que hace con las líneas vocales en la grabación origi-

## Contorno melódico

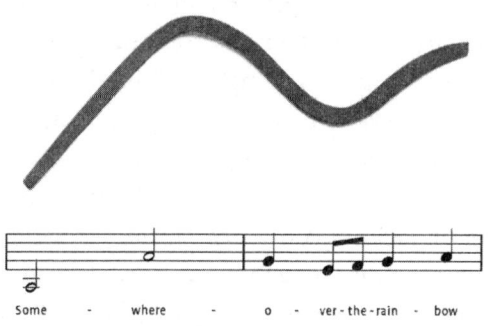

Some - where - o - ver - the - rain - bow

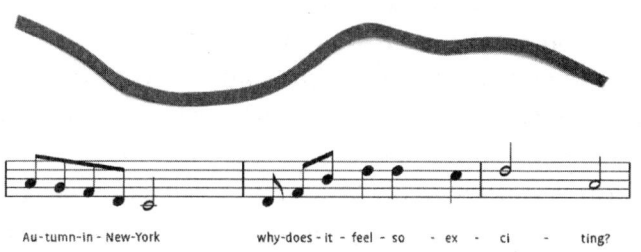

Au - tumn - in - New-York    why - does - it - feel - so - ex - ci - ting?

nal de «Nature Boy», de 1947. La intro de piano no tiene nada de especial, es como una iluminación discreta del escenario a la espera de que entre el cantante. La melodía en sí es simple, dulce y conmovedora. Al igual que «Over the Rainbow», comienza con un par de notas ascendentes, pero tiende a repetir frases cortas, como se puede escuchar en la parte que dice «very far, very far, over land...». Como sucede con Sinatra, estamos pendientes de cada frase de Cole, quien acaricia la melodía para expresar sutilezas emocionales. Fíjate en cómo el piano y los instrumentos de cuerda toman el relevo de la melodía en la parte solista después de la segunda estrofa. El solo de piano, sencillo, sin distracciones e interpretado por Cole, reitera el tema melódico principal para ayudar a los oyentes a centrarse en él, en lugar de en la letra o el ritmo de la canción.

Otra secuencia de tono que aparece a menudo en la música es la armonía. Una armonía es como la sombra de la melodía principal. A veces, los arreglistas componen una línea armónica que siga la misma curva que la melodía principal, para así enriquecerla y engrandecerla. Los músicos de jazz son expertos en improvisar armonías: «componer en tiempo real». Por lo general, cuando un jazzista comienza un solo, toca un poco de la melodía de la canción, lo justo como para que podamos reconocerla, y luego se desvía para tocar sus propias notas armónicas improvisadas sobre la misma progresión de acordes.[2] Puedes escuchar un excelente ejemplo de destreza armónica en otra versión de «Nature Boy», esta grabada en 1965 por el gran saxofonista estadounidense John Coltrane. (Esta grabación se publicó póstumamente en 2018, en *Both Directions at Once: The Lost Album*.)

Cuando entra el saxo de Coltrane, toca lo justo de la melodía para proporcionarnos un marco de referencia. La mayoría de los oyentes de los sesenta estaban familiarizados con «Nature Boy» porque ya había sido un hit para varios artistas, entre ellos Nat King Cole, por lo que el objetivo de Coltrane aquí es que nos replanteemos la conocidísima canción. Para ello toca notas armónicas inesperadas que parecen contar una versión alternativa de la historia. La armonía de Coltrane sugiere que, quizás, el chico de la canción (o «nature boy») no era tan dulce como la aclamada melodía quiere hacernos creer, e insinúa que se convirtió en alguien «extraño y hechizado» («strange, enchanted boy») a consecuencia de una experiencia más oscura. Si la melodía respalda la letra, que dice «lo más importante que aprenderás | es a amar y ser amado»*, la ingeniosa armonía de

---

* «The greatest thing you'll ever learn | Is just to love and be loved in return.»

Coltrane contrapone una historia oculta sobre ese chico que «deambuló por tierras lejanas» («wandered very far»).

A veces la armonía presenta una curva distinta a la de la melodía principal, pues toma una nueva dirección para ofrecernos subtexto o contrapunto. Este enfoque permite a los creadores expresar más de un tono emocional, como cuando se contrata a dos actores muy diferentes para una película de colegas. Si escuchas el clásico de 1970 «Fire and Rain», de James Taylor, puedes cantar la parte del contrabajo (las cuerdas graves) en el estribillo y notar cómo la armonía complementa y a la vez contradice la melodía de la voz. Fíjate en lo extraño e intenso que se pone el contrabajo cuando llega al final de la tercera estrofa (cerca del minuto dos, cuando Taylor canta «Been walkin' my mind to an easy time», esto es, 'me retrotraigo a una época más fácil'). Las notas oscuras e insistentes añaden un trasfondo sombrío a la canción, pero ¿por qué? La melodía expresa un agradable sentimiento de paz y la tímida esperanza de que, quizá, James pueda volver a ver a Suzanne, pero la armonía del contrabajo insinúa que ha ocurrido algo nefasto. La tensión entre melodía y armonía dota a la grabación de una gran profundidad emocional, como una obra de teatro que mezcla comedia y tragedia.

Hacer que la melodía contraste con una armonía divergente, como en «Nature Boy» de Coltrane y «Fire and Rain» de Taylor, puede ser un buen modo de añadir matices en una grabación, pero también se puede lograr un enorme impacto emocional si la melodía, la armonía y la progresión de acordes —el esqueleto tonal que sustenta la melodía— se unen para transmitir lo mismo. Un buen ejemplo sería el clásico de los Allman Brothers «Midnight Rider». Hubo una época en que el líder Duane Allman era considerado el guitarrista más expresivo y conmovedor del sur de Estados Unidos. Su hermano, Gregg, compuso esta canción de tres minutos sobre escapar de la ley, que bebía del folk, el blues, el R&B y el country estadounidenses. Fíjate en cómo la melodía sirve para decirnos quién es el cantante: un forajido. La progresión de acordes es insistente. Después de que Gregg cante la estrofa donde nos cuenta su situación, los acordes no cambian más. Permanecen inalterables, haciéndose eco de la melodía orgullosa y decidida. (Así es como funciona gran parte del R&B: toma una única vía y deja que la emoción crezca a base de una repetición persistente.)

Otro prodigio del sur estadounidense es el productor y compositor Pharrell Williams, cuyo brillante sencillo «Happy» obtuvo un merecidísimo éxito en 2013. Si no conoces la canción, escúchala enseguida hasta el final del estribillo, que comienza así: «Because I'm happy...» ('Porque estoy feliz...'). Prueba a cantar la melodía del estribillo pero con «la la la la» en vez de la letra. Quizá te lleves una sorpresa. Por sí sola, la melodía no transmite toda la alegría. Más bien son la batería, el bajo, la letra, la melodía y la armonía, trabajando en conjunto, los que transmiten esa sensación incontenible de euforia absoluta. Es la totalidad de la grabación, más que la parte cantada, la que expresa felicidad a través de las progresiones de acordes que la acompañan (como se puede apreciar en la exuberante guitarra que enmarca las estrofas) y las armonías agudísimas de los y las coristas.

Una vez terminado este ejercicio con «Happy», prueba a hacer lo mismo con el estribillo del pegadizo hit de 2012 «Call Me Maybe», de Carly Rae Jepsen. Canta «la» en lugar de la letra cuando dice: «I just met you, and this is crazy | But here's my number, so call me, maybe» ('Te acabo de conocer y esto es una locura | pero aquí tienes mi número, llámame si eso'). Esta vez, estarás de acuerdo en que la melodía por sí sola transmite el sentimiento que la letra expresa: alegría con un toque de inseguridad ante la idea de dar un paso arriesgado.

Pese a su simplicidad, una melodía puede despertar un amplio abanico de emociones. De algún modo, una secuencia de notas ascendentes y descendentes evoca sentimientos de profunda tristeza, orgullo silencioso o triunfo irrefrenable. ¿Qué ocurre en nuestros cerebros cuando una melodía nos hace sentir así?

# 4

A principios de la década de 1990 realicé un experimento casero con mi nueva cachorrilla Boston terrier, Gina. Antes de ponerle el bol con comida, le cantaba «O Christmas Tree» diciendo «di-di-di» en vez de palabras. Cuando llegaba la hora de acostarse, le cantaba «Me voy» de *Alicia en el país de las maravillas*, también con «di». Antes de ir a donde mi familia, le tarareaba una vieja canción de los dibujos de Betty Boop que hablaba sobre visitar al profesor Grampy. Salir al parque de perros venía precedido de la melodía de «Copacabana».

Quería saber si Gina podía aprenderse melodías. ¿Iría en la dirección correcta (cocina, piso de arriba, puerta trasera o delantera) cuando oyera la tonada pertinente? Pensé que me llevaría meses, pero la verdad es que tardó más o menos una semana. En cuanto le cantaba una melodía familiar, abría los ojos como platos. Iba y venía a toda prisa entre el lugar donde me encontraba y la salida correcta con esa expresión alegre y expectante que tan bien conocen quienes tienen perro. Tal vez pienses que su comportamiento se debía a las horas en que se daban las actividades más que a las melodías, pero puedo afirmar con seguridad que no era el caso. Yo era una productora muy atareada, trabajaba un millón de horas sin agenda fija, a salto de mata. La cena, la hora de acostarse y las salidas para jugar tocaban cuando tocaban. Cuando mi perra oía una melodía, sabía a qué actividad correspondía.

Al igual que Gina, muchas especies animales tienen la capacidad de reconocer un significado tras una secuencia de tonos.

No obstante, los expertos en comunicación animal describen una extraña asimetría en cómo otras especies producen, usan y comprenden los sonidos verbales. Los famosos etólogos Robert Seyfarth y Dorothy Cheney explican que «la producción vocal flexible y aprendida» se da solo en unas pocas familias de pájaros y algunos mamíferos. Es muy raro que un animal modifique su conjunto de vocalizaciones innatas a lo largo de su vida. A diferencia de los humanos, que producimos una variedad de expresiones verbales en constante cambio, los ladridos, ululatos, relinchos, rugidos y bramidos del reino animal suelen permanecer invariables desde la juventud hasta la vejez.

La capacidad de comprender las vocalizaciones, sin embargo, incluso en el caso de animales no humanos, es bastante flexible y cambia según la experiencia vital. Muchas especies poseen la infraestructura neuronal necesaria para aprender el significado que comunica una determinada secuencia de notas. Gina era incapaz de producir una melodía del mismo modo que yo, pero no le costaba nada distinguir entre las distintas tonadas, y podía responder a ellas con comportamientos diferentes. En nuestro caso, la habilidad de asociar melodías con intenciones y sentimientos se consolidó ya con los primeros seres humanos.

La neurociencia evolutiva se plantea una pregunta recurrente: ¿qué fue primero, la música o el lenguaje? Las evidencias disponibles parecen apuntar hacia una coevolución, es decir, que el desarrollo de una favoreció el desarrollo del otro, y viceversa. Se sabe que muchas especies expresan y provocan emociones mediante cantos melódicos, lo que ha llevado a los teóricos a acuñar el término *musilenguaje* para referirse a las primeras vocalizaciones humanas que transmitían tanto información como sentimientos. Esta idea tiene sentido intuitivamente. Estudios con neuroimágenes han demostrado que la actividad de nuestros cerebros cuando procesamos señales sociales (como el lenguaje corporal o el tono de voz de otra persona) se parece mucho a la actividad que se da cuando procesamos señales musicales. Es habitual que los seres humanos y otros animales produzcan secuencias agudas y claras en contextos felices o prosociales, mientras que los tonos graves y ruidosos son más comunes en contextos agresivos o amenazantes. Las vocalizaciones cortas con tonos ascendentes tienen un efecto estimulante, mientras que las largas con tonos descendentes producen calma. Los intervalos melódicos disonantes, como las dos notas que se alternan en muchas sirenas de emergencia de todo el mundo, provocan miedo. Usamos este conocimiento de manera instintiva cuando nos comunicamos verbalmente con animales de trabajo como perros o caballos.

Cuando los científicos estudian cómo los animales responden a las melodías, les suelen poner música humana. Pero ¿qué pasaría si, en vez de eso, les pusieran «música animal»? ¿Qué pasaría si los investigadores compusieran música con los tempos, timbres e intervalos melódicos emocionalmente relevantes para una determinada especie? ¿Se vería un mono, por ejemplo, más conmovido por la música para monos que por la humana?

Los investigadores Charles Snowdon y David Teie exploraron esta cuestión con los titís cabeciblancos, un tipo de mono que recibe su nombre por la pelambrera blanca que corona su cabeza. Los titís cabeciblancos viven en Colombia y tienen un tamaño parecido al de una ardilla. Prefieren el silencio a la música humana, pero si los obligas a escuchar, los titís optarán por pasar el rato en un recinto donde suene una nana popular rusa interpretada con flauta antes que en uno donde se emita la enérgica «Nobody Gets Out Alive!», del músico de electrónica Alec Empire. Que los titís tengan un interés nulo en la música los convierte en la especie perfecta para poner a prueba la hipótesis de que la respuesta emocional de los animales podría ser más fuerte y prominente si escuchan melodías que coinciden con el patrón auditivo propio de su especie.

Snowdon y Teie crearon dos tipos de melodías con un chelo y amplificaron ciertas frecuencias armónicas para que quedaran dentro del rango vocal y auditivo de los titís. Las composiciones alegres y alentadoras incluían intervalos melódicos similares a los que producen los titís en situaciones sociales positivas. Las composiciones amenazantes, en cambio, eran más rápidas y agudas, similares a las voces que emiten los titís cuando se asustan. Por suerte para los investigadores, los monos respondieron a estas melodías personalizadas tal y como se esperaba: se ponían ansiosos y alerta al escuchar las melodías amenazantes y mostraban una actitud más calmada y sociable con aquellas que sonaban como un plácido día en la selva. El mismo equipo llevó a cabo un estudio similar con gatos y demostró que los felinos también prefieren música con una curva melódica que se parezca a la de sus propias vocalizaciones.

Existe una importante diferencia en cómo los seres humanos y los no humanos emplean las melodías vocales; una diferencia que pone de manifiesto nuestra inteligencia musical única. Una persona puede utilizar su voz para provocar una emoción en otro ser humano, incluso si no está sintiendo esa emoción que quiere despertar. Una madre ansiosa y hecha polvo es capaz de cantar una melodía agradable para calmar a su bebé. Alguien eufórico porque acaba de ganar un premio puede mostrarse humilde en el estrado si elige emplear una entonación que transmita modestia. La prosodia —el énfasis melódico y rítmico que ponemos al hablar— transmite emociones (a veces de forma espontánea, a veces con cautela, a veces con hipocresía) para que los demás sepan que los entendemos.

Sea cual sea el momento en que evolucionó nuestro sistema auditivo, las señales de audio que nos llegan a los tímpanos se encaminan a varias redes paralelas del cerebro, cada una de las cuales se encarga de una cualidad distinta de la onda sonora, incluido el tono emotivo. Una de estas redes procesa el patrón acústico de la melodía. Otra red procesa el patrón acústico de las palabras.

Esto explica que un padre de familia de clase media pueda pararse en un semáforo con la radio del coche a tope y berrear junto a Aretha Franklin: «YOU. MAKE. ME. FEEL. LIKE. A. NAT-UR-AL WO-MAN!», esto es, 'Me haces sentir como una mujer de verdad'. Lo más probable es que el señor, más que conectar con la letra sobre el empoderamiento femenino, esté haciéndolo con la melodía, que está cargada de confianza. El procesamiento dual y simultáneo de melodía y letra permite que la mente de este padre se centre tanto en la información como en la entonación, y en este caso escoge la última. (Que nuestro cerebro separe automáticamente los estímulos musicales da credibilidad a muchos amantes de las melodías cuando afirman que nunca prestan atención a las letras.)

Una de las primeras científicas en demostrar esta curiosa división neuronal entre melodía y habla fue la psicóloga musical Diana Deutsch. Un día, sentada en su escritorio mientras dictaba notas a la grabadora, dijo la siguiente frase: «Los sonidos tal y como los percibes no solo son diferentes de aquellos que se dan realmente, sino que a veces se comportan de un modo tan raro que parecen imposibles».* Cuando reprodujo la grabación, descubrió algo inesperado. Muerta de curiosidad, decidió llevar a cabo un experimento para examinar el suceso con más detalle.

Deutsch presentó la frase grabada ante dos grupos de estudiantes universitarios de EE.UU. Los del grupo A escucharon el segmento «a veces se comportan de un modo tan raro» y, luego, siguiendo las instrucciones de la científica, repitieron exactamente lo que habían oído. Reprodujeron la frase con precisión,

---

* En inglés: «The sounds as they appear to you are not only different from those that are really present, but they sometimes behave so strangely as to seem quite impossible». La parte que dice «sometimes behave so strangely» es la que adquirirá relevancia en el experimento posterior.

aunque sus intentos por copiar el acento británico de Deutsch resultaran bastante graciosos. El grupo B también escuchó el segmento «a veces se comportan de un modo tan raro», pero con una pequeña modificación: para estos oyentes, la frase se repetía varias veces, en un bucle continuo. Cuando se pidió a los del grupo B que repitieran lo que acababan de oír, cantaron la respuesta. Es decir, la misma frase se interpretaba como habla por algunos oyentes y como melodía por otros.

¿Cómo explicarlo? Según el neurocientífico de la Universidad de Boston Stephen Grossberg nuestros cerebros separan, o «factorizan», el flujo auditivo de la voz de Deutsch en dos vías neuronales distintas: una que procesa la melodía y otra que procesa el habla. En un principio, nuestra mente prioriza la información que contienen las palabras: nos centramos en el significado de lo que dice Deutsch. No debe sorprendernos: el habla es, con diferencia, el sonido más importante que escuchamos los humanos. Pero la vía neuronal que la procesa tiene una particularidad muy útil.

Para asegurarse de que nuestras mentes puedan lidiar de manera flexible con las ambigüedades del habla, esta vía «olvida» el sentido inicial de las palabras automáticamente. Este proceso se conoce como *habituación* y es el mismo mecanismo que hace que dejemos de notar el olor a limones exprimidos cuando cocinamos o el golpeteo repetitivo de la lluvia contra el tejado. En el habla, la habituación es responsable de reacciones tipo «¿Qué? ¿Cómo?», ya que nos ayuda a reinterpretar las palabras cuando lo primero que hemos entendido no nos cuadra, como cuando nos damos cuenta, tras un momento, de que el titular de periódico «Policía detiene a perro con pistola» no significa que el perro fuera armado, sino que el policía empleó su pistola para detener al animal. No obstante, este mecanismo tiene un inesperado efecto secundario que se manifiesta cuando una misma frase se repite sin parar.

Debido a la habituación, nuestras mentes van olvidando gradualmente la interpretación inicial de «a veces se comportan de un modo tan raro». En lugar de reinterpretar la frase repetida con un nuevo sentido lingüístico (al fin y al cabo, ya la habíamos entendido bien la primera vez), nuestra mente deja de fijarse poco a poco en el significado de las palabras y desplaza su atención a otro aspecto prominente del patrón acústico: la melodía. La vía neuronal que procesa la melodía es más antigua y primitiva que la vía para el habla. Una vez que nuestra mente se centra en la entonación de un fragmento repetido de discurso, oímos su melodía en todas las repeticiones siguientes, pues hemos «olvidado» el significado lingüístico. Cuando ya has escuchado «a veces se comportan de un modo tan raro» como música, percibirás esta frase así automáticamente, incluso si no vuelves a oírla hasta meses después.

La investigación de Deutsch contribuyó a dejar una cosa clara: el cerebro procesa la melodía con independencia de la letra.

# 5

El bebé Joris tenía solo cuatro días cuando una investigadora, micrófono en mano, esperaba pacientemente a que expresara sus sentimientos en aquella estancia alemana. Mientras su madre le cambiaba los pañales, Joris dejó escapar algunas quejas. La madre sonrió a la investigadora, Kathleen Wermke, y comentó que el llanto de su hijo sonaba alemán. Wermke estuvo de acuerdo.

No es que la investigadora quisiera mostrarse educada ante una madre orgullosa. Pocos años antes, su equipo de investigación había analizado medio millón de llantos de bebés recopilados en todo el mundo. Aunque resulte increíble, Wermke había descubierto que, al parecer, los recién nacidos lloran en su lengua materna. Los bebés franceses suelen llorar con una curva melódica ascendente. Los alemanes, con una curva descendente. Estas formas dispares coinciden con las prosodias del francés y del alemán. En el último trimestre de embarazo, el sistema auditivo del feto ya está lo suficientemente desarrollado como para que el bebé reciba algunos sonidos amortiguados mientras flota en el líquido amniótico. En esta etapa, además, el cerebro tiene la complejidad justa para permitirnos aprender frases melódicas sencillas, como las entonaciones, uno de los motivos por el que los recién nacidos prefieren la voz familiar de la madre antes que el sonido de una voz desconocida. Cuando por fin llegamos al mundo donde los sonidos se transmiten por el aire, la prosodia del idioma nativo de nuestra familia influye en cómo escuchamos y, poco después, en cómo producimos sonidos. La capacidad de un recién nacido para imitar el habla, incluso cuando despierta a los vecinos con un interminable «¡BUAAAAAAA!», está intrínsecamente relacionada con nuestra percepción de la melodía.

En los primeros meses de vida, los llantos melódicos de los recién nacidos van ganando complejidad y empiezan a parecerse a los intervalos musicales que predominan en su entorno cultural. La doctora Wermke escribe que, «al llorar, se desarrollan tanto los componentes básicos de la musicalidad como del lenguaje». De hecho, existe una relación entre las entonaciones melódicas que los bebés aprenden en el útero y el tipo de música que compondrán si algún día llegan a convertirse en músicos.

Entre los idiomas occidentales, el francés tiene más picos melódicos que el inglés británico. Los experimentos han demostrado algo que los musicólogos y lingüistas ya sospechaban: la música instrumental de Francia suena a francés, del mismo modo que la música de Inglaterra suena a inglés. Las lenguas tonales como el mandarín o el vietnamita (en las que los cambios de tono determinan el significado de ciertas palabras) suelen tener mayores intervalos y cambios más frecuentes en sus curvas que los idiomas no tonales; y lo mismo sucede con la música que componen los hablantes de estas lenguas. Pese a que muchos aficionados a la música buscan y disfrutan melodías de todo el mundo, las de nuestra lengua materna son las que más familiares nos resultan y más nos emocionan, porque nuestras mentes se empaparon de esas curvas melódicas incluso antes de nacer.[3]

El hecho de que tengamos una clara preferencia por las melodías de nuestra cultura natal significa que podríamos tener una propensión natural a rechazar melodías desconocidas, algo respaldado por la observación empírica de que, en la práctica, las personas expresan menos cariño por la música que consideran «extranjera». Por desgracia, esta distinción ha servido al ejército para utilizar la música como instrumento de coerción. Los prisioneros iraquís que se negaban a cooperar durante la guerra de Irak acabaron respondiendo a los interrogatorios tras largas sesiones de heavy metal a todo trapo, con temas como «Enter Sandman» de Metallica, intercalados con canciones infantiles estadounidenses, incluida «I Love You» de la serie de Barney, el dinosaurio morado.

Al reconquistar Faluya, los soldados estadounidenses montaron altavoces sobre las torretas y pusieron su rock y rap favoritos a todo volumen. Uno de ellos describió esta táctica como una «bomba de humo» sonora y añadió: «Nuestros chicos se han puesto muy creativos a la hora de buscar sonidos que podrían molestar al enemigo». No fueron los primeros estadounidenses en utilizar la música como garrote. El dictador panameño Manuel Noriega, un amante de la ópera, se rindió después de que su refugio en la embajada del Vaticano se viera asediado durante una semana por música de AC/DC, Mötley Crüe, Led Zeppelin y otros artistas de rock.[4]

En lo que respecta a los perfiles de oyente, la zona verde de uno puede ser un círculo del infierno para otro.

# 6

¿Dónde se encuentran tus puntos sensibles acerca de la melodía? Para centrar la atención en el tipo de melodías que te resultan gratificantes, saldremos del cuarto de escucha donde habíamos quedado e iremos un rato al cine. La mayoría de bandas sonoras cuentan con un tema melódico vívido y memorable, compuesto para expresar el tono emocional de la película. Como el cine muestra toda la paleta de emociones humanas, existe una gran variedad de bandas sonoras. Los temas de las películas rara vez tienen letra, ya que esta podría distraernos de la acción importante del filme o de los diálogos entre los personajes. Por supuesto, las letras facilitan que memoricemos las melodías, por lo que, para asegurarse de que los espectadores tarareen el tema al día siguiente, los compositores tratan de escribir piezas que nos «hablen» empáticamente pero sin palabras. Como resultado, los temas de las películas son un recurso buenísimo para explorar nuestros puntos sensibles melódicos.

Examinemos ahora tres ejes distintos que contribuyen a la dimensión melódica de tu perfil de oyente: el rango (amplio vs. reducido), la articulación (*legato* vs. *staccato*) y la complejidad (simple vs. compleja). Puede que tengas (o no) un punto sensible en cada uno de estos ejes. Comencemos por fijarnos en el rango melódico, incluyendo los intervalos amplios, que van desde las notas graves hasta las agudas y viceversa, y las melodías «reducidas», en las que solo se escucha un pequeño conjunto de tonos vecinos.

Personalmente, me gustan las melodías románticas con grandes intervalos, como el tema que Michel Legrand compuso para

*Verano del 42*. Tenía catorce años en 1971, cuando mi madre murió por una enfermedad que había padecido durante años. La película se estrenó aquel mismo año, y su música de algún modo calmaba mi sensación de vértigo emocional. El filme transcurre en Nantucket durante la Segunda Guerra Mundial y cuenta la historia de Hermie, un chico de quince años que está pillado por una mujer joven cuyo marido está en el frente. Lo que yo atravesaba no era mal de amores, pero la música sugería un dolor personal mezclado con una tragedia mayor, de pérdida adulta, impregnada de belleza. La composición resulta tan conmovedora en parte porque cada frase melódica parece terminar demasiado pronto, lo que encaja a la perfección con una historia sobre un soldado en tierras extrañas, que sin duda no es mucho mayor que Hermie pero al que han obligado a vivir una vida muy muy diferente. La yuxtaposición de lo natural y lo antinatural en esas jóvenes vidas queda expresada mediante la melodía de rango amplio, que es profundamente triste pero también estimulante.

El coautor de este libro, en cambio, siente predilección por las melodías más limitadas, como las que suelen acompañar al tecno o al rap. Es el caso del tema de Philip Glass para la película *Koyaanisqatsi*. Su curva melódica minimalista sigue un rango de notas limitado, que emplea una repetición de arpegios que, en términos tonales, nunca se alejan demasiado de su punto de partida. Esta película experimental, estrenada en 1982, prescinde de personajes y narrativa en favor de imágenes a cámara lenta o rápida de ciudades y paisajes. Como el filme carece de diálogos, la banda sonora de Glass juega un papel muy importante a la hora de guiar nuestras reacciones emocionales. La melodía va ganando velocidad y volumen a medida que las imágenes cambian de paisajes naturales tranquilos, aunque imponentes, al frenético ajetreo y el tráfico de las metrópolis abarrotadas de gente. Al permanecer dentro de un reducido rango de notas que se repiten sin cesar, la melodía de Glass recuerda a las constantes vitales, cada vez más agitadas, de un planeta vivo: la respiración y los latidos de una Tierra que se sale de control.

La articulación es otro eje de la melodía en el que quizá tengas preferencias. Puede que te guste el tema de *Una mente maravillosa*, cuyas notas en *legato* van fluyendo de la una a la otra. La película narra la vida de un matemático ganador del Nobel que luchó contra la esquizofrenia. La suave melodía sugiere fragilidad, pero también un anhelo misterioso por descubrir algo que escapa a nuestro alcance. El tema principal parece ascender sin llegar nunca a lo más alto, como un cuadro de M. C. Escher o el tono de Shepard,[5] que produce la ilusión auditiva de una escala que sube o baja continuamente. Hay voces femeninas etéreas que se entrelazan con flautas y cuerdas melodiosas, al tiempo que otros instrumentos de cuerda vibran de fondo. El tema de James Horner transmite la sensación de que incluso algo hermoso puede hacernos daño si lo tenemos en exceso.

Yo tengo predilección por las melodías fluidas, mientras que a Ogi le gustan las que tienen algo de separación entre notas (*staccato*), como el tema de *La leyenda del indomable*. Se trata de una melodía agridulce con punteos de guitarra. La película está protagonizada por Paul Newman, que interpreta a un preso en plena lucha contra las restricciones de una cárcel de Florida y que al final matan de un tiro cuando trata de escapar. La melodía principal refleja la trama de la película: empieza con un aire pausado y anhelante que poco a poco se vuelve más ansioso y perturbador, hasta que la melodía concluye con una nota de armónica oscura, inquietante y, en última instancia, sin resolución. Esta banda sonora, obra de Lalo Schifrin, recibió una nominación a los Óscar.

Puede que también tengas un punto sensible en cuanto a la complejidad melódica. Hay oyentes que disfrutan con melodías que recorren varios estados de ánimo, como el tema de Danny

Elfman para *Eduardo Manostijeras*, de Tim Burton. La música comienza con suavidad, atraviesa algunos arcos melódicos bastante atrevidos, se ralentiza para expresar añoranza y termina con una sensación de ingenuidad impregnada de tensión, como si la inocencia de alguien estuviera a punto de llegar a su fin. Y es que, de hecho, la película cuenta la historia del hechizado Eduardo Manostijeras, un chico con tijeras en lugar de manos, creado gracias a la magia de un viejo inventor. Eduardo sale de su mansión natal, ubicada en una colina, y baja hasta una zona residencial de la periferia californiana, donde hará amigos y enemigos, se enamorará y, al final, lo perseguirán de vuelta a la mansión, donde quizás esté condenado a vivir solo para siempre. Elfman se las arregla para capturar los giros dramáticos de la trama en una intrincada melodía.

Otros oyentes, en cambio, prefieren las melodías que nunca se alejan demasiado de una frase simple y efectiva. El mejor ejemplo sería «Bolero», de Maurice Ravel, que aparece en una escena romántica de la película *10, la mujer perfecta*, de 1979. Cuenta la leyenda que Ravel tocó la melodía al piano para un amigo utilizando solo un dedo. Y sugirió que había algo en aquella frase que pedía que se repitiera. Y eso es justo lo que hace su composición: reitera el tema melódico una y otra vez, añadiendo instrumentación en cada nueva vuelta, a medida que el ritmo suena más fuerte y dramático. La melodía nunca cambia, pero la composición gana potencia gracias a las distintas capas de orquestación y la percusión dinámica.

Piensa en las bandas sonoras que más tiempo hayan permanecido en tu cabeza después de que la película haya terminado. Busca similitudes entre ellas, pues puede que revelen tus puntos sensibles. Si además sientes especial predilección por la música cinematográfica, esto podría ser un buen indicio de que la melodía constituye una dimensión vital de tu perfil de oyente.

## Sinestesia

La sinestesia es un fenómeno neurológico que consiste en experimentar sensaciones de una modalidad sensorial particular, como la visión, a partir de estímulos de otra modalidad distinta, como el sonido. Quienes tienen sinestesia auditivo-visual suelen «ver» un color concreto cuando escuchan una nota determinada. Aunque es menos habitual, la sinestesia también puede mezclar otros tipos de percepción sensorial, como el olfato, el gusto o el tacto.

Aún no sabemos a ciencia cierta qué mecanismo neuronal se esconde tras la sinestesia, pero las pruebas apuntan a que su origen está en las experiencias de la primera infancia. Un niño pequeño con un xilófono de colores o un libro musical interactivo podría aprender a asociar los colores de las teclas o de las páginas con los sonidos de las notas. Si la asociación es lo bastante fuerte, se forman conexiones neuronales que unen las redes auditivas y visuales entre sí y a estas con las redes encargadas de la categorización verbal. Son estas conexiones neuronales las que generan la sinestesia.

# CAPÍTULO 5

# LETRAS

## ¿Y tú quién eres?

A veces el significado de las canciones no
corresponde con su intención original, sino con
lo que alguien necesita que signifiquen.

Bono, «60 canciones que me salvaron la vida»

# I

El autor británico A. A. Gill, famoso por su audaz ingenio, reveló a la revista *Vanity Fair* «una de las cosas más vergonzosas que he hecho en público». La anécdota ocurrió en un debate sobre arte en el Hay Festival of Literature, en Gales, a mediados de los noventa. Gill y su compañero de equipo, el historiador Norman Stone, se enfrentaban al novelista británico Salman Rushdie y el ensayista del *New Yorker* Adam Gopnik. Gill y Stone sostenían que el mundo debía oponer resistencia ante la influencia ubicua de la cultura estadounidense. Rushdie y Gopnik debían defender la opinión opuesta.

Gill tuvo la mala suerte de hablar el primero en aquel evento que más tarde describiría como una «trampa para cretinos». Cuando se lo contó a *Vanity Fair*, ya no recordaba los detalles sobre esa primera intervención, pero, en esencia, afirmó que la cultura estadounidense se estaba cargando la gran tradición estética de «los salones y los comentarios agudos», es decir, el tipo de «arte elevado» que se asocia con la civilización europea, encarnado en las obras clásicas de Shakespeare, Miguel Ángel y Mozart. Así describe Gill lo que sucedió después:

> Justo después de que presentáramos aquella maldita idea, Rushdie se acercó al micrófono, se detuvo un instante para mirar al público

con sus ojillos entornados y, con voz suave y clara, soltó: *Be-bop-a-lula, she's my baby,│Be-bop-a-lula, I don't mean maybe.│Be-bop-a-lula, she's my baby love.*\*

El teatro estalló en una gran ovación. Y cuando por fin se calmó el alboroto, el debate había terminado. La respuesta de Rushdie había sido un «triunfo de lo sublime», reconocería Gill más tarde, porque con solo recitar la letra tontorrona de una de las primeras canciones de rock estadounidenses, el novelista había logrado transmitir la idea de que «Estados Unidos no se había desviado o escapado de la civilización. Había hecho algo mucho más profundo, mucho más inteligente: simplemente había cambiado lo que la civilización podía ser».

La expresión *be-bop-a-lula* puede parecer trivial, pero cuando la cantaba una joven estrella del rock con tupé llamada Gene Vincent en 1956, representaba todo aquello que los adolescentes de EE.UU. consideraban importante. En la respuesta táctica de Rushdie se escondía la idea de que expresar las necesidades y deseos silenciados de los adolescentes era una hazaña cultural significativa. El rock and roll, gracias a sus letras a menudo enigmáticas, proporcionó a varias generaciones de jóvenes un código privado para la lujuria y la rebelión que sus padres no podían siquiera empezar a desentrañar. «Be-bop-a-lula» reflejaba la experiencia adolescente con una autenticidad sin precedentes en el arte musical, y Rushdie creía que este nuevo alcance de la música enriquecía y personalizaba la estética de una generación, pese a estar muy alejada de la cultura intelectual europea.

En las listas pop del siglo XXI predomina la música cantada. Cuando «Harlem Shake», de Baauer, alcanzó el número uno en

---

\* Primeras líneas del éxito rockabilly «Be-Bop-A-Lula». Podrían traducirse más o menos así: 'Be-bop-a-lula, ella es mi chiquilla.│Be-bop-a-lula, de eso no hay duda.│Be-bop-a-lula, ella es mi amor'.

2013, hacía trece años que un tema instrumental no entraba en el top 10 de *Billboard*. Es un dato sorprendente, sobre todo si tenemos en cuenta que, a lo largo de la historia (musical) de la humanidad, la música instrumental siempre ha tenido tirón. Temas de películas, de la televisión e incluso canciones disco que contenían música clásica (instrumental) llegaron al top 10 en los años setenta, incluidas versiones disco de Beethoven («A Fifth of Beethoven», de Walter Murphy & the Big Apple Band) y una reinterpretación jazz-funk de Strauss («Also Sprach Zarathustra» de Deodato). Pero el gusto del público por lo instrumental cayó en picado en los noventa y no tiene pinta de que vaya a recuperarse pronto.

En este capítulo ahondaremos en la fuente de placer musical más marcadamente humana: las letras. Hay otras especies que saben trinar una melodía o seguir un ritmo, pero solo el *Homo sapiens* puede producir palabras, y estas siempre han sido un medio único y fascinante para expresar los anhelos del corazón. Con las letras de las canciones podemos sentir que nos ven, nos escuchan y nos comprenden, tanto si estamos tratando de lidiar con las complejidades de la atracción romántica por primera vez como si nos enfrentamos a las humillaciones y los arrepentimientos que acarrea envejecer.

Para muchos, las letras son el aspecto más relevante de una grabación. Si eres de las que enseguida busca en Google las letras que te gustan, quizá seas una oyente que prioriza esta parte de las canciones. Si puedes recitar sin esfuerzo las letras de tus canciones favoritas, casi seguro que eres una de esas personas. Las vivas imágenes que suscitan las palabras son imprescindibles para que este tipo de oyentes se entusiasmen con un tema; de lo contrario, como mucho lo admirarán sin mostrar una gran pasión.

En nuestra propia investigación sobre lo que visualizamos al escuchar música, descubrimos que el segundo tipo más común de imágenes mentales (después de los recuerdos personales) son aquellas relacionadas con la historia que cuenta la letra.[1] A continuación, incluimos algunas descripciones de los sujetos sobre lo que ven cuando escuchan sus canciones favoritas:

«Me imagino la letra de la canción con otras personas o conmigo».

«Me imagino una historia que encaja con la letra».

«La historia que narra y qué relación tiene con mi vida».

«Me meto en la historia que cuenta e interiorizo la emoción».

«Visualizo a la persona u objeto al que se dirige el cantante y pienso en la relación entre ambas cosas».

Un día de otoño de 1983, pocos meses después de que empezara a trabajar con Prince, descubrí de primera mano cómo las letras pueden generar una fuerte conexión con los oyentes. Un camión de correos paró frente a la nave donde ensayábamos en St. Louis Park, Minnesota, y descargó palés con sacos de lona repletos de cartas de fans. Uno tras otro, fueron apilando los sacos sobre las enormes mesas industriales que Prince utilizaba. Miles de cartas se desparramaron por las mesas y cayeron al suelo: cartas en sobres lilas, cartas salpicadas de purpurina, cartas decoradas con pegatinas, cartas con dibujos a pastel e incluso cartas llenas de regalos. Esto es lo que pasaba cuando tenías millones de «seguidores» antes de las redes sociales.[2]

Hoy en día, un fan tarda segundos en enviar un tuit a un artista o publicar un comentario en su página de Facebook. Pero, por aquel entonces, cada carta suponía una gran dedicación. Había que dar con la dirección de Prince (nada fácil sin internet); conseguir un papel, un sobre y un sello; escribir tus sentimientos a mano (volviendo a empezar cada vez que cometías un error); decorar el sobre para aumentar las posibilidades de que llamara la atención y desplazarse hasta un buzón para echar la carta, todo ello sin la garantía de que alguien, y mucho menos Prince, fuera a leerla alguna vez. Semejante esfuerzo solo tiene sentido si la necesidad de expresar tu conexión con la música de Prince es irresistible.

Después de que Prince se marchara por la noche, me quedé allí con un par de miembros de The Time, sus protegidos. Observamos la pila de sacos con asombro. No teníamos ni idea de qué pasaría con aquellas cartas, pero teniendo en cuenta la abrumadora cantidad, sabíamos que las posibilidades de que alguien las leyera eran más bien nulas. No pudimos resistirnos a abrir algunas y leerlas en voz alta.

La mayoría parecían provenir de adolescentes. Inspirándose en el álbum *1999* de Prince (esto ocurría antes de que *Purple Rain* lo catapultara a las cimas del estrellato), muchos fans se inventaban historias a partir de los títulos de las canciones, supongo que en un intento de identificarse con él. Algunos escribían sobre cómo todos los críticos de Nueva York te aman («All the Critics Love U in New York»), sobre todo si coges un taxi conducido por una dama («Lady Cab Driver») para ir a una cita con un amante internacional («International Lover») que te vuelve loco («Delirious»). Estas cartas estaban cargadas de emoción sin ser impertinentes. Quienes las escribieron no pedían nada de Prince. Solo querían comunicarle que se identificaban con él, que sus palabras les llegaban y les representaban.

Se trata de un impulso profundamente humano. Con las letras de las canciones podemos sentir que vemos la vida a través de los ojos de alguien distinto, y buscar oportunidades para imaginar cómo sería ser otra persona —cómo piensa, se mueve o habla— es algo que hacemos de manera natural. Recuerdo un precioso día de primavera pocos meses después de nuestra aventura con las cartas. Me encontraba de nuevo en la nave de los ensayos, ajustando los micrófonos para una sesión de grabación. Como hacía tan buen tiempo, los músicos, miembros de The Revolution y The Time, habían salido fuera a jugar un partido de baloncesto. Los oía a través de las puertas de los muelles de carga, que permanecían abiertas, y como me preguntaba qué se sentiría al hablar de un modo tan distinto, me puse a repetir su cháchara muy bajito para mí mientras movía los pies de micro: «¡Tío, lo petas!», «¡Soy el dueño del cotarro!», «¡Cómo te flipas!». No tenía ni idea de que Prince se había acercado sigilosamente por detrás y se lo estaba pasando de lo lindo. Con una sonrisa de oreja a oreja, se dirigió a los músicos de la cancha:

—¡Ey, tíos, que Susan anda por aquí imitándoos! ¡Tendríais que oírla decir «lo petas»!

Quise que me tragara la tierra, pero no me sentía ni un poco avergonzada. Fue un pelín humillante que Prince expusiera en público mi pequeño juego de rol, pero solo hacía lo que cualquier amante de las letras hace al acompañar cantando las canciones que escucha en su habitación: probaba las palabras de otros e imaginaba cómo sería usarlas (o cantarlas).

Este es el gran poder de las letras: nos permiten convertirnos en otra persona por unos instantes.

## 2

Como ya vimos en el capítulo sobre la melodía, cuando oímos los sonidos del lenguaje, ya sea hablado o cantado, nuestro cerebro enseguida divide el contenido melódico (la entonación) del contenido semántico (la información).[3] Dado que la entonación se procesa en una red cerebral diferente a la de la información, podemos elegir conscientemente en cuál de las dos concentrarnos. La mayoría tenemos una preferencia natural: puede que instintivamente nos centremos en las letras cantadas o puede que las ignoremos por completo para disfrutar mejor de la melodía.

Hay un par de canciones de Disney que ilustran esta división. En la primera, la melodía eclipsa a las palabras: se trata de una de las primeras canciones de Disney, «Mi príncipe vendrá», de *Blancanieves y los siete enanitos*, de 1937. La letra sobre ella esperando a ser rescatada por un hombre perfecto hace tiempo que superó su fecha de caducidad cultural, pero la exquisita melodía ha convertido la canción en un estándar del jazz, interpretado instrumentalmente por Dave Brubeck, Miles Davis y muchos otros. Comparémosla ahora con «Recuérdame», de *Coco* (2017). La melodía, escrita por Robert Lopez y Kristen Anderson-Lopez e inspirada en Chopin, resulta bonita, pero es la letra que habla sobre permanecer cerca de nuestros seres queridos que ya no están lo que confiere a la canción su poder lacrimógeno.

Aunque podemos elegir conscientemente si prestar atención a la melodía o a la letra, nuestros cerebros también pueden unir ambas dimensiones musicales (junto con el ritmo y el timbre) en una experiencia de escucha integral, sincronizando y amplificando así nuestras sensaciones de gratificación. Fíjate en como la letra, la melodía y el ritmo parecen aliarse y brincar por nuestra mente en «¡Qué festín!». Este aclamado tema, compuesto por Howard Ashman y Alan Menken, pertenece a la versión de 1991 de *La bella y la bestia*. La letra se ve reforzada por la melodía, y viceversa, de tal modo que resulta difícil imaginarse a una sin la otra.

Los compositores más dotados entienden de manera implícita que el cerebro puede funcionar con dos pistas paralelas. Así, pueden optar por dejar que la letra y la melodía se complementen, como en «¡Qué festín!», o por diversificar el contenido emocional permitiendo que cada dimensión exprese algo diferente. Esto es lo que el grupo Train hizo en «50 Ways to Say Goodbye». La letra nos cuenta que el cantante tiene el corazón roto porque su novia le ha dejado. No se atreve a decírselo a nadie, así que se inventa una larga lista de excusas para explicar por qué ella no lo acompaña. Según la letra, está sufriendo. Pat Monahan canta «Mi corazón está paralizado» y «Mi orgullo sigue herido | Tú eras mi mundo».* Pero en lo que respecta a la melodía, la grabación cuenta una historia muy diferente. El tempo rápido le da un aire ligero y animado. El acompañamiento incluye trompetas mariachis y una guitarra acústica al estilo de las telenovelas para crear un drama irónico. La melodía sugiere que Pat no está tan mal, pese a sus angustiosas palabras.

El hecho de que los estímulos musicales que nuestro cerebro recibe se dividan en letras y melodías antes de juntarse de nuevo sugiere que si perdemos la capacidad de percibir una de estas dimensiones musicales (por una lesión cerebral, por ejemplo), la otra podría mitigar el impacto. La afasia es un trastorno neurológico que, por lo general, se da tras un ictus u otro accidente cerebral que altere nuestra capacidad de comprender el lenguaje. En la mayoría de los cerebros, la red que procesa el lenguaje se encuentra en el lóbulo temporal izquierdo, justo sobre la oreja izquierda, mientras que la red que procesa las melodías está en el lóbulo temporal derecho, sobre la oreja de ese mismo lado. Gracias a esta simetría, si se daña la red del habla en el hemisferio izquierdo, se puede recurrir a la red melódica del hemisferio derecho para impulsar la recuperación. La terapia de entonación melódica (MIT, por sus siglas en inglés) invita a los pacientes con afasia a cantar lo que quieren decir, para sortear así algunos de los circuitos dañados.

Cantar exige mayor premeditación que hablar. Como nuestro hemisferio cerebral derecho es especialista en procesar melodías, integra los sonidos entrantes durante un período de tiem-

---

* En inglés, «My heart is paralyzed» y «My pride still feels the sting | You were my everything», respectivamente.

po más largo que el hemisferio izquierdo. Cuando hablamos más despacio y pronunciamos cada palabra a un ritmo fijo, el sonido que generamos se parece más al canto que al habla. El hemisferio derecho procesa todas las palabras de una frase en su conjunto, exactamente igual que cuando procesa notas individuales para organizarlas en melodías. Por lo tanto, cantar puede ayudar a los pacientes con afasia a unir palabras individuales en una sola «porción» verbal.

La red neuronal que se encarga de procesar las melodías también puede unir fonemas distintos, por medio del canto, en una sola palabra melódica. La palabra *sol*, por ejemplo, tiene una única sílaba, pero puedes cantarla empleando dos o incluso tres sílabas si le asignas una nota a cada uno de sus fonemas: sss-ooo-lll. La articulación deliberada de los fonemas es una técnica terapéutica útil, así como un ingenioso recurso musical, tal y como vimos en el caso de Sinatra.

Al hablar, sabemos de antemano si haremos una pregunta, lanzaremos una afirmación o daremos una orden. Elegimos el tono, la cadencia y el énfasis dinámico de nuestra voz para que, dependiendo de nuestra intención, el enunciado en su conjunto tenga una curva melódica concreta que exprese el significado que queremos. Por ejemplo, «¿Compraste *el libro*?» no es la misma pregunta que «¿*Compraste* el libro?». Las investigaciones han demostrado que si los pacientes con dificultades para hablar eligen conscientemente una curva melódica para aquello que quieren decir durante la terapia, esto les ayuda a recuperar el habla. Por ejemplo, un terapeuta que enseñe a un paciente afásico a decir «Quiero jugar con tu perro» podría empezar invitándole a escoger y cantar una melodía simple que transmita el sentimiento de esas palabras, utilizando sílabas sin sentido como «la la la la la la la la». Luego, poco a poco el paciente irá reemplazando las sílabas sin sentido por sonidos que se parezcan a las sílabas reales, quizá con algo como «ki ru ju nan kon nu te ro». Con la práctica, mejorará su capacidad para pronunciar una frase entera.

El ritmo también juega un papel en la recuperación del habla. Solemos hacer gestos con las manos tanto al hablar como al cantar. (Algunos neurocientíficos creen que existe un vínculo ancestral entre los gestos y el lenguaje, que se formó en nuestros antecesores humanos, antes de que evolucionáramos a *Homo sapiens*.) Dar un golpecito por cada sílaba de la frase que queremos decir, sobre todo con los dedos de la mano izquierda, que están controlados por el hemisferio derecho del cerebro, podría activar esta conexión neuronal primigenia para ayudarnos a sincronizar las palabras y pronunciarlas a un ritmo estable.

Uno de los motivos por los que hay diferentes maneras de «reparar» los trastornos del habla es que la red del lenguaje está estrechamente interconectada con muchas otras partes del cerebro, incluidas las redes que se encargan de la vista, el oído, el gusto, el olfato, el dolor, el placer, el deseo, el amor, la cognición social, los recuerdos, la planificación y los sueños. Esta amplísima conectividad nos ofrece múltiples vías terapéuticas para tratar las deficiencias del habla.

Además, nos impulsa a usar el lenguaje para expresar las complejidades de nuestra identidad personal y para explorar otras alternativas.

# 3

El verano de 1969 me pilló de adolescente, una época en que Estados Unidos estaba en plena oleada de protestas contra la guerra de Vietnam y al final de los disturbios raciales. Los cambios externos e internos me generaban un montón de preguntas. ¿Mandarían a los chicos de mi clase a luchar al extranjero? ¿Asesinarían a todos los líderes sociales que admiraba? ¿Es mejor estudiar o abandonar la escuela? ¿Por qué no existe la igualdad racial? Entonces la letra de una canción me llegó como agua de mayo. En la radio sonaba «Stand!» de Sly & the Family Stone:

Stand! All the things you want are real.
You have you to complete and there is no deal.

¡Levántate! Todo lo que deseas es real.
Solo tú puedes realizarte, y no hay atajo ideal.

Aún recuerdo cómo me quedé paralizada en el salón, aferrándome a la fe y el optimismo en la voz de Sly. Sentí que mientras él siguiera difundiendo esas palabras por el mundo, todo iba a salir bien. El ritmo de «Stand!» empuja con una fuerza constante. Cynthia y Jerry, con sus instrumentos de viento, le meten intensidad y luego responden a las líneas melódicas de Sly. Su hermana, Rose, se les une con una voz tan penetrante como la luz del sol que atraviesa las hojas y añade brillo a lo que él acaba de decir. Y, en medio del último estribillo, Larry se lanza con un ritmo funk: ¡que empiece el baile!

Aquel año salieron decenas de canciones que todavía me encantan, pero ninguna tiene para mí la relevancia emocional de «Stand!». Y eso se debe a la letra.

La identidad personal es un fenómeno dinámico. Cambia con el tiempo y las circunstancias. Los cambios más drásticos se dan cuando somos jóvenes y tratamos de descubrir quiénes queremos ser o, mejor, quiénes podríamos ser. La identidad es social (por ejemplo, cuando elegimos añadir «¡Me flipa!» a nuestra gama de frases y expresiones) y también estética (cuando decidimos llevar pantalones cortos y ajustados pero no minifaldas). La música, y las letras de las canciones en particular, sirven como una especie de enciclopedia de personajes que podemos explorar y adoptar. Las letras nos ofrecen un camerino privado en el que «probarnos» las palabras de otros para ver si nos quedan bien, como hice yo al repetir lo que decían los miembros de The Time.

Las identidades que nos construimos se reflejan en las cosas que nos gustan y coleccionamos; tanto es así que cuando pegamos un cambio drástico en lo que comemos, los hobbies que disfrutamos o la música que nos engancha, la gente que nos conoce entiende que se ha dado un cambio importante en nuestra identidad. Investigaciones empíricas han demostrado que nuestra concepción de la identidad personal está vinculada a nuestras preferencias musicales. A los participantes de un estudio reciente se les presentaron algunas viñetas según las cuales debían imaginar cambios drásticos en su barrio, profesión, credo o preferencias estéticas, como, por ejemplo, imaginar que tras una vida de escuchar música clásica, de repente se pasaban de lleno al pop. Debían responder a las preguntas «¿Seguiría siendo la misma persona?» y «¿Hasta qué punto crees que un cambio tan dramático [...] influiría en la relación con tus amistades?». Los resultados mostraron que cuanto mayor fuera la diferencia entre géneros musicales (por ejemplo, pasar de escuchar solo punk a no querer nada más que góspel), mayor se sentía el cambio en la identidad personal.

Las subculturas *deadhead* (los fans acérrimos de Grateful Dead, que los seguían en sus giras como si fuera un modo de vida), ravera o gótica son en gran medida conceptuales: su particular forma de vestir, junto con su música característica, evidencia los sistemas de valores que sus fans comparten. El periodista John Schwartz ya expresó esta perspectiva en un artículo de 2004 para el *New York Times* titulado «To Know Me, Know My iPod» ('Para conocerme, explora mi iPod'). La primera frase de esta pieza sobre las nuevas modas tecnológicas dice así: «Sin saber muy bien cómo, acabé metido en la cabeza de Ken». Ken le había vendido su iPod a John sin molestarse en borrar la biblioteca musical que contenía. John escribió que escuchar las listas de Ken era casi como espiarlo, de lo íntimo que se le hacía. Nos cuenta: «Fuera de su iPod, Ken es agradable pero reservado. Pero su selección musical revela un desenfreno que jamás había asociado con él [...]. Lo conozco mejor y me gusta lo que he descubierto».

Las letras son, dentro de las siete dimensiones que conforman tu perfil de oyente, la vía de acceso más directa y sofisticada a la identidad. Puede que al escuchar un nuevo disco nos encandilen un determinado ritmo o un diseño sonoro innovador, pero si las letras expresan ideas o valores que nos repelen, puede que acabemos rechazando también el disco o, al menos, escondiéndolo bajo la cama. Hace poco mantuve una charla informal con un joven periodista, en la que ambos comentamos lo mucho que nos gusta el disco que Solange sacó en 2016, *A Seat at the Table*. «Aunque nunca lo pondría si estoy con amigos», confesó él. Le pregunté por qué no. «Los tíos no escuchan discos de mujeres cuando están con otros tíos —explicó—. No se hace y punto.» Tuve que contener una sonrisa, imaginando cómo sería responderle: «Claro, te entiendo. ¿Qué pensarían las chicas si se enteran de que me gusta el nuevo disco de John Legend? ¡Me moriría!».

Soy consciente de que las creencias de un solo hombre no representan la actitud de todos los oyentes varones. Aun así, reconozco que su opinión esconde una pizca de verdad. Se suele asumir que las letras de la música que nos gusta representan aquello que somos y, para la mayoría de los amantes de las palabras, es así. Las letras de las canciones tienen propiedades especiales, ausentes en la prosa, que las hacen más aptas que la literatura para propiciar un cambio de identidad. Por su estructura libre, las letras de las canciones se parecen más a un monólogo interior o a «pensar en voz alta». En ellas, la narradora suele alternar entre hablar consigo misma ('Necesito un hombre dispuesto a arriesgarse') y dirigirse a otra persona ('¿No quieres bailar?').*

De este modo, las letras pop se asemejan al lenguaje espontáneo de los niños pequeños, que aún no han llegado a la etapa de desarrollo en la que aprenden a guardarse los pensamientos para sí mismos. Como escribe el educador Tim Murphey: «Podría incluso decirse que la música y las canciones solo tienen un significado concreto para los críticos; para el resto, simplemente evocan múltiples sentidos difusos». Esta idea remite a la creencia de Salman Rushdie de que no hace falta entender «be-bop-a-lula» literalmente siempre y cuando sientas lo que significa. Las letras de las canciones habitan un espacio emocional de nuestra mente donde, por suerte, la racionalidad, la concreción y la lógica no están ni tampoco se las espera.

Murphey señala que si estás en una calle concurrida y oyes a alguien gritar «¡Eh, tú!», te darás la vuelta instintivamente, aunque por lo general sea para descubrir que llamaban a otra persona. Cuando escuchas la letra de una canción, sin embargo, jamás dudas de que la palabra *tú* se refiere a ti. Tu mente te coloca de inmediato en el lugar del «yo» o el «tú» de la canción, aunque no siempre sea lo que más te apetece.

Un joven batería con el que trabajé a mediados de los noventa estaba pasando por una terrible ruptura amorosa. Una mañana, entró en el estudio al grito de «¡¿Por qué todo el mundo canta canciones sobre mí?!». Poner la radio y encontrarse con baladas tan intensas como «Kiss from a Rose», de Seal, o «You Are Not Alone», de Michael Jackson, era demasiado para él en un momento tan doloroso.

Los compositores dotados aprovechan esa capacidad de las letras para recrear la experiencia del diálogo interno. Mur-

* Son citas de la conocidísima canción «I Wanna Dance With Somebody» de Whitney Houston: «I need a man who'll take a chance» y «Don't you wanna dance?», respectivamente.

phey también señala que a menudo los letristas del pop evitan nombrar fechas, lugares y personas, por lo que es más fácil para los oyentes interpretar las palabras según su propia historia personal. Las letras de las canciones actuales no suelen narrar hechos concretos, sino que describen emociones o circunstancias del momento presente. Del mismo modo que un buen estafador mete suficientes detalles en su mentira como para que esta resulte creíble, los letristas emplean los detalles justos para que sientas que el universo ficticio de la canción es auténtico.

«This Is What Makes Us Girls» de Lana Del Rey causa ese efecto en mí. Las vívidas imágenes que Del Rey siembra con versos acerca de ser una adolescente «bailando sobre la mesa del antro local», su mejor amiga con «el rímel corrido en sus ojitos de Bambi», los chicos que «silban "fiu, fiu"» y beber «cerveza barata» me permiten imaginar cosas que no he hecho en persona, pero que, al haber sido adolescente, conozco muy bien. Aprecio la canción casi tanto como un recuerdo real porque Del Rey me permite verla y sentirla.

Los letristas con talento saben que la imaginación de los oyentes trabaja en conjunto con la interpretación literal que hacen de la canción. Incluso mientras procesamos las palabras, nuestras mentes generan imágenes, recuerdos y emociones. Cuando escucho «This Is What Makes Us Girls», veo cómo el neón de una licorería nocturna se refleja en el asfalto mojado, así como un parapeto a orillas de un río poco profundo. Oigo cómo los chavales ríen, corren y gritan, y siento que la brisa veraniega huele a cigarrillos, perfume, insecticida y marihuana. Nada de eso aparece en la canción, pero la letra de Del Rey contribuye a que mi imaginación rellene los huecos y, durante cuatro minutos, habite ese mundo.

Los letristas emplean este tipo de ambigüedad a propósito para ofrecer una experiencia más atractiva, que anime a los oyentes a inventar su propia historia a partir de los vacíos. Como ocurría con el arte abstracto en el capítulo sobre realismo, la ambigüedad nos permite explorar diversas posibilidades a la hora de buscar significados. Es muy satisfactorio pensar que has entendido de qué va una canción, igual que cuando identificas un patrón en una pintura abstracta. Y eso te hace sentir parte de una comunidad que «lo pilla».

«American Pie», publicada por Don McLean en 1971, es una pieza acústica de ocho minutos y medio que ocupó el quinto puesto en la lista de las «365 mejores canciones del siglo xx», confeccionada por la Asociación de la Industria Discográfica de Estados Unidos. La canción es famosa por su enigmática letra, con versos como:

> When the jester sang for the king and queen
> In a coat he borrowed from James Dean.

> Cuando el bufón cantó para el rey y la reina,
> con un abrigo que le prestó James Dean en persona.

McLean no fue el primero en escribir canciones con forma de poemas narrativos —Bob Dylan llevaba años haciéndolo—, pero «American Pie» cautivó a un mayor número de oyentes y se convirtió en un «himno generacional» del que muchos se aprendieron de memoria cada verso. La original letra era lo bastante críptica y sincera como para dar la impresión de que expresaba la causa fundamental de todas las disputas políticas y sociales. Incluso hoy existen webs donde los fans analizan el supuesto simbolismo tras cada metáfora. Durante cuatro décadas, McLean se negó rotundamente a explicar cuál era el sentido original de la letra. Cuando le preguntaban qué significado tenían aquellos versos, a menudo replicaba: «Significan que no tendré que volver a trabajar nunca».

Luego, en 2015, al subastarse el manuscrito original con la letra de «American Pie», McLean reveló en una nota impresa en el catálogo de Christie's que los inescrutables versos no son un mero «juego de adivinanzas». En una entrevista para el mismo catálogo de subastas lo explicaba así: «Básicamente, en "American Pie" las cosas van de mal en peor. Todo se va volviendo menos idílico. No sé si eso os parecerá bueno o malo, pero en cierto sentido se trata de una canción moralista». Seguramente fue buena idea que McLean se pasara todos esos años sin soltar prenda sobre el significado de la letra, porque su explicación resulta bastante menos interesante que muchas de las interpretaciones de los fans.

Yo misma me enfrenté al poder de la ambigüedad lírica cuando, hace años, tuve la suerte de trabajar para la cantautora Edie Brickell, que era (y sigue siendo) la mujer de Paul Simon. Una de las canciones más famosas y longevas de Simon, «Me and Julio Down by the Schoolyard», describe cómo «Mama Pajama [...] corrió a comisaría» tras «vernos a Julio y a mí en el patio de la escuela» haciendo algo «prohibido por la ley». Cuando le conté a mi mánager de entonces que iba a trabajar con Edie, lo primero que soltó fue: «¡Ay, por favor, dile que le pregunte a Paul qué hacía con Julio en el patio de la escuela!». A sabiendas de que las canciones no deben tomarse al pie de la letra, nunca se lo pregunté. Algunas letras plantean preguntas inquietantes, y los grandes autores como Paul Simon saben que no todas deben recibir respuesta.

# 4

Las letras nos introducen en el mundo de quien las escribe: en su sistema de valores y puntos de vista. Y cuando nos reconocemos repetidamente en ellas, podemos llegar a sentir que conocemos al autor. Pero lo cierto es que los compositores de canciones tienen su propia identidad, sus aspiraciones y miedos privados que jamás comparten con los oyentes. A menudo escriben letras que son pura ficción.

La mayoría de veces, los oyentes no tienen forma de saber hasta qué punto la letra de una canción refleja las experiencias vividas por el autor. Los letristas no siempre quieren contar qué fue lo que inspiró un tema o un verso ingenioso. Cuando se trata de artistas fallecidos, siempre se pide a productores y compañeros de grupo que «saquen los trapos sucios» y revelen para quién estaba dedicada tal o cual canción. Por lo general, la respuesta sincera es que no existía una única musa. Un encuentro amoroso, una ruptura, una epifanía, una decepción, una corazonada... cualquier cosa sirve como punto de partida para una letra. Pero, en cuanto empieza el proceso de escritura, la imaginación suele tomar las riendas.

A menudo, los productores prefieren la fantasía antes que las sinceras pero aburridas «entradas de diario» que suelen escribir los letristas novatos. Es más probable que una mezcla de realidad y ficción refleje las experiencias personales del oyente. Como vimos en el capítulo sobre la autenticidad, se puede recurrir a esta última para establecer una conexión con los oyentes, pero eso no implica que cada palabra que empleemos para establecer ese vínculo deba ser cierta. Un día, mi hermano pequeño, John, me confesó lo mucho que le gustaba una canción de desamor que yo había coproducido: «Call and Answer», incluida en el disco *Stunt* de Barenaked Ladies. Me sorprendió un poco porque, para envidia de más de uno, John lleva décadas casado con el amor de su vida y, sin embargo, se identificaba mucho con la letra. De ahí que me emocionara cuando dijo: «Nunca he roto con nadie, pero si lo hiciera, esa es la canción que querría cantar».

Para un letrista, que el oyente viva una experiencia imaginaria como si fuera real es el mejor resultado posible, así que le conté la reacción de mi hermano a Steven Page, que había coescrito la canción con Stephen Duffy. En su rostro se dibujó una amplia sonrisa de regocijo, pero también parecía un poco avergonzado. La canción era pura ficción. Duffy y él se lo habían inventado todo.

Al final de una larga jornada de grabación en Sunset Sound, en Los Ángeles, presencié otro ejemplo de disparidad entre la verdadera identidad de un artista y la que expresa en sus letras. Andaba recogiendo las cintas y el equipo de Prince para mandarlos a casa. Un joven empleado me echaba un cable mientras hacía preguntas sobre Prince, al que nunca había conocido. Las respondí todas y luego quise saber quién era su artista favorito. Bruce Springsteen, me dijo. Le pregunté por qué, esperando oír algo sobre lo bien que componía el Boss.

—Bueno —repuso—, me da la sensación de que si conociera a Bruce, le caería bien. Se sentaría a tomar una birra conmigo. Pero con Prince siento que me quitaría la novia.

Teniendo en cuenta las letras de Prince, aquella suposición era comprensible, pero en absoluto cierta.

Muchas canciones de Prince van directas al grano: «Quiero ser el único que te haga perder el control», «Tienes un culo increíble» y «Déjame tocar tu cuerpo, *baby*, déjame meter mano». Estos versos son más directos que los de Springsteen cuando dice «Me mata el deseo» o «Estoy a tu disposición | aunque solo sea para bailar en la oscuridad», pese a que el subtexto es el mismo.* En realidad, Prince era muy íntegro en cuanto a sus relaciones personales y me ponía un poco triste cuando los oyentes se formaban impresiones que no cuadraban con el hombre que yo conocía.

---

* Las canciones que se citan son «I Wanna Be Your Lover», «Wonderful Ass» y «Feel U Up» de Prince y «I'm on fire» y «Dancing In The Dark» de Bruce Springsteen.

Cuando abrazas la identidad lírica de un compositor, la tuya propia parece expandirse o transformarse. La música soul me mostró el aislamiento provocado por el racismo y, en ocasiones, me llevó a compartir opinión con alguien cuyas experiencias vitales eran muy distintas a las mías. El día que llegué a casa con el disco *Fear of a Black Planet* de Public Enemy, me puse el tema «Fight the Power» a todo volumen y lo escuché cautivada, con gran atención. Los arreglos, el diseño sonoro, las interpretaciones y la producción eran innovadores y electrizantes. Nunca había oído nada parecido. Pero cuando sonaron los siguientes versos, me levanté de golpe y, con el puño en alto, grité «¡VAMOS!» en mitad de la sala vacía:

You see straight up racist the sucker was, simple and plain
Muthafuck him and John Wayne.

¿Ves?, el cabrón era un racista integral,
que le jodan, y a John Wayne igual.

Hasta entonces, solo había oído criticar a John Wayne una vez. Para la generación anterior, era todo un icono cinematográfico, una especie de héroe norteamericano. A los chavales de los años cuarenta y cincuenta Wayne se les presentaba como un símbolo de masculinidad estadounidense, aunque en sus películas aparecía a menudo matando a indígenas americanos. Resulta que no era la única que se preguntaba si John Wayne merecía su estatus de héroe. Al escuchar «Fight the Power» y la obra lírica de Chuck D en general, sentí afinidad con él, un hombre cuyos orígenes culturales no tenían casi nada que ver con los míos, pero con el que sí compartía muchas de sus conclusiones.

A veces, los artistas se inventan de manera explícita una personalidad ficticia, un personaje que exprese ideas y sentimientos propios de un yo alternativo. A los fans suelen gustarles mucho esto, sobre todo cuando estos personajes tienen un look característico, como Kiss, la banda de glam rock de los setenta, o el Dr. Funkenstein de George Clinton. El alter ego de Beyoncé, Sasha Fierce, apareció en un disco para que esta pudiera hacer sus pinitos en el electropop, género que no encajaba del todo con la estrella que conocemos. Garth Brooks creó a «Chris Gaines», un tipo con los ojos pintados de negro y el pelo largo, para poder adentrarse en el rock sin dejar atrás a su público country. Nicki Minaj se ha inventado un montón de alter egos, pero el favorito entre sus seguidores es Roman Zolanski, un gay londinense. Los Ramones, que no eran familia, adoptaron una única identidad, personificada en cuatro cuerpos: Joey Ramone, Dee Dee Ramone, Johnny Ramone y Tommy Ramone.

Más recientemente, Elizabeth Woolridge Grant creó el personaje de Lana Del Rey para poder expresar sin tapujos los temas que le interesan. Una de las primeras veces que se presentó en público como «Lana Del Rey» fue en una actuación del programa *Saturday Night Live*. Algunos espectadores se burlaron de ella en redes sociales con calificativos que iban desde «insegura» en sus gestos hasta «trastornada». Yo no lo vi así para nada. A mí me pareció que estaba aprendiéndose el personaje de Lana, que aún no estaba del todo integrado con Elizabeth, la artista. Su actuación recordaba a los primeros años de David Jones, cuando el personaje de «David Bowie» apenas empezaba a tomar forma; a las primeras apariciones de Reginald Dwight como «Elton John» o a Herman Blount practicando a «Sun Ra». Todas estas identidades no tan secretas cobraron vida con el tiempo, gracias a gestos estudiados, vestuario escénico y, sobre todo, las letras que escribían los artistas.

Las letras son la única dimensión musical de nuestro perfil de oyente que genera una conexión bidireccional entre los creadores y el público. La mayoría de los oyentes no pueden o no quieren responder a una canción componiendo una nueva melodía o ritmo. Pero cualquiera puede responder a una artista con palabras. Al igual que los fans conocen a los autores mediante sus letras, los músicos pueden conocer a sus fans a través de sus cartas, sus comentarios en internet o sus conversaciones. Los compositores saben que lo que muestran al mundo no es más que un pedazo de sí mismos, una versión incompleta y a menudo distorsionada de sus creencias, pensamientos, intereses y sueños. Necesitan empatía y un poco de sabiduría para entender que es ese «pedazo» lo que sus seguidores esperan encontrar al conocerlos.

Hace años, mi amigo el escultor Tim Bruckner tuvo la oportunidad única de conocer a su ídolo, John Lennon, y hablar sobre el arte para un proyecto venidero. Tim estaba que se subía por las paredes mientras esperaba en la cocina a que llegara el desayuno, con el portafolio bajo el brazo, tratando de pensar qué le diría al legendario personaje. Una empleada del hogar puso cereales, un bol y algo de leche sobre la mesa, frente a Tim. Lennon entró en la estancia, se sentó, se sirvió los copos de maíz y dejó la caja entre los dos. Tim observaba expectante mientras su ídolo se echaba leche en el bol. Entonces, Lennon alzó la vista y con una leve sonrisa y marcado acento de Liverpool rompió el hielo:

—¡Ah! ¡Sentado sobre un copo de maíz! —dijo citando uno de los versos de «I Am the Walrus».

Tim debió de quedarse boquiabierto, porque Lennon también dejó caer la mandíbula y, acto seguido, hizo el gesto de subírsela con un dedo.

Al citar su propia letra ante el joven invitado, Lennon le transmitía lo siguiente: «Sé lo que ves cuando me miras. Podemos encontrarnos en ese punto».

# 5

Que haya dos mecanismos mentales, uno para las letras y otro para la melodía, permite que el texto carezca de sentido y aun así conecte con los oyentes, como ocurría con «Be-Bop-a-Lula». Los musicólogos distinguen dos tipos de letras sin sentido: las silábicas y las proposicionales. Las silábicas son aquellas compuestas por sonidos que carecen de significado individual: suenan bien y parecen encajar de maravilla, como «be-bop-a-lula». El sinsentido silábico se ha colado en los grandes éxitos populares de todas las décadas: «Ooby Dooby» de Roy Orbison, «Goo goo g'joob» en «I Am the Walrus» de los Beatles, «De Do Do Do De Da Da Da» de The Police, «MMMbop» de Hanson y «Bom Bidi Bom» de Nick Jonas y Nicki Minaj. Para algunos académicos, puede que los sonidos sin sentido signifiquen rebelión o subversión, pero, para los fans de estas canciones, funcionan como una invitación a un club privado.

De vez en cuando, los artistas usan letras sin sentido como relleno hasta escribir textos más apropiados. Encontramos un ejemplo curioso en la banda de rock irlandesa U2. Se conoce que el cantante, Bono, canta en scat durante los ensayos para buscar sílabas que encajen bien con el ritmo y la progresión de acordes. «Lo llamamos "bonolés" —cuenta Andy Barlow, productor británico que participó en el disco *Songs of Experience*—. Básicamente se inventa palabras sobre las vistas o la taza de café que se está tomando, en pura improvisación, y así encontramos lo que suena bien y lo juntamos para que tenga sentido.» A veces, algunas sílabas sin sentido que surgieron como relleno se integran tan bien con los demás elementos que, tras algunos ensayos, no hay motivo para reemplazarlas.

El segundo tipo de letras sin sentido son las proposicionales. En este caso, cada palabra existe y tiene sentido, pero en su conjunto los versos no obedecen a la gramática convencional o hacen referencia a cosas ilógicas o surreales. Al coautor de este libro le encanta «I Before E Except After C», una grabación del grupo de electropop ochentero Yazoo (Yaz en EE.UU.) que incluye a los miembros de la banda (y a la madre del productor) leyendo partes del manual de un equipo de sonido, y sus palabras se reorganizan hasta formar patrones verbales sin sentido. Encontramos un ejemplo más poético de sinsentido proposicional en «Surf's Up», una obra maestra de los Beach Boys que según algunos analistas musicales ya auguraba la enfermedad mental de Brian Wilson, por entonces sin diagnosticar. La grabación me pone la piel de gallina. Pese a las combinaciones de palabras enrevesadas (como 'En torres anidan palomas, era la hora' o 'La joven y habitual primavera diste tú'),* siento que entiendo a qué se refiere. Para mí, «Surf's Up» retrata a un gran compositor que se las ve y se las desea para no perder pie en la vida, y esa vulnerabilidad me resulta profundamente conmovedora.

# 6

Si eres uno de esos oyentes que disfrutan con las letras de las canciones, es muy probable que te reconocieras por primera vez en ellas de joven. La adolescencia y la música van de la mano. Durante esa época dulce y volátil entre la infancia y la vida adulta, que se caracteriza por la constante búsqueda de identidad, encontramos consuelo y deleite en los mensajes verbales que recibimos de la música.

Los adolescentes de hoy cuentan con un catálogo de música enorme —colaborativo, interactivo, que pueden compartir con

---

* En inglés, «Dove nested towers the hour was» y «The young and often spring you gave».

el mundo o disfrutarlo a solas— capaz de ayudarlos a descubrir qué quieren pensar, decir, hacer o ser. Para la mayoría de los chavales, las letras del pop tratan temas y situaciones que no se abordan del todo en la escuela o en casa, como el sexo, las drogas, la depresión, la ansiedad, el rechazo social, el amor y la violencia. Una canción popular puede ser la principal fuente de información sobre temas serios pero confusos para un adolescente. Bruce Springsteen supo capturar esta idea en unos versos de «No Surrender»:

We learned more from a three-minute record, baby,
Than we ever learned in school.

Aprendimos más de una canción de tres minutos, cariño,
que en todos los años de escuela.

Un metaanálisis publicado en la revista *Psychology of Music* informaba sobre los temas que las canciones del top 40 estadounidense trataban entre 1960 y 2010. Ya desde los sesenta, los temas predominantes en las letras pop han sido el amor y las relaciones sexuales, aunque a medida que pasan las décadas, la balanza se ha inclinado hacia más sexo y menos romance. Las descripciones líricas de estilos de vida que incluyen el baile, el uso y abuso de sustancias y el estatus social o la riqueza se multiplicaron rápidamente con el nuevo milenio. Las letras sobre cambios sociales, religión, identidad personal, familia y amigos constituyen un bloque estable: no han aumentado ni disminuido con los años. Las imágenes violentas, sin embargo, crecieron mucho en los años noventa. El rap fue el género donde más aumentaron esas representaciones de violencia (del 27 % al 60 %) entre los años 1979 y 1997. Las letras de finales de los noventa a menudo la presentaban como algo positivo, asociándola a conceptos como fuerza, masculinidad o riqueza.

Pero muchas de las canciones más famosas del mundo tienen letras que captan la ansiedad social y el aislamiento propios de la juventud. Uno de los testimonios por excelencia de esa isla emocional adolescente es el hit de 1963 «In My Room», de los Beach Boys, escrito por Brian Wilson y su amigo Gary Usher cuando Wilson apenas había cumplido los veinte. Al igual que muchas de las primeras canciones de la banda, las letras son tan sencillas que solo una persona joven sería capaz de escribirlas, así como solo alguien joven (o joven de espíritu) podría apreciarlas plenamente.

Wilson fue agorafóbico durante varias épocas de su vida. Aunque la canción se escribió antes de que el trastorno se manifestara, Usher y él canalizaron la profunda sensación de que tu cuarto es un santuario, el único lugar donde puedes ser tú mismo y, a la vez, hallar el coraje para transformarte. Versos como «Ahora ha oscurecido y estoy solo | pero no tendré miedo» son verdades emocionales puras, destiladas, del tipo que expresamos abiertamente cuando somos jóvenes pero reprimimos o desechamos cuando somos adultos.

Steve Perry —cantante y compositor que saltó a la fama con Journey— habló sobre el consuelo que le ofrecía «In My Room» con la revista *Rolling Stone*: «Fue mi himno en plena soledad adolescente. Solo quería que me dejaran tranquilo en mi cuarto, donde podía hallar paz mental y tocar música». Es fácil imaginar a Perry y su compañero de grupo Jonathan Cain inspirándose en la pureza de «In My Room» cuando escribieron su propio himno idealista: «Don't Stop Believin'». Jim Axelrod, de CBS News, escribe lo siguiente sobre la canción: «Puede que empezara como un mero tema de Journey, pero ahora nos pertenece a todos».

# 7

Los científicos han empleado el concepto psicológico de *auto-congruencia* para explicar la preferencia por parte de los oyentes de artistas cuyos rasgos de personalidad (que deducen por las letras o la apariencia) coinciden con los suyos. Un estudio a gran escala publicado en 2020 respalda esta idea. Los datos se añadieron al cúmulo de pruebas que sirven para analizar la música y la identidad social. Según declaran los oyentes, escogen artistas y discos que reflejen y refuercen sus rasgos de personalidad y que aborden sus necesidades psicológicas o sociales.

Pero las necesidades psicológicas cambian a medida que avanza nuestra vida. Muchas de las letras que nos atraían en la adolescencia ya no nos parecerán tan urgentes ni cautivadoras cuando crezcamos. Del mismo modo, una canción que pasamos por alto de jóvenes podría ganar importancia más adelante.

A principios de 2021, el superéxito de Olivia Rodrigo «drivers license» rompió un récord de Spotify al convertirse en la canción con más reproducciones en un solo día no festivo. La melodía es bonita y las voces suenan sinceras, pero por escrito las letras parecen a medio hacer y repetitivas. Sin el peso de la vida y la experiencia para añadirles capas de profundidad, los versos de la canción repiten lo mismo una y otra vez con palabras ligeramente distintas, por lo que reflejan a la perfección la candidez de una relación juvenil.

La mente de los adolescentes es increíblemente sensible a la de sus compañeros. Le dan muchísima más importancia a la aceptación social que los niños o los adultos. En un estudio con neuroimágenes, cuando se pidió a adultos que imaginaran «lo que los demás piensan de ti» y, después, «lo que tú piensas de ti mismo», las imágenes resultantes mostraron actividad en dos regiones distintas del cerebro que solo se solapaba parcialmente. Pero cuando se pidió a adolescentes que imaginaran lo mismo, la actividad de las dos regiones coincidía mucho más. Neurológicamente, lo que los adolescentes piensan de sí mismos es casi idéntico a lo que creen que los demás piensan de ellos. Una buena cognición social se basa en el autoconocimiento y la autoconsciencia, y ambos se construyen durante la adolescencia. Es poco probable que las letras de un superéxito creado por una joven compositora sean analizadas críticamente por otros adolescentes; lo más posible es que se las tomen como referencia y sostén: «Así es como se debe pensar, hablar y actuar».

A medida que dejamos atrás la juventud y nos adentramos en la vida adulta, llegan nuevos retos. Uno de los más importantes es elegir a la pareja adecuada. Las experiencias que hemos ido acumulando nos sirven para reconocer ideas más sofisticadas en las letras de las canciones. «Before He Cheats», de Carrie Underwood, exige un punto de vista más maduro que el de la mayoría de los adolescentes para entender el sentido de versos como «Probablemente esté comprándole un zumito de frutas | porque ella no sabe darle al whisky». Estas palabras insinúan cómo es la cantante (ella sí que sabe darle al whisky) y por qué le reventó «ambos faros con un bate».* Quienes atraviesan una infidelidad a menudo se sienten culpables por todo. Pero si imaginamos a alguien tan adorable como Carrie Underwood pasando por lo mismo, quizá nos sintamos reconfortados al comprender que las infidelidades son un problema humano y no solo personal. Las canciones de desamor adulto, como el clásico de Tammy Wynette «D-I-V-O-R-C-E», gustan más a quienes ya han vivido esa realidad o al menos la ven como algo posible.

* En inglés, los versos dicen «He's probably buyin' her some fruity little drink, | 'Cause she can't shoot whiskey» y «a Louisville slugger to both headlights».

Otro ejemplo de canción romántica que quizá resulte más atractiva para los oyentes de más edad: «Always On My Mind», popularizada por Willie Nelson. La letra expresa las complejidades y los remordimientos que surgen cuando se analiza el amor a lo largo del tiempo. Versos como «Pequeñas cosas que debí haber dicho o hecho | pero nunca les dediqué tiempo» no tienen tanto sentido para los oyentes jóvenes, que prefieren lo explícito antes que lo sutil y que cuentan con un montón de tiempo para corregir sus errores. La letra de esta canción, por tanto, tiene mayor peso para quien ya ha perdido esa oportunidad.

Las letras de las canciones contribuyen a nuestra vida social porque nos traen recuerdos. De hecho, los recuerdos autobiográficos son, según los oyentes, el tipo de visualización más común cuando escuchan su música favorita. Muchas personas disfrutan reviviendo escenas de su pasado y mencionan el deseo de rememorar como el principal motivo para escuchar música.

Cuando recuperamos momentos relevantes de nuestra memoria a largo plazo, activamos la corteza prefrontal medial, un área del cerebro asociada a la cognición social. Los recuerdos autobiográficos pueden provocar un agradable sentimiento de nostalgia, seguido de un alivio de la soledad. Dado que facilita el proceso natural por el que recordamos cosas, escuchar música puede hacernos mucha compañía en momentos de estrés o aislamiento.

Los placeres de la nostalgia también dependen de los cambios en el contexto cultural. Cuando una grabación se presenta al mundo, la oímos en relación con el resto de las canciones populares del momento. Puede que un tema concreto no te dijera nada cuando salió, pero si lo escuchas de nuevo años después, quizá lo que te venga a la cabeza automáticamente sea el sitio y la hora en que lo oíste por primera vez y, por ende, sientas un inesperado afecto por ese recuerdo auditivo de tu pasado. Tu mente es menos crítica con las características musicales concretas de la canción y valora más el escenario en que la escuchaste originalmente.

Dentro de tu perfil de oyente, las letras son la dimensión que más conecta con tu yo interior. Simples expresiones de esfuerzo, como «Running up that hill» ('correr colina arriba'); sobre los orígenes, por ejemplo, «We come from the land of the ice and snow» ('venimos de las tierras de hielo y nieve'), o de sueños, como «I know I can be what I wanna be» ('sé que puedo ser lo que quiera') ponen palabras concretas a sentimientos difusos y afianzan nuestra identidad mediante la poesía. Los textos que expresan nuestros miedos y anhelos secretos son los que más nos impactan. Tanto si te atraen los delirios alucinógenos inspirados por las drogas, las piezas solemnes y grandilocuentes de la ópera, las baladas sensuales o la poesía callejera cruda y realista, las letras con las que más disfrutas reflejan quién eres, qué cosas valoras y, de tanto en tanto, lo que te gustaría ser.

# Piel de gallina

A mucha gente se le pone la piel de gallina cuando escucha música. Se trata de un fenómeno fisiológico cuyo nombre técnico es *piloerección*, una respuesta automática asociada a nuestra capacidad de empatizar. Las mujeres y los músicos tienen más propensión a que se les ponga la piel de gallina al escuchar música que los hombres y las personas que no se dedican a ella.

Esta reacción puede ocurrir cuando algún aspecto de la música —por ejemplo, una armonía inesperada, un crescendo repentino o una nota aguda y desgarradora— suena como un niño o un animal en apuros. Algunos investigadores sostienen que la piel de gallina podría ser la manifestación fisiológica de la experiencia de sentirnos apartados de nuestros seres queridos. Otros la asocian con una «amenaza» auditiva, esto es, con percibir un sonido como una amenaza que se acerca. En cuanto comprendemos que la música que nos ha puesto la piel de gallina no representa ningún peligro, a veces llega el placer. Es parecido a subirse a una atracción de feria: nos proporciona una agradable sensación de «pseudopeligro».

Quienes graban y producen canciones intentan propiciar esta reacción aumentando el volumen y el brillo de algún instrumento o de la voz, pero estas técnicas no funcionan con todos los tipos de música ni con todos los oyentes. Cuando se trata de música y emociones, la variabilidad es la norma.

# CAPÍTULO 6

# RITMO

## Hora de bailar

No escuches la música. Escucha el ritmo.

SAM PHILLIPS, productor discográfico

# I

Sigamos con nuestra sesión de escucha. Es hora de prestar atención a mi dimensión favorita de la música: el ritmo. He escogido el siguiente tema para que te fijes en como tu cuerpo siente el ritmo. No importa si te gusta o no: se trata de descubrir cómo sincronizas tu cuerpo con una canción de manera natural. Mientras escuchas, presta atención a los pulsos del ritmo que resuenen más en ti y acompáñalos golpeando con los dedos. Vamos allá, ponte «Stoned and Starving» de Parquet Courts. Está en cuatro por cuatro (4/4), el compás más común en la música occidental contemporánea. Esto significa que cada unidad estructural de la canción (cada compás de la partitura) contiene cuatro tiempos (en términos técnicos, cuatro negras), así: un-dos-tres-cuatro, un-dos-tres-cuatro. En «Stoned and Starving», los cuatro pulsos de cada compás están marcados por el bombo y la caja de la batería, alternativamente: bombo-caja-bombo-caja, bombo-caja-bombo-caja. La guitarra y el *hi-hat* tocan corcheas (cada una equivale a la mitad de una negra), lo que significa que acompañan al bombo y a la caja, pero también añaden un golpe adicional entre cada pulso: uno-y-dos-y-tres-y-cuatro-y, uno-y-dos-y-tres-y-cuatro-y...

Así pues, ¿qué ritmo has marcado instintivamente con los dedos?

Quizás hayas seguido la caja, con dos golpes por compás, así: uno-DOS-tres-CUATRO, uno-DOS-tres-CUATRO. En ese caso, has sentido el ritmo en los pulsos débiles (también conocidos como tiempos no acentuados). O tal vez sincronizaste tu golpeo con el bombo: UNO-dos-TRES-cuatro, UNO-dos-TRES-cuatro. Si es así, te has centrado en los tiempos fuertes. O igual has dado cuatro golpes por compás, como señalando cada negra: UNO-DOS-TRES-CUATRO, UNO-DOS-TRES-CUATRO. O has seguido al *hi-hat*, marcando el ritmo más rápido que podemos distinguir en la grabación: UNO-Y-DOS-Y-TRES-Y-CUATRO-Y, UNO-Y-DOS-Y-TRES-Y-CUATRO-Y...

Personalmente, me fijo en los tiempos débiles de esta grabación. Al coautor de este libro, en cambio, le sale marcar los tiempos fuertes. La variedad de modos en que los distintos oyentes perciben el ritmo ilustra la lección más importante de este capítulo: tu experiencia del ritmo es prácticamente subjetiva.

Si pides a una docena de personas que tarareen una melodía o citen la letra de una canción conocida, recibirás una docena de respuestas casi idénticas. Pero si le pides a una docena de personas que baile esa canción, verás que no todas interpretan el ritmo de la misma manera. Pese a que el compás y el tempo de una canción son propiedades objetivas que pueden plasmarse con exactitud en una partitura, el ritmo es una propiedad psicológica. A menudo, no hay una respuesta unánime a la pregunta «¿Dónde caen los "verdaderos" tiempos de este ritmo?».

Los teóricos de la música emplean el término *tactus* para referirse al modo particular en que cada persona percibe el ritmo de una canción determinada. Esta palabra comparte raíz con *táctil*: es como si el ritmo te tocara el cuerpo. Todos sentimos que la seda es suave y el esparto áspero, pero no todas las personas experimentan del mismo modo el tacto de texturas más complejas, como la tela vaquera, la pana o el punto. Estas texturas nos parecerán más suaves o más ásperas dependiendo de nuestro particular sentido del tacto (a mí el ante me resulta suave, pero el coautor de este libro insiste en que es un poco áspero). Igualmente, cuando se trata de grabaciones con un ritmo simple y estable, la mayoría de los oyentes estarán de acuerdo; pero, con ritmos más complejos, lo más probable es que cada uno perciba el compás a su manera.

El modo en que te mueves al ritmo de la música es personal y propio; refleja la profunda conexión individual entre la música, tu cuerpo y el «cableado» específico de tu cerebro. Un oyente que marca los tiempos fuertes en «Stoned and Starving» tiene un tactus distinto al de quien sigue los cuatro pulsos de un compás y, a su vez, ambos tendrán un tactus diferente al de alguien que da un golpecito por cada corchea del *hi-hat* (ocho por compás). Esta variedad a la hora de percibir el ritmo queda patente también en los experimentos de laboratorio que estudian la capacidad de las personas para seguir un compás. Cuando se pide a los oyentes que den golpecitos siguiendo el tictac invariable de un metrónomo, el tactus es el mismo para todo el mundo: un golpe por cada tic. El metrónomo nos proporciona un pulso «objetivo» con el que todos estamos de acuerdo. La diferencia entre este y el pulso subjetivo que percibimos en «Stoned and Starving» afecta a la dimensión rítmica de nuestro perfil de oyente, y los productores musicales saben sacarle partido.

En el estudio de grabación, el ritmo se expresa mediante dos tipos de gestos interpretativos: la acentuación —pulsos fuertes vs. pulsos débiles— y la sincronicidad. Los acentos nos ofrecen pistas sobre cómo la música se organiza en compases, de modo que nos permiten contar de forma subliminal y anticipar los cambios en la estructura musical, como ya vimos en el capítulo sobre la novedad. Asimismo, los acentos se usan para sugerir el tipo de baile que más pega con la canción. Es muy probable que tus puntos sensibles respecto al ritmo se vean reflejados precisamente en grabaciones cuya acentuación coincide con tu manera preferida de moverte. Aunque, sin embargo, no toda la música incluye ritmos acentuados. El dance pop, el EDM y el tecno tienen ritmos metronómicos, esto es, fijos y sin acentuar. Aun así, incluso cuando un tema carece de acentos, cada oyente percibe el tactus que su cuerpo le pide.

Que ese tactus nos guste más o menos también dependerá de cómo la banda coordine sus gestos interpretativos en el tiempo, sobre todo en grabaciones realistas donde el cuerpo del batería controla el ritmo. Los baterías que optan por grabar con claqueta (una pista de metrónomo que escuchan para establecer el tempo) se apoyan en una fuente externa para asegurarse de que mantienen bien el tempo de principio a fin. Esto tiene sus ventajas. Permite a los oyentes anticipar con mayor precisión lo que sonará, pues sabemos exactamente dónde va el siguiente pulso, y esto logra que la tensión vaya aumentando poco a poco durante toda la canción en vez de en diferentes secciones de esta. Pero a veces la claqueta también impone limitaciones innecesarias.

Gran parte del placer que nos brinda la música surge de cómo crea y libera tensión, esto es, del tira y afloja entre anticipación y relajación en el que nos hace participar. Estos dos extremos pueden expresarse jugando con el lugar donde caen los golpes así como con su intensidad. Por lo general, los baterías crean tensión aumentando la velocidad a medida que se acerca el final de una sección, y luego nos dan un respiro al reducirla sutilmente cuando empieza la siguiente. La claqueta podría eliminar la elasticidad del ritmo (ese tira y afloja continuado en el tiempo). Pero, aunque el tempo de una canción sea estable, los productores se las apañan para introducir elasticidad pidiéndole al batería que le pegue a la caja un poco después del pulso o que meta el *hi-hat* un pelín antes. El gran batería de sesión Jim Keltner, conocido por su trabajo con Bob Dylan, George

Harrison y Eric Clapton, tiene la asombrosa habilidad de tocar los redobles de tom de un modo en el que jamás creerías que va a llegar a tiempo al inicio de compás y, aun así, siempre lo logra. Ese gesto interpretativo aporta una elasticidad viscosa a ciertas partes del tema. De Charlie Watts, batería de los Rolling Stones, se ha dicho que «toca con movimientos mínimos, a menudo un poco rezagado», lo que produce un «retardo rítmico apenas perceptible pero muy característico». Pequeños detalles como estos son los que hacen que algunas canciones te vengan como anillo al dedo.

## 2

Antes de la llegada de los aplausos digitales, las palmas se grababan a la antigua usanza: reunías a un grupo de personas en torno a un micro y les pedías que dieran palmadas al ritmo de la música. Cuando Prince y su tropa grababan en casa, en Minneapolis, siempre había músicos a mano para grabar palmas. Pero cuando trabajábamos en los estudios Sunset Sound, en Los Ángeles, a veces teníamos que reclutar a los chicos de los recados o a la gente de recepción.

Cuando Prince pedía «palmadas soul», se refería a aplaudir a doble velocidad, es decir, a una palmada por corchea: UNO-Y-DOS-Y-TRES-Y-CUATRO-Y. A menudo las pedía también en los conciertos, en temas funk, para que el público participara (puedes oírlo gritar «¡¿Estáis listos, París?! ¡Palmadas soul!» en el minuto 5:15 de «It's Gonna Be a Beautiful Night», incluida en el disco *Sign o' the Times*). Un día nos tocaba grabar este tipo de palmas en Sunset Sound. Prince, un par de miembros de la banda, el ayudante de sonido y una chica joven que trabajaba en recepción se pusieron los auriculares, rodearon el micrófono y empezaron con las palmadas.

Al principio todo iba bien, pero, a medida que la canción avanzaba, las palmadas de la recepcionista se fueron desviando del ritmo cada vez más. Perpleja, detuve la cinta, rebobiné y comenzamos de nuevo. Una vez más, la chica empezó bien, pero a medida que avanzaba la canción, sus palmadas iban perdiendo el compás. Prince me hizo señas para que parara. Sin inmutarse, miró a la mujer, alzó el brazo y le señaló la puerta. Aquel fue mi primer encuentro con la sordera rítmica.

Del mismo modo que hay personas incapaces de entonar una melodía (sordera tonal), también las hay patosas, incapaces de seguir un ritmo. Las personas con sordera rítmica son una mina para los neurocientíficos. Todo mecánico sabe que una de las mejores formas de aprender cómo funcionan los coches es estudiar a aquellos que no lo hacen. Y una manera de entender cómo funciona la percepción del ritmo es fijándonos en la gente a la que no le sale bien, en aquellos que, por mucho que lo intenten, son incapaces de bailar al compás de la música.

Un grupito de investigadores expertos en cognición musical, liderado por las psicólogas Jessica Phillips-Silver e Isabelle Peretz, llevó a cabo una serie de experimentos sobre sordera rítmica en 2011. Las investigadoras pusieron un anuncio donde pedían voluntarios que no supieran seguir el ritmo de la música. Para su desgracia, la mayoría de quienes respondieron no eran del todo ajenos al ritmo. Aunque creyeran que carecían de él, cuando los pusieron a prueba en el laboratorio, resultó que tenían al menos un mínimo de tactus. Al escuchar una canción, todos los voluntarios podían captar alguno de los ritmos que percibían y seguirlo. Por suerte para las investigadoras, hubo una excepción: un estudiante de veintitrés años llamado Mathieu.

A Mathieu le encantaba la música. Incluso había recibido clases de música y danza. No obstante, confesó que encontrar el ritmo siempre le había costado horrores. El tono y las melodías nunca le habían supuesto un problema. Mathieu superó con facilidad las seis pruebas de la Montreal Battery of Evaluation of Amusia (MBEA), una herramienta ampliamente utilizada para evaluar la sordera tonal.[1] La mayoría de estas pruebas presentan dos melodías y le piden al oyente que responda si son iguales o no. Sin embargo, la MBEA contenía otra prueba que a Mathieu le parecía irresoluble, pese a que la mayoría de oyentes con amusia la superaban sin dificultad. Consistía en escuchar breves piezas de piano e identificar si se trataba de marchas (UNO-dos, UNO-dos...) o valses (UNO-dos-tres, UNO-dos-tres...).

Tras acabar la MBEA, se testó la habilidad de Mathieu y otros treinta y tres voluntarios para moverse al ritmo de tres estímulos diferentes: un metrónomo, un bailarín en directo y una canción de merengue. Mathieu la clavó a la hora de sincronizarse con el metrónomo; no le costaba nada seguir el tic-tac regular del aparato. Tampoco tuvo problemas al sincronizar sus movimientos con los del bailarín, que percibía visualmente. Pero todo se fue al traste cuando le pusieron «Suavemente», un merengue del ganador de un Grammy Elvis Crespo, que las investigadoras de Montreal habían escogido por su marcado ritmo binario (compás de 2/4, es decir, con dos pulsos por compás).

En sus intentos por dar con el ritmo, Mathieu tendía a moverse entre los pulsos más que siguiendo el compás. Cuando las investigadoras trajeron de vuelta al bailarín para que danzara con la canción, Mathieu recuperó la capacidad de seguir el ritmo. Pero en cuanto el bailarín paraba y dejaba a Mathieu a merced de sus oídos, la cosa volvía a desmadrarse. A pesar de escuchar música muy rítmica, Mathieu no podía percibir un tactus.

También pusieron a prueba su habilidad para sincronizarse con otros tipos de música, incluidos el swing, el tecno, la percusión egipcia, la world music, el dance pop, el rock dance y el lounge dance. Se las apañó bastante bien con el dance pop y el tecno —dos géneros en los que priman los ritmos metronómicos hechos por ordenador—, pero no pudo mantener el compás en ninguno de los otros géneros.

Los casos de sordera rítmica son especialmente raros porque pocos comportamientos hay tan naturales para los seres humanos como seguir un ritmo. Los bebés de cinco meses ya se mueven espontáneamente con la música rítmica, aunque carecen de las habilidades motrices para marcar el compás. La mayoría de los niños pequeños no pueden evitar dar pisotones y palmadas cuando escuchan música, pero hasta alrededor de los cuatro años sus cuerpos no adquieren la coordinación necesaria para sincronizarse con un ritmo. Esto sugiere que los *Homo sapiens* nacemos con la infraestructura neuronal capaz de extraer un ritmo subjetivo a partir de estímulos que se producen a intervalos regulares, aunque a nuestro sistema motriz le cueste unos pocos años ponerse al nivel de la capacidad perceptiva del cerebro.

Cuando llegamos a la edad adulta, la mayoría somos más que competentes a la hora de percibir ritmos. Incluso podemos convertir estructuras musicales complejas con múltiples capas rítmicas (a las cuales el biólogo y científico cognitivo Tecumseh Fitch llama «árboles temporales») en un ritmo bailable. Por ejemplo, prueba a escuchar con atención los primeros compases de «Get Ur Freak On», un pegadizo hit que Missy Elliott sacó en 2001. Notarás que hay tres tipos distintos de percusión rítmica. La más destacada es el imitadísimo tumbi, un instrumento de una sola cuerda procedente de la India que, desde que el productor Timbaland lo popularizó en Occidente justo con esta canción, cada verano suena a todo volumen en los coches. Luego está el bombo digital grave de la clásica caja de ritmos Roland TR-808, que toca tanto los tiempos fuertes como los débiles. Por último, están las tablas (tambores indios), que marcan una serie de corcheas, semicorcheas y fusas. En total, nunca hay menos de treinta y cuatro golpes de percusión por compás. Se trata de una auténtica locura si lo comparamos con la simpleza del patrón rítmico *four-on-the-floor* (en el que el bombo toca cada negra, como en casi toda la música de baile electrónica). La popularidad internacional de «Get Ur Freak On» demuestra que los seres humanos tenemos facilidad para extraer un ritmo de semejante torbellino de percusión y bailarlo tranquilamente.

La mayoría de los humanos, claro. ¿Cómo explicar la falta de ritmo de Mathieu? ¿Por qué era capaz de seguir el compás con un metrónomo, pero se liaba con los ritmos acentuados de un merengue? La respuesta a este enigma llegó de un lugar muy inusual.

## 3

«El ser humano es la única especie capaz de sincronizarse espontáneamente con el ritmo de la música», escribió Aniruddh Patel, reconocido investigador en el ámbito de la cognición musical, en su libro de 2007 *Music, Language, and the Brain* ('Música, lenguaje y el cerebro'). Esta afirmación no generó ni la más mínima controversia. Por aquel entonces se creía que la capacidad de extraer ritmo de un patrón acústico complejo (como el de «Get Ur Freak On») exigía unos circuitos neuronales tan sofisticados que solo el cerebro del *Homo sapiens* podía hacerlo.

En la década previa a la afirmación de Patel en 2007, las teorías sobre la percepción rítmica no solían distinguir entre *entrainment* (sincronización con un tictac metronómico externo) y percepción del pulso (moverse al compás de un ritmo acentuado). Se pensaba que ambas capacidades mentales correspondían a un circuito neuronal encargado de medir el tiempo, que permanecía a la escucha de estímulos repetidos con regularidad. En esencia, los científicos creían que el reloj interno de nuestro cerebro, un sistema neuronal muy estudiado que se sincroniza con los ciclos fisiológicos diarios (como el ciclo sueño-vigilia), también lo hacía con los ritmos presentes en la música. Según la opinión generalizada, algunos animales podían ajustarse a un metrónomo (*entrainment*), pero solo los seres humanos tenían la capacidad de percibir un pulso en la música y seguirlo, como ocurre al escuchar «Get Ur Freak On».

Todo cambió cuando Patel vio a Snowball.

Sus estudiantes de posgrado le mostraron una serie de vídeos de YouTube protagonizados por una cacatúa de moño amarillo que medía poco más de treinta centímetros. Snowball no se limitaba a bailar sin más. Lo daba todo al ritmo de la música, como un breakdancer con cresta luciéndose en una competición callejera. En el primer vídeo vemos a Snowball apostado como un señor en el respaldo de una butaca, en su modesto hogar residencial. Suena «Everybody (Backstreet's Back)» de los Backstreet Boys. Cuando la batería desaparece durante un compás o dos (lo que se conoce como *breakdown*), Snowball deja de moverse... pero retoma el baile en cuanto el ritmo se reactiva. Al igual que las personas en la pista de baile, Snowball cambia de pasos con frecuencia: se balancea hacia la derecha, después hacia la izquierda y luego se suelta del todo con las partes más ruidosas de la música.

Pronto llegaron más vídeos con otras canciones bailables: Queen, Michael Jackson y hasta polkas alemanas. Snowball se movía al ritmo de todas ellas. Madison Avenue, meca de la publicidad, no tardó en llamar. La cacatúa protagonizó un anuncio de Taco Bell, donde hacía todo lo posible por sincronizarse con «Escape (The Piña Colada Song)», de Rupert Holmes, que no tiene un ritmo tan acentuado. Sy Montgomery, naturalista y autora superventas, narró la historia de Snowball en un libro infantil. Así, la pequeña cacatúa se convirtió enseguida en la bailarina no humana más célebre del mundo.

Antes de que aparecieran los vídeos de Snowball, los científicos eran conscientes de que algunos animales podían imitar los movimientos humanos, de modo que si alguien movía la cabeza al ritmo de la música, por ejemplo, una foca o un elefante podía seguirlo. Pero la idea de que un animal diera espontáneamente con su propio tactus y escogiera pasos de baile según lo que la música le pedía era, para Patel, tan ridícula como «un perro leyendo el periódico en voz alta». Por tanto, Patel examinó los vídeos de Snowball con el máximo escepticismo científico posible.

La cuidadora de Snowball se llamaba Irena Schulz y dirigía el refugio de aves Bird Lovers Only en Dyer, Indiana. Patel era consciente de que Schulz podría estar haciéndole señas a la cacatúa fuera de plano. O quizá Snowball imitaba a algún bailarín humano que los espectadores no veían. O puede que Schulz hubiera entrenado concienzudamente al pájaro para que aprendiera una coreografía a cambio de premios. A fin de conocer la verdad, Patel contactó con la cuidadora, quien lo invitó a visitar el refugio para que pudiera estudiar el comportamiento de Snowball en primera persona.

Schulz le contó a Patel la historia de cómo el anterior cuidador de Snowball tuvo que entregar el ave «adolescente» al refugio. Justo antes de irse, el chico mencionó de pasada que a la pequeña cacatúa le encantaba bailar. La primera vez que Schulz y su marido vieron a Snowball dando vueltas al son de la música, lo grabaron y lo subieron a internet. Tal y como Patel pronto descubriría, el pájaro no había recibido entrenamiento alguno. Si le llegaba el sonido de un tema bailable, Snowball no podía evitar moverse según su propia concepción del ritmo. Tampoco recibía chucherías ni cualquier tipo de recompensa humana por sus actuaciones. Su entusiasmo era totalmente espontáneo. Al parecer, el sonido del bajo y la batería lo impulsaban a bailar por el mismo motivo que a nosotros: porque nos hace sentir bien.

En un único vídeo, Snowball acabó con la idea de que el tactus era solo cosa de seres humanos. Además, su caso resultó ser aún más extraordinario de lo que los investigadores pensaban. La cacatúa había desarrollado un repertorio de nada menos que catorce pasos de baile distintos. Entre rebotes, golpeteos con el pie, pasitos a los lados, un elegante estiramiento de pata hacia abajo y una pose que impresionaría a cualquier lector de *Vogue*, Snowball ejecuta movimientos que encajan con el ritmo que escucha. Hay muchas personas que no alcanzan semejante ingenio coreográfico.

Hay dos características que llamaron especialmente la atención de Patel, por su relevancia científica. La primera es que cada vez que la música se aceleraba o bajaba de velocidad,[2] Snowball ajustaba sus movimientos para no perder el compás. Esta es una prueba típica de sincronización, porque quien baila debe fijarse en el tiempo que transcurre entre cada pulso y anticipar cuándo le toca hacer el siguiente movimiento para que coincida con la percusión. Aún más impresionante es que Snowball podía mantenerse sincronizado incluso cuando los golpes desaparecían por completo. A fin de no perder el compás durante las pausas rítmicas o *breakdowns*, los bailarines deben oírlo en su cabeza para poder seguirlo correctamente cuando la batería vuelva a entrar. Así, Snowball se convirtió en el primer no *sapiens* que dio muestras inequívocas de percepción del pulso.

El *entrainment* es una habilidad pasiva. Todo lo que requiere es que nos movamos en sincronía con una señal simple y regular, ya sea un grifo que gotea, el intermitente de un coche o el tictac de un reloj. Cuando el pulso se detiene, también lo hace el *entrainment* y, por tanto, los movimientos del oyente. La percepción del pulso es una habilidad activa. Exige que nuestra mente genere su propio tactus a partir de un patrón auditivo complejo y ambiguo, así como mantener ese ritmo «mental» cuando los pulsos quedan silenciados durante las pausas rítmicas. Snowball maneja esos *breakdowns* sin inmutarse, tal y como se puede ver en el minuto 0:32 del vídeo en que baila «Everybody (Backstreet's Back)». Continúa meneándose al compás dentro de su cabeza, y sus movimientos siguen perfectamente sincronizados cuando acaba el silencio y la batería vuelve de repente.

Snowball, con sus ingeniosos pasos de baile, dio una lección de humildad a los científicos y nos dejó bien claro que no somos tan especiales. Todo lo que podemos decir ahora es que los seres humanos somos el único primate capaz de percibir el pulso. Aunque pueda parecer sorprendente, los simios son incapaces de seguir un ritmo. Hay registro de un chimpancé y un bonobo con capacidad de *entrainment*, pero solo se sincronizaban a un único tempo que les resultaba cómodo. Hasta ahora, ningún chimpancé ha logrado lo que Snowball y un león marino de California llamado Ronan pueden hacer: marcar el ritmo sin perderse, incluso con patrones complejos a distintos tempos (incluidos los cambiantes), y mantener el compás durante las pausas.

## 4

Entonces, ¿qué nos dicen los pasos prohibidos de un pajarillo sobre la sordera rítmica de Mathieu? Patel y su colaborador, John Iversen, se basaron en la destreza rítmica de Snowball para formular una influyente teoría sobre la percepción del pulso, conocida como ASAP (siglas de *action simulation for auditory prediction*, algo así como 'simulación de la acción para la predicción auditiva'). Esta hipótesis sugiere que nuestra percepción subjetiva del ritmo, es decir, nuestra experiencia personal del tactus, no se debe a que reutilicemos el reloj interno de nuestro cerebro. En lugar de eso, el tactus depende de un circuito neuronal específico que conecta el sistema auditivo con el sistema motor. Pero ¿por qué existe ese circuito? ¿Es que los cerebros de los humanos y las cacatúas desarrollaron circuitos especiales para baile en línea, al ritmo del hip-hop o de la polka? Patel e Iversen nos ofrecen una posible pista: el hecho de que tanto el sistema auditivo como el sistema motor contribuyen a la comunicación social, que incluye el lenguaje corporal, el habla y el canto.

En los humanos, una gruesa vía neuronal conecta el sistema auditivo con la corteza premotora, el sistema cerebral que incita nuestros movimientos, incluidos los de los labios, la lengua y la laringe cuando vocalizamos. Una segunda vía bidireccional une la corteza auditiva con el lóbulo parietal inferior, una zona que nos ayuda a responder a la pregunta «¿qué significa este sonido para mí?» y a activar los músculos para reaccionar rápidamente ante posibles amenazas. En otros primates, estas vías de doble sentido están mucho menos desarrolladas.

La teoría ASAP sostiene que el impulso de moverte siguiendo un ritmo surge cada vez que escuchas una secuencia de sonidos espaciados de forma regular. Primero, la corteza auditiva informa a la corteza premotora de que escucha un pulso. Luego, la corteza premotora ordena a la corteza motora que dé golpecitos con los dedos o mueva la cabeza siguiéndolo. A medida que te vas moviendo rítmicamente, la corteza auditiva intercambia información con un área del lóbulo parietal que predice cuándo sonará el siguiente pulso. Una vez que el lóbulo parietal predice el compás, la atención que el sistema auditivo presta al ritmo es mayor. Entonces, la corteza auditiva evalúa si tus golpecitos están sincronizados con cada pulso. Si lo están, ¡enhorabuena, tienes ritmo! Si no lo están, la corteza auditiva identifica el desfase y avisa a la corteza motora para que, a fin de ajustarse al ritmo percibido, acelere los movimientos del cuerpo o los ralentice.

En los humanos —y en Snowball, por lo visto— este circuito recíproco de actividad neuronal entre la corteza auditiva y la corteza motora pone en marcha los circuitos de recompensa cuando los movimientos del cuerpo están en sincronía con el ritmo. Quienes bailan sienten un subidón cuando la percepción del pulso sale bien.

Así, según la teoría ASAP, mientras percibe el ritmo, tu cerebro construye un tactus a partir de una sofisticada evaluación del patrón percibido, en lugar de hacer coincidir un pulso o reloj interno con un pulso musical externo. Del mismo modo que la parte visual del cerebro construye una representación en tres dimensiones a partir de los patrones bidimensionales que recibe tu retina, tu sistema auditivo crea un tactus complejo y personal partiendo de los patrones auditivos que llegan a los tímpanos.

La teoría ASAP hace varias conjeturas. En primer lugar, imaginar un ritmo debería bastar para que el sistema auditivo de una persona se activara y produjera pulsos neuronales a intervalos fijos. Y así ocurre. Los participantes en un escáner cerebral permanecían quietos mientras escuchaban una secuencia repetitiva de dos pitidos idénticos seguidos de un breve intervalo de silencio. Luego se pidió a esos mismos oyentes que imaginaran que la serie de tonos formaba un ritmo musical. A una mitad de los participantes se le ordenó que imaginara un acento en el primer pitido de cada par. La otra mitad debía hacerlo con el segundo pitido. La actividad cerebral reveló pulsos neuronales mucho más marcados cada vez que se daba un acento imaginario. La percepción del ritmo variaba según el tactus determinado conscientemente por los oyentes, pese a que el patrón objetivo de los tonos no cambiara en ninguno de los experimentos.

La segunda conjetura se deriva de la primera: es posible controlar la percepción del pulso voluntariamente. Podemos extraer un ritmo a propósito a partir de un estímulo auditivo ambiguo o imaginar un pulso en ausencia del golpe percusivo correspondiente, como cuando intuimos el primer tiempo que «falta» en el típico ritmo *one drop* del reggae (puedes escuchar un ejemplo en «No Woman, No Cry» de Bob Marley and the Wailers). En este tipo de ritmo, el *hi-hat* toca un patrón elaborado mientras el bombo permanece en silencio durante el primer tiempo y no golpea hasta el tercero: uno-y-un-dos-y-un-TRES-y-un-cuatro-y-un. Nuestra capacidad para percibir regularidad incluso en el golpe que falta hace que bailar reggae sea fácil y placentero.

Por último, la teoría ASAP ofrece una conjetura que sorprendió a muchos investigadores de la cognición musical: deberíamos hallar casos de percepción del pulso en animales con capacidad para el aprendizaje vocal, esto es, en aquellos que pueden reproducir lo que otra criatura vocaliza. Snowball fue el primer animal en confirmar claramente esta conjetura, pero hoy en día los científicos reconocen que las aves psitaciformes (la familia de los loros), los pinnípedos (focas, morsas), los cetáceos (ballenas, delfines) y los elefantes tienen esa capacidad de aprendizaje vocal y poseen los circuitos neuronales necesarios para percibir el ritmo y extraer un tactus.[3]

La teoría ASAP también arroja luz sobre la sordera rítmica de Mathieu. Un estudio de seguimiento recogió su actividad cerebral mientras escuchaba música. Su cerebro no mostraba ningún fallo perceptible en las primeras etapas del procesamiento musical. Mathieu podía identificar los pulsos de una canción tan bien como cualquiera. En cambio, su cerebro mostraba irregularidades en los procesos de orden superior, el mismo tipo de fallas cognitivas «de conjunto» que se observan en otros trastornos del procesamiento de patrones, como la dislexia, el trastorno por déficit de atención y la amusia. Estos trastornos se han descrito como formas de «percepción sin conciencia». Una persona con estas alteraciones puede reconocer los elementos individuales sin problema (por ejemplo, identificar correctamente letras, notas o pulsos), pero lo tendrá difícil a la hora de reconocer las relaciones secuenciales que organizan esos elementos sueltos en patrones colectivos (como las palabras, las melodías o los ritmos). Por tanto, la sordera rítmica de Mathieu se debe a que hay defectos en algún mecanismo de aprendizaje asociado a la «captura atencional»; en este caso, en un circuito encargado de reconocer patrones rítmicos que debería estar intacto para que la percepción del pulso se dé correctamente.

Además, la teoría ASAP explica por qué Mathieu sí es capaz de seguir ritmos metronómicos como los del dance pop y el tecno. Su cerebro no necesita aprendizaje secuencial alguno para extraer un tactus de los pulsos simples, repetitivos y sin acento de estos géneros. De manera similar, una persona con sordera tonal no tiene dificultades para reconocer que un mi es distinto de un do. Pero si le pides que identifique una secuencia de notas —por ejemplo, para saber si la melodía de «Cinco lobitos» coincide con la de «Un elefante se balanceaba»—, es posible que a su cerebro amúsico le cueste dar la respuesta correcta. Aunque descubrir que tenía sordera rítmica pudo suponer un golpe para Mathieu, debió reconfortarle saber que su aparente incompetencia al bailar, digna de Elaine Benes en la pista,[4] no se debía a falta de fuerza de voluntad ni a una carencia de coordinación física.

Simplemente, una particularidad biológica impedía que su cerebro organizara los pulsos en un tactus.


# 5


Es Nochevieja. Estás en una fiesta animada, rodeada de gente, comida, bebida y un DJ que pincha los temazos de moda. Puede que seas la primera en lanzarte a la pista de baile o quizá tengan que llevarte a rastras. En cualquier caso, la música es guay y te lo estás pasando bien moviendo el cuerpo con los demás. Ahora permíteme que te haga una pregunta personal: ¿qué tipo de baile estás haciendo?

¿Te da por pegar saltos al estilo pogo, como suele ocurrir en los conciertos de rock? ¿O prefieres bajar las caderas y usar las rodillas, como los bailarines y las bailarinas que aparecen en el vídeo de «Lose Control», de Missy Elliott (con Ciara y Fat Man Scoop)? ¿Haces un movimiento de lado a lado como en el videoclip de Silk Sonic para «Smokin out the Window»? ¿O solo te mueves de cintura para arriba, empleando las manos y los brazos o, quizás, agitando la cabeza, como sugieren canciones como «Killing in the Name», de Rage Against the Machine? ¿O deslizas los pies suavemente por la pista, al estilo de James Brown?

Bailar es la forma más común y divertida que tenemos los humanos para expresar nuestro amor por el ritmo. Para muchos oyentes, lo más importante es que una canción sea bailable. Hay quien ha argumentado que algunos estilos de música apenas tienen sentido a menos que vayan acompañados de una danza, ya sea la creada explícitamente para bailar, como la salsa, o el pogo frenético del hardcore punk. El gusto humano por el baile ha llevado a muchos musicólogos a afirmar que no podemos entender plenamente nuestra relación con la música sin tener en cuenta cómo esta nos hace movernos.

La música de baile suele tener compases de 4/4 o 2/4. Existe una explicación biológica para ello: el diseño bilateral del cuerpo humano es perfecto para moverse en sincronía con un número par de pulsos por compás. Casi toda la locomoción humana —como gatear, caminar, trotar o correr— alterna entre mover las extremidades del lado izquierdo del cuerpo y las del lado derecho. Caminar, por ejemplo, conlleva cuatro movimientos que se van repitiendo: pie derecho abajo, pie izquierdo arriba, pie izquierdo abajo, pie derecho arriba. Si consideramos cada vez que una pierna sube o baja como un pulso, resulta que, de manera natural, caminamos a un compás de 4/4. Si tus pies golpean el suelo en los tiempos fuertes —UNO, dos, TRES, cuatro—, tus rodillas llegarán a su máxima altura en los tiempos débiles —uno, DOS, tres, CUATRO.

La música de baile aprovecha que nuestros cuerpos tienen ciertos ritmos que nos resultan más cómodos a la hora de mover nuestras extremidades simétricas. Durante un tiempo se creyó que las personas preferíamos tempos musicales coincidentes con nuestro ritmo cardíaco, pero no es así. Un corazón adulto en reposo ronda los 72 latidos por minuto. El tempo favorito de los adultos para bailar, en cambio, se acerca a los 123 pulsos por minuto, más o menos la velocidad que se alcanza cuando vamos a paso ligero. (Si quieres conocer tu tempo ideal, visita nuestra web ThisIsWhatItSoundsLike.com, que incluye un enlace a una herramienta para comprobarlo. De media, los oyentes dan golpecitos de manera espontánea a unos 100 pulsos por minuto.)

El baile que te sale instintivamente en la fiesta de Nochevieja está determinado en gran medida por tu manera de percibir los acentos rítmicos de una canción. Estos se crean al modular la duración y el volumen de los golpes percusivos, para producir así con claridad pulsos fuertes y débiles, lo que hace más sencillo identificar un patrón rítmico, por ejemplo, FUERTE-débil-FUERTE-débil. Los acentos también facilitan que los oyentes capten esquemas rítmicos más amplios, por lo que nos ayudan a predecir cuándo empezará la siguiente sección, no solo el siguiente pulso.

Los acentos pueden hacer que los ritmos musicales imiten el habla. Existen lenguas de compás acentual y lenguas de compás silábico. En las de compás acentual, como el inglés, el ruso o el árabe, los acentos se ponen en determinadas sílabas, sin importar la posición que estas ocupen en una secuencia. Aniruddh Patel nos invita a considerar los acentos en la siguiente frase en inglés: «THE TEAcher is INterested in BUYing some BOOKS». El número de sílabas sin acentuar entre las que sí lo están es irregular: a veces hay una, a veces dos, a veces tres, a veces ninguna. Quienes hablan estas lenguas suelen agrupar todas las sílabas no acentuadas para que los acentos caigan a un ritmo regular: UNO-y-DOS-y-TRES-y-CUATRO-y | THE-[y]-TEAcheris-IN-terestedin-BUY-ingsome-BOOKS-[y].

En cambio, las lenguas de compás silábico, como el francés, el español o el yoruba, colocan los acentos entre sílabas espaciadas de manera regular. La misma frase en francés sería «Le PROfesseur esT INTéressé À ACHeter des LIVres». Hay exactamente tres sílabas inacentuadas entre cada sílaba que sí lo está. Así, el tactus que percibimos de manera natural al escuchar lenguas de compás silábico es más estable que el que apreciamos en las lenguas de compás acentual. Como vimos en el capítulo sobre la melodía, esta diferencia probablemente explique por qué el ritmo de una pieza musical determinada parece reflejar la lengua materna de su compositor.

Aunque muchas veces sean obvios, los acentos musicales de las canciones pueden ser sutiles. He aquí dos temas para bailar, ambos a 4/4, con diferentes patrones acentuales. Cuando escuches cada grabación, fíjate en dónde escuchas el «peso» del ritmo en cada compás. La primera es «Levitating (con DaBaby)» de Dua Lipa. Puede que en el primer y tercer golpe el bombo te suene un poco más largo que las palmadas del segundo y el cuarto golpe, así: LARGO-corto-LARGO-corto. Si estuvieras bailando la canción, es probable que sintieras el impulso de enfatizar tus movimientos en los pulsos acentuados (UNO-dos-TRES-cuatro). Para comparar, escucha «HandClap» de Fitz and the Tantrums. En este caso el bombo dura un pelín menos que la caja, que nos parece más larga porque viene acompañada de palmadas: corto-LARGO-corto-LARGO. Esta grabación invita a aplaudir en los tiempos débiles (uno-DOS-tres-CUATRO), o en cada pulso cuando aparecen las «palmadas soul» en el estribillo. Otra variable relacionada con el ritmo que sirve para clasificar a los oyentes en distintas categorías es la parte del cuerpo que pide moverse. Los amantes del metal y el rock que conectan a tope con el ritmo quizá toquen una guitarra o batería imaginarias con los brazos, o al menos agitarán la cabeza. La música funk puede hacer que muevas el cuello hacia delante y hacia atrás, como las palomas cuando picotean semillas. La samba tiene como objetivo las caderas. El baile del robot, con sus *dimestops* o interrupciones repentinas del movimiento, imita la actividad de las máquinas, así que emplea todo el cuerpo. La intensidad y contundencia del hip-hop dio lugar a movimientos atléticos de todo el cuerpo, del mismo modo que la música clásica engendró el ballet, con sus gráciles —y no menos exigentes— saltos y arcos.

A medida que surgen nuevos ritmos musicales, evoluciona también nuestra manera de bailar, pues descubrimos nuevas formas de sentir el pulso.

# 6

El ritmo de la música nos proporciona placer cuando nuestras expectativas sobre el siguiente pulso se cumplen... o se rompen. A veces las canciones nos dan una grata sorpresa cuando incluyen una pausa rítmica, o *breakdown*, en la que el ritmo queda momentáneamente silenciado. Sin embargo, algunos estilos de música usan técnicas menos evidentes para enriquecer el ritmo de los temas. Hablamos de *síncopa* cuando un golpe rompe una y otra vez la supuesta estructura rítmica de la canción.

La síncopa es como una ilusión óptica pero con el ritmo. Aprovecha el funcionamiento de nuestros circuitos cerebrales encargados de percibir el pulso para hacernos sentir golpes que en realidad no existen. Un tema sincopado suele incluir silencios donde esperamos golpes y golpes donde esperamos silencios. Piensa en caminar —pie derecho abajo, pie izquierdo arriba, pie izquierdo abajo, pie derecho arriba— como un ritmo acentuado convencional, sin síncopas: UNO-y-dos-y-TRES-y-cuatro-y. Las «y» representan el movimiento entre los pulsos principales, es decir, cuando nuestros miembros se desplazan hacia la siguiente posición. Un ritmo sincopado enfatiza algunas de esas transiciones en vez de los momentos culminantes, por ejemplo: uno-y-dos-Y-tres-y-cuatro-Y. Las «Y» fuertemente acentuadas constituyen los tiempos sincopados.

Puede que, en un ritmo de este tipo, el bombo o la caja golpeen en las «Y» y omitan el habitual UNO o DOS. Nuestro cerebro sabe que debería haber un golpe en esos momentos de silencio, por lo que permite que las omisiones actúen como tal. Si este patrón de golpes ausentes pero percibidos se repite en cada compás, nos será fácil bailar siguiendo el ritmo sincopado.

A menudo se dice que la síncopa es un ritmo dentro de un ritmo, porque lo más natural para nuestros cuerpos es seguir los tiempos convencionales en vez de los pulsos intermedios, incluso cuando los tiempos principales no suenen. El reconocido científico Tecumseh Fitch explica que los ritmos sincopados «inyectan energía» justo en los momentos en que llevamos los brazos y las piernas hacia la siguiente posición, haciendo que nuestros movimientos de baile se aceleren y desaceleren de formas más complejas.

Casi todos los estilos de música existentes incluyen síncopas, pero algunos, como la música latina y africana, son puro ejemplo de ello. Se puede escuchar el ritmo sincopado del reguetón en las baterías de «Yo Perreo Sola», de Bad Bunny. Ponte la canción y fíjate en cómo tu cuerpo decide moverse. Compara el tactus que percibes ahora con el que sentiste al escuchar «Stoned and Starving». Tal vez notes que estos dos ritmos parecen guiar tu cuerpo de maneras distintas: de un lado a otro con «Yo Perreo Sola» y de arriba abajo durante «Stoned and Starving». Encontrarás un ejemplo de síncopas jazzísticas en los golpes intermitentes de la caja y el marcado *hi-hat* de «Poinciana (Live at the Pershing, Chicago, 1958)»,[5] interpretada por el Ahmad Jamal Trio. También las puedes encontrar en el R&B, por ejemplo, en los acelerones y las pausas del bajo en «Stay Flo» de Solange. El rock no suele incluir este tipo de ritmos, pero se pueden percibir golpes sincopados en el clásico punk «Lust for Life», de Iggy Pop. Por lo general, el rock y el punk invitan a saltar, dar botes..., pero en el vídeo oficial de «Lust for Life», quienes bailan lo hacen doblando las rodillas, girando los pies y rotando las caderas, con movimientos que se parecen más a una danza típica del África Occidental que al pogo.

La síncopa obliga al cerebro a afanarse un poco más para percibir el pulso, pero para muchos oyentes ese esfuerzo extra intensifica el placer de la escucha.


# 7

Hasta ahora nos hemos centrado en tu experiencia personal, pero cuando se trata de disfrutar de la música con más gente, el ritmo es lo que enciende la mecha. Los etnomusicólogos afirman que nuestros antepasados prehistóricos se valían del influjo natural del ritmo para fomentar la cohesión tribal. Chocar dos piedras al mismo tiempo (ruido de impacto) o marcar un ritmo constante sobre un tronco hueco (ruido percusivo) invita a que la comunidad se mueva en sincronía. Un grupo de personas que se mueven al unísono transmite el poderoso mensaje de que todas sienten las mismas emociones, así como un grupo que canta la misma letra sugiere que todos piensan lo mismo.

Durante cientos de miles de años, hacer música ha servido para fortalecer los vínculos familiares, sobre todo entre madre e hijo, mediante las canciones de cuna. Con el tiempo, además, la música pudo haber contribuido a estrechar lazos sociales, al motivar a los primeros humanos a vivir en comunidad en lugar de deambular solos. El poderoso y magnético atractivo de las danzas sincronizadas podría explicar por qué los bailes en grupo están tan presentes en todas las culturas. Mucho del placer que sentimos al ver danzas como las tradicionales irlandesas, el baile en línea texano, el *dabke* palestino, las polonesas, el *bhangra* de la India o las coreografías de una boy band proviene de identificarnos con una comunidad y experimentar una sensación de pertenencia.

Los antropólogos han observado que quienes trabajan juntos en grupo suelen sincronizar sus movimientos y adoptan un ritmo común mientras realizan las tareas. A veces estos grupos añaden cánticos u otros acompañamientos verbales. Adornar los ritmos con palabras y melodías puede potenciar la sensación de comunidad. Cuando hacemos música en grupo, tendemos a movernos al unísono, a adoptar expresiones faciales similares e incluso a sincronizar la respiración entre frases. La práctica colectiva elimina la necesidad de mostrarnos como músicos individuales y nos permite participar de algo más grande.

Entre todas las formas de conectar emocionalmente con la música, la percepción del ritmo es la más esencial. Una canción puede conquistarte sin una melodía desgarradora, letras asombrosas o timbres que ericen la piel. Basta con que un ritmo coincida con alguno de tus puntos sensibles para sentir que la canción está hecha para ti. Cuando un ritmo te va como anillo al dedo, has encontrado el verdadero amor musical.

## *Desarrollo musical*

La música puede ayudar a que los niños asimilen el lenguaje, desarrollen coordinación física y aprendan las normas sociales. Al igual que sus cuerpos van ganando coordinación a medida que crecen e interactúan con el mundo físico, el sistema auditivo de los niños se vuelve cada vez más eficiente al verse expuesto a los complejos patrones sonoros de la música.

Nuestro sistema auditivo alcanza su máxima capacidad perceptiva a finales de la adolescencia. El desarrollo más rápido se produce entre los ocho y los once años, cuando el cerebro se prepara para los cambios que traerá consigo la pubertad. De hecho, en la mayoría de casos, si no se entrena, esta capacidad perceptiva se suele estancar antes de la adolescencia. Los estudios demuestran que, en tareas relacionadas con la percepción musical, las personas de once años rinden lo mismo que los adultos que nunca recibieron formación musical.

Poner en contacto a los niños con la música desde pequeños no es solo una táctica para aumentar sus posibilidades de entrar en una buena universidad, sino que también fomenta una mayor sensibilidad emocional y perceptiva. Los niños que van a clases de música exhiben más comportamientos prosociales, como compartir, cooperar y empatizar, que los niños que participan en otras actividades. También son más capaces de aprender escuchando.

# CAPÍTULO 7

# TIMBRE

## Un conjuro en cada nota

Su voz fue siempre suave, dulce y leve,
adorno propio de mujer.

WILLIAM SHAKESPEARE, *El rey Lear*

# I

El nombre Stradivarius es prácticamente sinónimo de los mejores violines del mundo. Pero ¿alguna vez te has preguntado por qué el precio de los Stradivarius es tan desorbitado en comparación con el del último modelo de violín producido en masa que venden en la tienda de tu barrio? Es más, ¿por qué alguien pagaría más de lo que vale un Tesla por una Gibson Les Paul Standard original de 1959 cuando te puedes comprar una guitarra eléctrica nueva y muy decente por una centésima parte de ese precio? Los instrumentos de gran valor alcanzan ese coste debido a varios factores, entre ellos su rareza y la fama de los músicos que alguna vez los tocaron. Pero si los Stradivarius, las Gibson antiguas y otros instrumentos del estilo son tan caros, es sobre todo por una característica crucial que los diferencia: el timbre.

Estamos ante la dimensión más enigmática de la música. El timbre se refiere a la voz única de un instrumento: las cualidades acústicas que nos permiten distinguir una guitarra de un trombón y un trombón de una tuba. El timbre es el equivalente sonoro al sabor de un buen vino (intenso, con toques afrutados) o el aroma de un perfume (floral con una nota de pachuli). Y al igual que sucede con el sabor de un Romanée-Conti o el aroma de Flowerbomb de Viktor & Rolf, cada persona responde a un timbre de manera única. El modo en que lo percibimos depende, en última instancia, del gusto personal, de la experiencia previa y, en ocasiones, de influencias sociales (como el precio).

El violín, en su forma actual, se inventó a principios del siglo XVI en la ciudad mercantil de Cremona, Italia, obra de Andrea Amati (1505-1577). Este fijó los estándares en cuanto a timbre y facilidad para tocarlo, por lo que cosechó numerosos aprendices y seguidores. Estos lutieres (fabricantes de instrumentos de cuerda) pioneros se afanaban en crear ejemplares que pudieran «rivalizar con la más perfecta de las voces humanas». Mientras vivió, se consideraba que el *maestro di Cremona*, Bartolomeo Giuseppe Guarneri (1698-1744), era el que más se había acercado a la perfección, por lo que obtuvo el mote «del Gesù» ('de Jesús'), debido al sonoro timbre de barítono que producían sus instrumentos.

Por su parte, Antonio Stradivari (1644-1737) asumió el difícil reto de mejorar el violín de Amati. Alargó la típica abertura en forma de $f$ y experimentó con nuevos barnices para crear un instrumento cuyo timbre fuera comparable al de un vocalista. Frente al profundo barítono de los violines de Guarneri, los de Stradivari ofrecían una frecuencia más alta y resonante, mucho más parecida a las voces de tenores y altos. Esta similitud fue clave para que los músicos y el público de la época —y de siglos posteriores— percibieran en sus violines un carácter acústico intangible que los situaba por encima del resto.

Puede que, como lector, te estés preguntando lo siguiente: «Vale... entonces, ¿por qué los lutieres de ahora no siguen las mismas pautas y producen Stradivarius como churros?». Tiene sentido, claro. La respuesta: es imposible.

Los violines de las casas Stradivari, Amati y Guarneri se hacían con la madera de árboles talados en la Italia renacentista y se recubrían con barnices elaborados a partir de plantas locales de la época. En la edad de oro del violín, la biosfera era muy diferente a la actual. Los compuestos bioquímicos presentes en el agua, la tierra y el aire estaban libres de hollín, dióxido de azufre, monóxido de carbono, metales pesados, plásticos y derivados del petróleo. La presencia de estos agentes contaminantes hace que las células de las plantas se desarrollen de manera distinta y que, al convertirse en instrumentos, produzcan un sonido diferente. Tras siglos de smog y lluvia ácida, ya no es posible obtener la clase de madera y barnices que usaba Stradivari.

No obstante, ¿es cierto que los timbres de los violines de la edad de oro son superiores a los de los instrumentos actuales... o es el nombre y la etiqueta del precio lo que nos hace pensarlo? Claudia Fritz y sus colegas de la Université Paris Cité se atrevieron a investigar la cuestión en 2012.

Se pidió a veintiún violinistas expertos, presentes en la ciudad con motivo de un concurso internacional, que evaluaran seis violines. Tres eran modelos nuevos de primera calidad, cada uno de un fabricante distinto, y los otros tres eran violines clásicos: uno de Guarneri del Gesù (ca. 1740) y dos de Stradivari (ca. 1700 y 1715). Los violines antiguos costaban, en conjunto, diez millones de dólares, unas cien veces más que los violines nuevos. Para que los músicos no supieran cuál era cuál, las audiciones se llevaron a cabo en una sala oscura y, además, les pusieron unas gafas de soldador adaptadas para la ocasión. Las investigadoras incluso untaron una pizca de aceite aromático en cada mentonera para enmascarar cualquier olor sospechoso. Tras tocar los instrumentos todo el tiempo que quisieran, se pidió a diecisiete de los violinistas que expresaran su preferencia: «¿Cuál te ha gustado más?».

En cuanto a facilidad para tocarlos, proyección y respuesta del instrumento, no había dudas: los violinistas se inclinaban por los modelos del siglo XXI. Tampoco es que aquello fuera muy chocante, pues es fácil imaginar que un violín más nuevo ofrece mayor comodidad y control. Pero la pregunta del millón seguía pendiente: ¿qué timbre les gustaba más a los músicos? En esta ocasión, las investigadoras sí que se llevaron una sorpresa. Los Stradivarius no ocupaban los primeros puestos de la lista. En cambio, las opiniones de los intérpretes sobre la riqueza del timbre estaban bastante repartidas entre los seis instrumentos, aunque la puntuación más baja se la llevó un Stradivarius.

Por otro lado, ¿podrían estos violinistas de élite adivinar la época de su instrumento preferido? Sorprendentemente, cuando se les preguntó si el violín que se llevarían a casa era viejo o nuevo, solo tres de los diecisiete acertaron la época del instrumento. Siete no tenían ni la menor idea y otros siete se equivocaron (confundieron un violín antiguo con uno nuevo o viceversa). En resumidas cuentas, los expertos no podían distinguir entre el sonido de un instrumento recién fabricado en la era digital y el de uno hecho a mano hace trescientos años.

¿Cómo era posible que no prefirieran los timbres de los prestigiosos violines de Cremona antes que los de instrumentos actuales? Frente al revuelo que su artículo causó en la prensa, tanto especializada como general, las investigadoras se vieron en la obligación de responder. Señalaron que los violinistas habían evaluado el timbre «desde su propia escucha», es decir, que habían valorado los instrumentos basándose en como sonaban mientras los tocaban. El experimento no ofrecía información alguna sobre cómo habrían sonado los distintos violines durante un concierto en un auditorio, bajo las mismas condiciones en que los escucharía el público.

Para ver si sus hallazgos se confirmaban, el equipo de Fritz realizó un nuevo estudio de seguimiento parecido pero con mayor rigor experimental. Esta vez usaron doce violines —seis nuevos y seis antiguos, incluidos cinco Stradivarius— y dejaron que diez solistas expertos los probaran tanto en una sala de ensayo como en un auditorio, a ciegas, sin que supieran cuál era cuál. Tras pasarse más de una hora tocando, se les preguntó a cada uno de ellos cuál de los doce elegirían para llevárselo de gira. Seis de los diez intérpretes escogieron un violín nuevo. El que más elogios recibió fue un instrumento del siglo XXI. Por lo general, lo que más se valoraba de los violines nuevos era su facilidad de uso, pero, al igual que en el primer experimento, no hubo una marcada preferencia por el timbre de un modelo sobre los otros. Una vez más, los expertos no podían distinguir entre los timbres de los violines nuevos y los antiguos.

Para ser justos con Stradivari, se estima que ya solo existen quinientos de sus violines y, además, la mayoría han sido reparados o modificados. No podemos saber a ciencia cierta si el timbre que escuchamos hoy es el mismo que Antonio Stradivari oía cuando los creó, así que estos estudios no reducen de ningún modo la importancia histórica o el valor cultural de los violines de la edad de oro. Sin embargo, sus imprevistos resultados nos recuerdan que, al evaluar la calidad de un timbre, esto es, al decidir si un sonido nos gusta o no, una parte de nuestro juicio siempre se verá influida por sesgos y prejuicios. Nuestro cerebro es capaz de reconocer una inmensa variedad de sonidos —el chirrido de unos frenos gastados, el murmullo de un riachuelo entre los árboles, el zumbido de un viejo módem conectándose a la red telefónica— y, justo por eso, la percepción del timbre es tan escurridiza para los investigadores y tan difícil de consensuar para los oyentes.

El timbre funciona como una señal continua (o «analógica»): puede modificarse gradualmente hasta que cruza ciertos límites perceptivos y se transforma en un sonido distinto, como cuando manipulamos el tono de una guitarra acústica para que suene como una eléctrica. Así, al pasar de un timbre acústico a uno eléctrico, el sonido de la guitarra recorre todo un especto de timbres intermedios, muy sutiles, que generan distintos efectos en la mente de los oyentes. Ocurre lo opuesto con la melodía, las letras y el ritmo, que son fenómenos discretos (o «digitales»). En la música tonal occidental, cada octava se compone de doce notas distintas. Los sonidos que se encuentran entre estas notas oficiales (llamados microtonos) rara vez se usan. Podemos distinguir casi todas las palabras que forman un verso, salvo en ciertos casos de aliteración.[1] Un ritmo se compone de pulsos o golpes separados. Pensar en un ritmo «continuo» ni siquiera tiene sentido.[2] Pero si alteras cualquier timbre, aunque sea un poquito, se convierte en un sonido completamente nuevo que puedes incorporar a tu grabación.

Podemos anotar las melodías, las letras y los ritmos de las canciones en una partitura o explicar cómo suenan cantando las notas, las palabras o los pulsos. Pero ¿cómo describir un timbre para que otra persona pueda reproducirlo con exactitud? Una vez, un guitarrista me pidió que le pusiera más «*r r r r*» a su sonido. Otro me comentó que una mezcla le sonaba «un pelín naranja» y que quería que fuera «más azul». Prince solía pedir más «picante». Estas demandas tan imprecisas reflejan la naturaleza elusiva del timbre y lo difícil que resulta describirlo con palabras.

La dificultad de pasar a una partitura el timbre y su casi infinito abanico de posibilidades explica por qué esta dimensión de tu perfil de oyente tiene más peso en las grabaciones concretas que en las canciones en general. Con el timbre, no hay atajos: tienes que escucharlo.

## 2

El timbre es de lo más eficaz a la hora de evocar recuerdos. Un chirrido herrumbroso puede retrotraernos al instante a la infancia y despertar, por ejemplo, el recuerdo de una puerta mosquitera destartalada. El suave chapoteo de unos remos en el agua nos puede remitir a la canoa con la que navegábamos en los campamentos de verano. Los recuerdos específicos que asociamos con cada sonido son la razón por la cual cambiar el timbre de un tema puede alterar su impacto en el oyente, aunque la canción —melodía, progresión de acordes, compás y letra— siga siendo la misma. «Hurt», grabada, compuesta e interpretada por Nine Inch Nails en 1995, es un buen ejemplo de ello.

En la grabación, Trent Reznor, con una voz frágil y casi entre susurros, confiesa haberse hecho daño solo para sentir algo con intensidad. Aunque el significado de la canción es motivo de debate entre los fans, la interpretación más común es que va de autolesionarse, probablemente en relación con la adicción a las drogas. Un hombre joven nos habla de su dolor en voz baja, como si nos contara un secreto. Sus respiraciones entrecortadas son audibles en cada verso. Suena como alguien que sufre dolor.

Johnny Cash lanzó su versión de «Hurt» en 2002, con un timbre muy diferente. Su voz profunda y sonora contrasta notablemente con el timbre más fino de Reznor. Cash canta como una locomotora que a duras penas remonta una colina y nos da la imagen de un hombre cuyo cuerpo envejecido carga con el peso de la vida y la historia. Tras escuchar ambas versiones en clase, la mayoría de mis alumnos comentaba que la interpretación de Cash era más convincente y conmovedora que la de Reznor. El timbre de Cash evoca a un hombre mayor que está seguro de sí mismo y transmite exactamente lo que quiere, en comparación con un hombre más joven e inestable, que podría estar perdido y solicitando ayuda. Cuando Cash pronuncia la frase «I remember everything» ('Lo recuerdo todo'), el temblor de su voz insinúa una vida repleta de experiencias de todo tipo. El timbre maduro y desgastado de Cash enriquece el subtexto de la canción, por lo que esta suena más contundente.

Aunque Reznor la había escrito a modo de declaración extremadamente personal, la versión de Cash lo impresionó. De hecho, comparó la sensación de escuchar a Cash cantar sus letras con la de perder a una novia frente a un rival. «La canción ya no es mía», reconoció.

Si modificamos el timbre, se puede redistribuir el peso emocional de una canción. Esto explica por qué la versión acústica (o *unplugged*, 'desenchufada') de un tema famoso puede resultar tan satisfactoria, siempre y cuando la canción sea buena. La preciosa melodía de «Teardrop», de Massive Attack, viene envuelta en los sonidos de una caja de ritmos, un clavecín, un piano y *scratches*, que proporcionan un onírico telón de fondo para la voz etérea de Elizabeth Fraser. José González grabó una versión de «Teardrop» con timbres muy diferentes. Al simplificar el acompañamiento y rediseñar la paleta de timbres para que encajen con la guitarra acústica y su voz más fuerte, la versión de González resalta la hipnótica melodía.

Los timbres y sus arreglos influyen en la importancia relativa que le damos a los elementos melódicos, líricos y rítmicos de un tema, por lo que condiciona la gratificación que obtenemos de las demás dimensiones musicales. En 1984 pude observar esta influencia de un modo muy directo. Cuando Prince grabó «When Doves Cry» por primera vez, esta tenía tantas capas de sonido como «Darling Nikki», un temazo pop|rock que también pertenecía a *Purple Rain*. «When Doves Cry» nació con una buena dosis de timbres de alta intensidad, que incluía teclados y guitarras con distorsión. La voz principal tenía el timbre más ligero de la mezcla. Al principio, Prince optó por enfatizar los sonidos pesados para invocar la potencia del rock y los ritmos enérgicos.

Sin embargo, si tarareas el estribillo de la canción —«How can you just leave me standing|Alone in a world that's so cold...»*—, notarás que tiende a lo rítmico y se aleja del carác-

---

* 'Cómo puedes dejarme así|solo en un mundo tan frío.'

ter melódico que suelen tener los estribillos fáciles de cantar. Prince supo reconocer que sin unos timbres más ligeros, la voz principal se perdería sin más. Los arreglos originales de la canción eran demasiado rimbombantes para acompañar las emociones delicadas y tristes que expresa la letra. La distorsión contradecía el mensaje principal: así suena el llanto de las palomas («This is what it sounds like when doves cry»).

Así que Prince revisó su enfoque, empezando por los timbres. Se quitaron las guitarras rítmicas y los teclados con distorsión. Además, también se silenció el bajo, una decisión audaz e ingeniosa. Prince comprendió que podía deshacerse de todos los timbres pesados sin perder intensidad ni significado. Los timbres ligeros encajaban mejor con el espíritu de la letra y permitían que el patrón de la batería —bombo, golpe de aro, caja, palmadas, *hi-hat* con efecto *flanger*— dominara la canción. Esta versión que todos conocemos se convirtió en el primer sencillo de Prince en alcanzar el número uno de la lista Hot 100 de *Billboard*, y el modo en que prestó atención al timbre es uno de los principales motivos.

Dada la capacidad del timbre para generar asociaciones mentales, no es de extrañar que ciertos instrumentos de música nos despierten recuerdos de otras grabaciones con el mismo timbre instrumental. Los cascabeles podrían hacernos pensar en «God Only Knows» de los Beach Boys. Un xilófono recuerda, quizás, a «Born to Run» de Bruce Springsteen, y las kalimbas, a «Somebody That I Used to Know» de Gotye. Asimismo, dependiendo de tu edad, relacionarás el vocoder con «The Robots» de Kraftwerk, «Intergalactic» de los Beastie Boys o «Hide and Seek» de Imogen Heap.

Como tus asociaciones mentales son distintas de las mías, también valoraremos la calidad de los timbres de manera diferente. Lo que para un oyente suena rancio y anticuado, para otro puede ser de lo más nuevo y atrevido. Por ejemplo, el sintetizador Moog era prácticamente sinónimo del rock progresivo de los setenta. Puedes escuchar su emblemático timbre en el disco que le dio alas originalmente: *Switched-On Bach*, de Wendy Carlos (por aquel entonces Walter Carlos). Los Moog cayeron en desgracia durante los noventa, pues la nueva generación de adolescentes prefería las guitarras grunge a los sintetizadores que habían encandilado a sus padres. No obstante, el sonido del Moog regresó con fuerza en la primera década del siglo XXI, cuando la empresa Moog Music recuperó su estabilidad financiera. Artistas tan diversos como Radiohead, Alicia Keys, Muse y Stereolab incorporaron con entusiasmo nuevos Minimoogs y Moogerfoogers a sus equipos, y los antiguos sintetizadores Moog alcanzaron precios récord en eBay.

Por el contrario, el *sample* de bombo de la Roland TR-808, una económica caja de ritmos lanzada en 1980, goza de una popularidad que, al parecer, no se agota nunca. Alcanzó un estatus de culto después de que el éxito «Planet Rock» de Afrika Bambaataa and Soulsonic Force introdujeran el hip-hop en las listas pop. Roland dejó de producir la TR-808 en 1982, tras solo un par de años en el mercado, pero, paradójicamente, aquello tal vez contribuyó a su éxito cultural. A medida que fueron apareciendo cajas de ritmos más sofisticadas, los músicos comenzaron a deshacerse de sus TR-808 en tiendas de segunda mano, donde quedaban al alcance de jóvenes creadores de canciones en sus propias casas. Tal ha sido su omnipresencia en el hip-hop, el rap y la música electrónica que seguía sonando en las pistas de baile en 2003 con «The Way You Move», de Outkast, que incluso contiene la frase «But I know y'all wanted that 808!» ('¡sé que lo que queréis es el 808!'). Y también la reconocerás en «God's Plan» de Drake, lanzada en 2018. El tono del bombo 808, tan puro y satisfactorio, es un timbre sin rival, y se ha convertido en un meme sonoro que une a distintas generaciones.

Hay muchos músicos talentosos a los que asociamos con su firma sonora. Un timbre familiar puede generar incluso ciertas expectativas sobre una actuación. Si los fans del rock clásico escuchan una guitarra Gibson Les Paul distorsionada enseguida pensarán en Keith Richards de los Rolling Stones o Jimmy Page de Led Zeppelin. El guitarrista de blues B. B. King popularizó el timbre más melodioso de la Gibson ES-335 con su instrumento, al que apodaba «Lucille», así que los oyentes de más edad quizás asocien ese tono con el blues. El lamento triste de la Fender Stratocaster, que Eric Clapton y su querida guitarra «Brownie» expresan de manera sublime en «Bell Bottom Blues», se convirtió en un elemento básico del blues rock posterior. El pionero del country Chet Atkins popularizó el sonido de la Gretsch Country Gentleman, una guitarra eléctrica grande de cuerpo hueco, inmediatamente reconocible por su sonido cálido y limpio. James Hetfield, de Metallica, consolidó el sonido del metal con el timbre cortante que obtenía al conectar su ESP Snakebyte a un ampli Mesa Boogie. Así, los timbres musicales permean e influyen en cada joven que pasa la mañana del sábado probando instrumentos en una tienda de música.

Dado que las cosas que asociamos con los sonidos son tan personales y evocativas, no es de extrañar que los distintos timbres tengan un poderoso efecto emocional en nosotros.[3] La vida nos enseña que ciertos sonidos solo se darán en determinados contextos, por lo que cuando uno de ellos nos pilla desprevenidos o está fuera de lugar, puede producir miedo. El timbre que más claramente asociamos al terror es un grito humano.

Los gritos ocupan un «nicho privilegiado» en nuestra arquitectura mental, pues activan al instante los circuitos de detección de peligro para alertarnos ante una amenaza urgente. Como por lo general los gritos se oyen en situaciones límite, nuestro sistema nervioso ha aprendido a dejar de lado cualquier cosa que esté haciendo y concentrar toda su atención en ese timbre tan intenso. Los creadores de música conocen esta predisposición y a menudo enfatizan los momentos emocionalmente culminantes en una grabación con sonidos que se asemejan a un grito. Escucha el solo de guitarra de «Paranoid Android», de Radiohead, que se inicia a partir del minuto 3:04. Cuando la voz de Thom Yorke se apaga y Jonny Greenwood irrumpe con su punzante guitarra eléctrica, crea un momento que inconscientemente asociamos con una situación extrema.

Hay famosas escenas de películas que nos resultan inseparables del timbre musical que las acompaña. Si una escena es lo bastante dramática y su sonido lo suficientemente distintivo, el timbre puede incluso adquirir la categoría de norma cultural. Piensa en la famosa escena de la ducha del clásico del terror *Psicosis*. Los violines, cuyos arcos rasgan las cuerdas con violencia, aúllan mientras un psicótico Norman Bates ataca a la actriz Janet Leigh. Ese sonido estremecedor, tan cercano a un grito, influyó en todos los compositores de cine de terror que siguieron los pasos del compositor Bernard Herrmann, autor de la banda sonora.

Los primeros compositores del cine usaban el arpa para acompañar escenas celestiales. Hoy en día, su sutil *glissando* sirve para parodiar el éxtasis amoroso o el embelesamiento que corresponde a un estado mental alterado. Quizá por su tamaño o por su registro tan grave, la tuba se ha asociado con la comedia desde los años cincuenta. Fue un gustazo encontrar una tuba en el estudio cuando trabajé con David Byrne en su tema «My Love Is You», que expresa, en tono jocoso pero sincero, cómo las imperfecciones de su amada son precisamente lo que la hacen perfecta para él. David invitó al famoso tubista neoyorquino Marcus Rojas para que añadiera los metales al arreglo. Antes de esa sesión, yo no sabía que, en manos de un profesional como Marcus, la tuba podía reír, chillar y compincharse con David para narrar lo que decía la letra. Cuando intérprete e instrumento se complementan así, consiguen comunicarse con los oyentes de manera eficaz, pues conectan una idea con el timbre apropiado.

De hecho, las asociaciones mentales son tan fuertes que los creadores musicales deben ir con cuidado al utilizar timbres poco comunes, ya que los oyentes podrían conectarlos sin querer con vínculos preexistentes. El productor angelino Tony Berg posee la mejor colección de instrumentos que he visto nunca. Entre sus tesoros se encuentra una armónica de bajo, un instrumento clásico que alcanzó la fama en el álbum *Pet Sounds* de los Beach Boys, de 1966 (la puedes escuchar en la intro de «I Know There's an Answer»). Por desgracia para Tony y otros amantes de esta armónica, también se hizo famosa por salir en la telecomedia de los años sesenta *Granjero último modelo*, como acompañamiento musical de un cerdo llamado Arnold Ziffel. Bauticé a la armónica de Tony como «Arnold» y era incapaz de no decir el nombre cada vez que la usábamos para grabar.

## 3

¿Por qué a nuestro cerebro se le da tan bien identificar timbres? Según una corriente de pensamiento, se debe a que nuestros antepasados mamíferos fueron en su momento completamente nocturnos y dependían por completo del sonido, más que de la visión, para identificar objetos en la oscuridad. Con el tiempo, surgieron los primates diurnos, lo que llevó a que nuestros cerebros desarrollaran también una visión excepcional; sin embargo, nuestras capacidades visuales parecen haberse construido sobre unas facultades auditivas aún más antiguas. Se nos daba bien escuchar antes de que aprendiéramos a ver.

Para poder comprender del todo cómo percibimos el timbre y por qué constituye una dimensión tan importante e influyente de nuestro perfil de oyente, hablaremos de cómo el cerebro procesa los sonidos simultáneos. Uno de mis héroes científicos, el profesor emérito Albert Bregman, de la Universidad McGill, escribió la biblia del análisis de escenas auditivas. Esta monografía ya clásica, cuyo título *Auditory Scene Analysis* ('Análisis de escenas auditivas') no podría ser más acertado, explica cómo los oyentes pueden identificar y seguir instrumentos concretos, voces y ruidos ambientales dentro del maremágnum cambiante de sonidos que llega a sus oídos.

Piensa en el reto al que se enfrenta tu sistema auditivo cada vez que intenta aislar e identificar sonidos en un entorno abarrotado de estímulos. Imagina, por ejemplo, que estás leyendo este libro en la terraza de una cafetería muy concurrida. Aunque tu cerebro se centre en el texto que tienes delante, te llegan un montón de sonidos por todas partes: gente charlando, tazas que chocan, pasos, teclados de ordenador, gatos bufando, bocinas y el tráfico que va y viene. Tu cerebro sabe, por experiencia previa, que estos ruidos no son raros en una cafetería al aire libre, por lo que te resulta fácil ignorarlos y concentrarte en tu libro.

De repente, alguien se pone a tocar una melodía que te encanta al piano. Tu atención se dirige a la música al instante. Ignoras el resto de sonidos ambientales mientras tu mente se prepara para disfrutar del dulce cambio de acordes que sabes que está al caer. ¿Cómo has logrado separar las notas del piano del caos que te rodeaba, aun cuando no esperabas oír música?

Identificar un timbre concreto dentro de una compleja red de sonidos es un desafío mental muy distinto al de decidir dónde enfocar la vista. Los objetos de tu campo visual ocupan lugares diferenciados. Cuando la luz se refleja en los diversos objetos y superficies, los fotones que rebotan activan diferentes zonas de la retina. El cerebro puede utilizar esos límites topológicos para representar la escena visual pertinente. En cambio, los objetos

Análisis de escenas auditivas

sonoros —los cubiertos entrechocando, la gente charlando y la melodía del piano— llegan a nuestros tímpanos como una única onda compuesta. Si la visión funcionara como el oído, verías imágenes de gatos, coches, zapatos, bocas, portátiles y un piano superpuestas unas sobre otras, como un montón de diapositivas apiladas en una sola ranura de un proyector.

Todas las propiedades del sonido en las que te puedes concentrar conscientemente —melodía, letras, ritmo, timbre, volumen, ubicación espacial, movimiento— se extraen de solo tres tipos de información presente en la onda sonora: frecuencia, amplitud y fase. La fase se refiere a la relación entre las ondas que llegan a tu oído izquierdo y a tu oído derecho. Se utiliza sobre todo para localizar la fuente de un sonido y determinar hacia dónde se dirige. Todas las demás propiedades subjetivas de una onda sonora (incluidas las cuatro dimensiones musicales:

melodía, letras, ritmo y timbre) se derivan de sus frecuencias y de sus amplitudes en cada momento.

La frecuencia representa la velocidad con que una onda sonora vibra en el instante en que estimula el tímpano.[4] La amplitud representa la intensidad de la onda sonora. Estas dos propiedades tan simples determinan por completo nuestra experiencia musical. Nuestro cerebro puede distinguir un canto gregoriano, una ópera de Wagner, un solo de Charlie Parker, un himno punk o una canción de amor de Bollywood basándose solo en cómo cambian la amplitud y la frecuencia de las ondas sonoras.

Aun así, distinguir entre todas esas piezas de música no es tarea fácil.

Primero, una onda sonora hace vibrar tus tímpanos. Luego, esa vibración se transmite mecánicamente a la cóclea, el órgano encargado de la percepción acústica, a través de los tres huesos más pequeños del cuerpo. A continuación, una compleja señal que representa las frecuencias y la amplitud de la onda asciende desde la cóclea por el tronco encefálico hasta llegar a la corteza auditiva primaria, donde se inicia el análisis de la escena sonora.

La corteza auditiva primaria examina el patrón de frecuencias y amplitudes de la onda sonora que entra. Gracias a sus densas conexiones con las áreas del cerebro encargadas del movimiento, la memoria, el lenguaje, la toma de decisiones, las emociones y la recompensa, la corteza auditiva divide la información sonora en distintos flujos auditivos para enviarlos a un procesamiento más profundo.

Si estás sentada en una terraza al aire libre, tu corteza auditiva primaria podría dividir la onda sonora que recibe de tus tímpanos en los siguientes flujos: «conversación de la mesa de al lado», «pasos en la acera», «tráfico urbano» y «música de piano». «El flujo cumple el mismo papel en la experiencia mental auditiva que el objeto en la visual», observa Bregman.

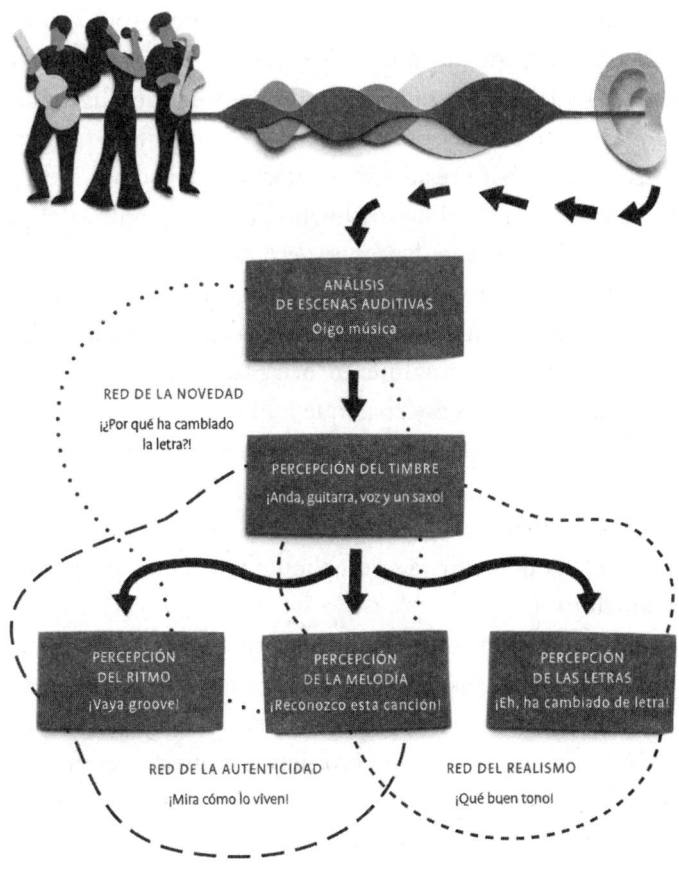

A continuación, tu cerebro debe decidir en qué flujo se centra. Algunos de los sonidos de la cafetería, como el tráfico, las máquinas de café, el aire acondicionado y los viandantes, generan patrones sonoros caóticos, sin estructura. Tu cerebro ha aprendido a ignorar estos ruidos ambientales comunes. Pero si un flujo contiene un patrón ordenado de frecuencias —conocido como *serie armónica*, característico de los instrumentos afinados y de las vocales habladas—, tu cerebro lo percibe. La corteza auditiva primaria lo selecciona como candidato para procesarlo con más atención. Y si no hay otro que lo supere (por ejemplo, el rugido creciente de un camión que va directo hacia ti), se elige ese primer flujo estructurado como potencialmente digno de la atención consciente. Se convierte entonces en el flujo principal.

Si escuchar música resulta más interesante que, por ejemplo, oír la conversación de al lado a hurtadillas, los sonidos del piano pasan a primer plano. Entonces, ese flujo se envía a una red cerebral de orden superior especializada en procesar aspectos musicales (como la melodía, el ritmo y las letras) y la localización de los sonidos y, finalmente, asciende hasta redes que se dedican a la evaluación estética (que incluyen la autenticidad, el realismo y la novedad). Antes de eso, sin embargo, el flujo principal se transmite a la red de percepción del timbre, la cual está especializada en aprender y categorizar distintos sonidos, tales como «una silla que chirría», «un cliente enfadado» o «el gorjeo de un gorrión».[5]

La red del timbre reconoce que el origen del flujo principal es un instrumento musical. Una vez que esta red identifica un sonido interesante, tomamos conciencia de él: «¡Oigo un piano!». Es como si el sonido irrumpiera en nuestra conciencia, acaparando nuestra atención y alejándola del libro, mientras silencia de forma subliminal todos los demás sonidos.

A continuación, la red del timbre envía el flujo del piano a las redes encargadas de percibir la melodía, las letras y el ritmo para un análisis más detallado. La red de la melodía realiza dos tareas interrelacionadas con ese flujo principal. Primero, separa e identifica cada nota que lo compone, de manera similar a como identificamos las palabras en una frase hablada. (Al hacer esto con las notas podemos intuir en qué tonalidad está la música.) Luego, organiza la secuencia de notas en una única melodía, de modo parecido a como agrupamos una serie de palabras para formar una oración. Por último, la red de la melodía recurre a sus circuitos de memoria para comprobar si la ha escuchado con anterioridad. ¿Conoces el nombre de la canción? Se trata del clásico brasileño «La chica de Ipanema».

La red de percepción del ritmo opera en paralelo a la red de la melodía. Mientras esta última trata de identificar la tonada del flujo principal, la primera se dedica a percibir el pulso de ese mismo flujo, para crear un tactus personal. La red del ritmo comienza a hacer predicciones sobre en qué momento se darán los próximos tiempos acentuados. Cuando al fin logra detectar una jerarquía de pulsos del flujo del piano, somos conscientes del ritmo de la canción: «¡Va a la contra!».

Si el pianista canta mientras toca la melodía, la red que procesa las letras se pondrá en marcha al mismo tiempo que las redes de la melodía y el ritmo. La red de las letras, que abarca todos los circuitos de procesamiento del lenguaje de tu cerebro, funciona de manera similar a la de la melodía. Primero, reconoce cada fonema individual que canta el pianista, luego combina esos fonemas en palabras y, después, une esas palabras en un único verso, igual que la red de la melodía crea las frases musicales. A continuación, la red de las letras trata de comprender el verso. Si lo logra, tomamos conciencia del significado de la letra: «Vale, está cantando "Es esa muchacha, que viene y que pasa | Con su balanceo, camino del mar"».

Finalmente, tu cerebro integra los resultados de las cuatro redes para obtener una representación global de la música, que combine las cuatro dimensiones musicales, es decir, timbre, melodía, ritmo y letras: «Estoy escuchando a un joven tenor que canta "La chica de Ipanema" mientras toca un piano de cola bien afinado a un ritmo de bossa nova».

Esta representación integral de la música pasa entonces a tres sistemas cerebrales de orden superior que se encargarán de evaluarla según nuestra sensibilidad estética. Cada sistema estético —autenticidad, realismo, novedad— abarca múltiples estructuras neuronales interconectadas por todo el cerebro. Además, recibe representaciones integradas de todas las modalidades sensoriales, no solo los flujos sonoros que provienen de la corteza auditiva. Cada sistema estético tiene también sus propias conexiones con los circuitos de recompensa. Como resultado, cada uno puede generar una experiencia de placer (o desagrado)[6] de manera independiente. Asimismo, cada una de las cuatro redes musicales se conecta con los circuitos de valoración del cerebro, por lo que podemos experimentar recompensas o decepciones distintas a partir del timbre, la melodía, el ritmo o la letra de una canción.

El cerebro tarda menos de 150 milisegundos en procesar una onda sonora entrante, separar un flujo principal, identificar el timbre, la melodía y la letra de ese flujo y aunar todo lo percibido en una experiencia consciente integral. Ahora que eres consciente de la música, puedes decidir si quieres recostarte y disfrutarla un rato o seguir con tu libro.

Aprendemos a diferenciar las dimensiones de la melodía, las letras, el ritmo y el timbre desde la infancia.

Los niños golpean sartenes y cacerolas, dejan caer cosas, agitan sus juguetes, gritan, lloran, gimotean y le tiran al perro de la cola para aprender de qué va el sonido. Desde muy pequeños, aprendemos que los distintos objetos producen diferentes sonidos, según de qué están hechos y cómo los manipulamos.[7] Los objetos huecos suenan distintos de los sólidos cuando los golpeas. No es lo mismo tirar un vaso de plástico sobre un suelo de linóleo que uno de cristal. El de plástico rebota durante unos segundos formando un patrón rítmico, mientras que el de cristal se estrella en un solo y ruidoso golpe. Así, desde el momento en que nacemos, el cerebro musical empieza a guardarse «plantillas de timbres» con sonidos de distintas cosas. Estas plantillas tempranas influyen en el desarrollo de nuestros puntos sensibles como oyentes.

Al familiarizarnos con los instrumentos musicales, aprendemos cómo sus timbres dependen de los materiales, la forma y el tamaño de cada instrumento, así como del tipo de fuerza que produce su sonido. Por ejemplo, cuando el macillo de un piano golpea las cuerdas, obtenemos un timbre con un ataque bastante potente (el ataque es la energía con la que comienza una onda sonora). Una vez que el macillo regresa a su posición inicial, la fuerza del tono se pierde rápidamente. Si pellizcamos una cuerda en una guitarra acústica, la onda vibrará a lo largo de ella, así como hacia el cuerpo del instrumento y de vuelta. Aprendemos que una guitarra clásica con cuerdas de nailon produce un sonido suave y envolvente, mientras que las guitarras con cuerdas de acero generan sonidos metálicos, brillantes. Tocar las cuerdas de un violonchelo con el arco produce un sonido cálido y rugoso que se apagará enseguida a menos que el chelista siga tocando para recuperar la fuerza. El saxofón y el oboe tienen una vibración parecida a la voz humana. Sus timbres únicos sugieren que estos instrumentos se tocan a través de una boquilla dividida en dos por una lengüeta, al igual que nuestras cuerdas vocales, que recuerdan a lengüetas, atraviesan la laringe.

El reconocimiento del timbre se parece al reconocimiento facial. A la gente se le da muy bien emparejar fotografías de rostros adultos con imágenes de las mismas personas cuando eran niñas. Esto ocurre porque nuestros circuitos de reconocimiento facial analizan cómo se relacionan los distintos elementos visuales del rostro: la distancia entre los ojos, la forma de la nariz, la presencia y la ubicación de los hoyuelos y la leve asimetría entre ambos lados. Para identificar un timbre, también tenemos en cuenta la forma general en que se relacionan todos los elementos tonales de un sonido. Cuando escuchamos la voz

¡CARIÑO!

LETRAS

TIMBRE

MELODÍA

X          X          X ← RITMO

El desarrollo de la mente musical

de un cantante por primera vez, creamos una paleta de timbres que refleja su patrón de armónicos específico.

Por eso el timbre es el «rostro» de la música, porque nos permite distinguir la verdadera identidad de un sonido.

## 4

Por supuesto, reconocer el rostro de una persona no significa que su cara te guste. Para que una dimensión musical, incluido el timbre, genere una respuesta emocional positiva, debe evocar una experiencia de recompensa consciente. A lo largo de este libro hemos visto cómo el reconocimiento de patrones entra en juego a la hora de evaluar la música y otras formas de arte. Cada cerebro desarrolla un gusto personal por ciertos patrones musicales. Si un sonido coincide con tus preferencias respecto al timbre, los circuitos de recompensa del cerebro responderán liberando dopamina, el neurotransmisor que nos hace sentir bien. La conexión recíproca entre nuestra red de procesamiento del timbre y el sistema de recompensa —y su vulnerabilidad frente a interferencias externas— queda ilustrada en la historia del señor B.

El señor B era un europeo de cincuenta y nueve años con un perfil de oyente de lo más común. Tenía gustos musicales amplios pero estables. Sus discos de cabecera eran aquellos que más alegrías le habían dado de adolescente, en especial la música en su lengua materna, el neerlandés. También disfrutaba con los Beatles y los Rolling Stones, con una ligera preferencia por los últimos.

Durante cuarenta y seis años, el señor B había sufrido un trastorno obsesivo-compulsivo que le hacía la vida imposible. Le devoraba la ansiedad cada vez que debía enfrentarse a situaciones inciertas o a hechos que carecían de lógica. Estaba tan obsesionado con mantener una sensación de control sobre su vida que le apaciguara que incluso empezó a acumular objetos. Dado que sus miedos afectaban a su capacidad para la vida diaria, los médicos decidieron que le vendría bien una estimulación cerebral profunda del núcleo accumbens, que forma parte del sistema de recompensa y es el encargado de proporcionar chutes de dopamina cuando escuchamos música que nos gusta.

Los neurocirujanos implantaron dos electrodos de cuatro contactos en el núcleo accumbens del señor B. Los efectos fueron asombrosos. Por primera vez en años no lo invadía el pánico ni sentía la necesidad de actuar de forma compulsiva. Empezó a llamarse a sí mismo «Señor B II» por la nueva sensación de calma, confianza y seguridad que experimentaba. Pero estos beneficios vinieron acompañados de un curioso efecto secundario: por primera vez en su vida se convirtió en un ferviente admirador de Johnny Cash.

Poco después de la operación, el señor B estaba escuchando la radio y empezó a sonar «Ring of Fire». Le llegó al alma. El tema de Johnny Cash lo conmovía más que ninguna otra música que hubiera oído antes. El señor B atribuyó las intensas emociones que sentía a la «voz cruda y grave» de Cash.

El hombre comenzó a comprar y escuchar todos los discos de Johnny Cash que caían en sus manos. Se dio cuenta de que las interpretaciones de los años setenta y ochenta tenían la cualidad tímbrica que más disfrutaba. Ninguna otra música podía satisfacerlo ya: les explicó a los médicos que «hay una canción de Johnny Cash para cada emoción y cada situación».

A diferencia de las sensaciones sumamente negativas que su trastorno obsesivo le despertaba antes de la cirugía, el señor B no sentía una obsesión maníaca por escuchar a Cash, ni tampoco ansiedad cuando no podía hacerlo. Escucharlo era un placer, no una compulsión. Aunque su dieta musical consistiera únicamente en discos de Johnny Cash, el señor B aseguraba que nunca se le hacía aburrido... hasta que se quedó sin implantes. Cuando las baterías que alimentaban la estimulación eléctrica de su núcleo accumbens se agotaron, también se apagó su pasión por Johnny Cash. Y, una vez recargadas, el interés del señor B resucitó.

El extraño caso del señor B sugiere que nuestra sensibilidad al timbre está, al menos en algún punto, íntimamente relacionada con la capacidad de sentir placer. Esta estrecha conexión entre timbre y recompensa se refleja también en el fenómeno conocido como ASMR (por sus siglas en inglés), o respuesta sensorial meridiana autónoma. El ASMR ha sido descrito como «una sensación de cosquilleo, similar a la electricidad estática, que recorre el cuero cabelludo, la parte posterior del cuello y, en ocasiones, otras zonas, en respuesta a determinados estímulos auditivos o visuales». Quienes disfrutan del ASMR entran en canales de YouTube que les permiten escuchar sonidos como susurros, voces monótonas, cortes de pelo o secadores. La youtuber ruso-estadounidense Maria Viktorovna se ha ganado el apodo de «reina del ASMR» debido a la popularidad de su canal Gentle Whispering ASMR. Tiene millones de seguidores que encuentran un alivio a la depresión, la ansiedad, el dolor o el estrés en el hipnótico murmullo de su voz, que alterna entre ruso e inglés. A veces el ASMR incluye un juego de roles, en el que el espectador recibe un servicio imaginario, como un lavado de cabello o un examen médico, pero las recompensas psíquicas provienen sobre todo del timbre.

Aunque todavía no sabemos del todo cómo funciona el ASMR, está claro que se basa más en la biología que en la psicología. Sin duda, la exposición a ciertos sonidos que nos gustan desencadena cambios fisiológicos y en el estado de ánimo, como la disminución del ritmo cardíaco, una respiración más profunda y una mayor sensación de calma. Los aficionados al ASMR recalcan que no buscan gratificación sexual, sino la relajación profunda y el «estado de flow» que les que proporcionan los sonidos del ASMR.

A pesar de que muchos sonidos son capaces de generar un profundo placer o sensación de confort, a veces producen la reacción opuesta. Para un pequeño porcentaje de oyentes, los sonidos más normales y corrientes —aquellos que la mayoría de la gente ni siquiera nota— pueden resultar tan irritantes como los chillidos de un bebé. El término para describir esta reacción negativa al sonido es *misofonía*. Las personas que la padecen sienten un profundo desagrado cuando escuchan determinados sonidos del día a día, como el de masticar, tragar o respirar. Este tipo de sonidos pueden desatar sentimientos de ira, ansiedad o síntomas de pánico. Por extraño que parezca, las personas con misofonía no son particularmente sensibles a los sonidos que la mayoría consideramos molestos, como, por ejemplo, el zumbido de un torno dental o alguien raspando una pizarra con las uñas. Estos ruidos generan el mismo nivel de incomodidad en individuos con misfonía que en el resto de la gente. La diferencia clave es que los sonidos que producen misfonía son interoceptivos: se trata de ruidos que hacemos con nuestro propio cuerpo. Al estudiar el cerebro de personas con disfonía, se ha descubierto que cuando escuchan alguno de estos sonidos, se produce un alto nivel de activación en la corteza insular, una estructura profunda del cerebro asociada al procesamiento de emociones, sobre todo el asco. Para estimular tu ínsula al instante, imagina el sonido y la sensación de morder una cucaracha bien jugosa. Así, en cuanto al timbre, la misfonía es justo lo contrario de lo que el señor B experimenta al oír a Johnny Cash.

Personalmente, me vuelvo un poco misofónica con el ASMR. La ansiedad que me entra con solo pensar en él bastó para impedir que pulsara play mientras investigaba sobre vídeos ASMR en YouTube. En cambio, el aullido bestial de las gaitas, que algunos desprecian por considerarlo agudo, monótono y estridente, siempre me provoca una cálida oleada de placer.


# 5

De entre todos los timbres que escuchamos, ninguno nos impacta tanto como el sonido de la voz humana. La conexión natural entre el sonido y las emociones tiene su origen en las decisiones a las que se enfrentaron nuestros antepasados. Reaccionar ante los sonidos no solo sirvió para que los primeros seres humanos se mantuvieran alejados del peligro. También les ayudó a encontrar el amor o, al menos, algún amante. Si estudiamos a conciencia, podremos aprender a distinguir entre un Stradivarius y un Guarneri, pero no necesitamos formación de ningún tipo para saber qué voces nos resultan sexis.

Históricamente, los seres humanos han mantenido relaciones sexuales de noche, escribe el especialista en psicoacústica Josh McDermott. La penumbra del bosque o la cueva nos impedía ver el rostro o el cuerpo de la pareja con claridad, así que evolucionamos para que las voces en la oscuridad nos resultaran especialmente eróticas. A su vez, la voz femenina cambia de tono a lo largo del ciclo menstrual, por lo que se considera un indicador «fiable» de fertilidad. Los hombres suelen preferir voces femeninas suaves y susurrantes —piensa en Scarlett Johansson— e instintivamente asocian ese timbre con la feminidad. Se puede predecir la promiscuidad de una mujer (medida por la edad de su primera relación sexual, el número de parejas sexuales y las veces que engaña a una pareja estable) según el atractivo de su voz (a ojos de los hombres). Resulta que las mujeres con voces sexis tienen más relaciones sexuales que las mujeres con cuerpos sexis.

Las mujeres también muestran un sesgo a la hora de evaluar las voces masculinas, pero este podría no tener una base real. Un estudio que analizó la relación entre los timbres masculinos y la atracción que estos despiertan en las mujeres reveló que, aunque ellas manifestaran preferencias claras por ciertos tipos de voz, los timbres masculinos no siempre significan lo que creemos. Cincuenta y cuatro mujeres de entre dieciocho y treinta años escucharon las grabaciones de voz de treinta y cuatro hombres del mismo rango de edad. Se les pidió que trataran de adivinar si los hombres eran atractivos, así como su edad, peso, altura, musculatura y si tenían vello en el pecho. Las opiniones de las mujeres coincidían: las voces más graves se asociaron con hombres supuestamente más atractivos, maduros, corpulentos, musculosos y con pelo en el pecho. En realidad, no existe relación alguna entre el timbre de voz y las características físicas de un hombre, a excepción del peso. La investigadora Sarah Collins señaló que, aunque las mujeres a veces elijan sus parejas sexuales masculinas por el timbre de voz, «la función de esta preferencia no está clara, ya que por lo general sus impresiones no coincidían con la realidad».

La producción musical es un ámbito en el que los varones siguen siendo mayoría, así que me di con un canto en los dientes cuando, un buen día, llegué a mi clase de producción en Berklee y vi que solo habían venido mujeres. Decidí que debía aprovechar aquella circunstancia tan inusual. Íbamos a tener una conversación de chicas. Les lancé una pregunta sobre la que había pensado a menudo pero que nunca había planteado a otras mujeres: «¿Quién os parece el cantante con la voz más atractiva?».

Las chicas se morían de ganas por responder. Una a una sacaron sus teléfonos móviles y buscaron a los cantantes que, según ellas, resultaban irresistibles solo por el timbre de voz. La mayoría de las voces que seleccionaron parecían reflejar su propia actitud joven y confiada. Ryan Adams: juvenil, accesible, cercana. Jason Mraz: susurrante, íntima, con un timbre amable y sin pretensiones. Miguel: también susurrante e íntima, con un toque sincero, auténtico y naíf. Elliott Smith: la más susurrante de todas, frágil, confesional. Y había uno que destacaba sobre los demás: Jason Aldean, con una voz profunda y fuerte al estilo country, gran técnica y un control excepcional. Todos los hombres que mis jóvenes alumnas adoraban tenían talento, pero sus voces no se acercaban para nada a mi punto sensible.

Desde que lo escuché por primera vez hace décadas, me encanta la voz de Kevin Sandbloom. Escucha «Say Yes» del EP de 2005 *Delta*. Tiene un timbre vocal que me parece tan seductor que hasta me olvido de mi propio nombre. A mis oídos, suena como un violonchelo muy caro grabado de cerca, con el arco deslizándose lenta pero concienzudamente sobre las cuerdas. Un lujo que no se escucha todos los días.

Todas las mujeres de mi clase de producción, yo incluida, declararon con entusiasmo su amor por las voces masculinas sexis. Esto subraya que la pista de las voces es la que más peso tiene en la música. El resto de los instrumentos son emotivos, pero solo la voz nos proporciona contenido emocional y, a la vez, una idea de la identidad del intérprete y su estado físico. El rango vocal es una forma que tienen los cantantes de insinuar su poderío sexual, como vimos con Frank Sinatra en el capítulo sobre la melodía.

Además de en falsete, la mayoría de los hombres cantan con su «voz de pecho», también llamada *registro modal*. En cambio, las cantantes suelen usar la «voz de cabeza», sobre todo al principio de su carrera. (Estos términos anatómicos hacen referencia al lugar del cuerpo donde se da la mayor resonancia acústica.) El tono de nuestras voces depende de la longitud de las cuerdas vocales. Curiosamente, los seres humanos son una de las pocas especies con dimorfismo sexual en la voz. Al escuchar el relincho de un caballo, el ladrido de un perro o el maullido de un gato, es imposible saber si el animal es macho o hembra. Los humanos muy jóvenes también tienen timbres idénticos: los niños y las niñas suenan igual. Pero cuando los chicos alcanzan la pubertad, la liberación de la testosterona alarga sus cuerdas vocales y provoca el desarrollo de la «protuberancia laríngea», más conocida como *nuez*. Una vez pasada la pubertad, la voz masculina promedio es una octava más grave que la femenina. Este dimorfismo hace que la voz humana sirva como expresión de su sexo: podemos basarnos en la voz de un adulto para deducir algo sobre su atractivo sexual.

Entrenar la voz ayuda a los cantantes a ampliar su registro y pasar sin esfuerzo de la voz de pecho a la voz de cabeza y viceversa. Esto requiere fuerza y control, así que cuando oímos a un hombre cantar en falsete, recibimos el mensaje de que tiene una habilidad extra y el poder para dominarla. Del mismo modo, cuando escuchamos a una mujer cantar con una voz de pecho profunda, nos trasmite que posee una fuerza que la mayoría de las mujeres no tiene. Nina Simone es el ejemplo por excelencia de una mujer con voz de pecho potente, como se aprecia en «No Good Man», pero también encontrarás exquisitos registros graves en Miley Cyrus, Etta James, Tanya Tucker, la cantante de rock rusa Juliana Strangelove y muchas otras. Las voces femeninas profundas impresionan especialmente porque, por lo general, los hombres tienen un registro más amplio que las mujeres. A ellos les resulta más fácil contraer las cuerdas vocales y cantar más agudo que a ellas alargar las suyas y cantar en tonos más graves, por lo que los hombres pueden sonar femeninos con más facilidad que las mujeres pueden sonar masculinas.

La complejidad del timbre lo convierte en la dimensión más personal de la música. Es posible que los oyentes no tengan opiniones muy marcadas sobre las melodías, las letras o los ritmos, pero, como hemos visto con el ASMR, la misofonía, el señor B y las preferencias de las mujeres de mi clase de producción, la reacción de una persona ante un timbre determinado puede ir desde el entusiasmo hasta la repulsión. Cada uno de nosotros tiene una constelación muy personal de puntos sensibles en cuanto al timbre, y esa constelación es una de las causas principales de que tu perfil de oyente sea único e intransferible.

# *Memoria musical*

La música y la memoria son compañeras inseparables. Es asombroso ver cómo nuestra memoria para canciones y discos se resiste al deterioro, incluso cuando hay daño fisiológico. Por suerte, incluso los melómanos con alzhéimer leve o moderado conservan su pasión por la música. Las personas con problemas graves de memoria suelen recordar la melodía, la letra y el ritmo de las canciones, sobre todo de las que fueron populares cuando eran jóvenes.

Vincular palabras con una melodía «duplica» la actividad cerebral, pues se activa tanto la corteza auditiva izquierda como la derecha. Esta «codificación dual» de los recuerdos en ambos lados del cerebro puede haber contribuido a la preservación de las historias orales. Antes de que el *Homo sapiens* inventara la escritura, los pueblos antiguos cantaban sus relatos, mitos y crónicas a las generaciones más jóvenes. Las melodías y las rimas proporcionaban pistas cognitivas que ayudaban a los oyentes a recordar las palabras de una historia: si se les olvidaban las palabras, la melodía podía ayudar a recordarlas, y viceversa.

# CAPÍTULO 8
# FORMA Y FUNCIÓN
## Así le suena a un productor

Rick Hall se encerró con ese disco
como un ermitaño hasta que le quedó perfecto.
Sabía exactamente lo que quería y no
iba a parar hasta conseguirlo.

ARTHUR ALEXANDER, cantante de country-soul

# I

El documental *Muscle Shoals* explora la historia de FAME, un legendario estudio de grabación situado en el extremo noroeste de Alabama, cerca del río Tennessee. Lo fundó uno de mis ídolos de la producción musical, el difunto Rick Hall. Rick llenó las listas de *Billboard* de los años sesenta y setenta con temas de Aretha Franklin, Etta James, Percy Sledge, los Rolling Stones y muchos más. En el documental, la cantante Candi Staton habla sobre el legendario perfeccionismo de Hall durante las sesiones con la célebre banda del estudio, los Swampers, que contribuyeron a muchos de sus éxitos. Staton cuenta que podían pasarse días enteros —¡días!— trabajando en una sola canción hasta que Hall sentía que por fin habían dado en el clavo.

Esta perseverancia me alucina. Hora tras hora, trabajando en la misma pista con músicos de primer nivel, y Rick no quedaba satisfecho. Una y otra vez, toma tras toma, pulsaba el botón de intercomunicación para decirles a los Swampers: «Una más...». Con tanto talento al otro lado del cristal de la sala de control, ¿por qué se tardaba tanto en dar con la toma perfecta? ¿Qué faltaba? Más concretamente, ¿qué era lo que Hall quería escuchar?

Rick no buscaba una canción excelente. No se ponía a grabar sin estar seguro de que trabajaba con un tema prometedor. Tampoco buscaba grandes interpretaciones. Sabía que los Swampers podían tocar como los mejores del mundo. No, lo que Rick Hall quería era una grabación, un registro excelente. Una grabación se completa cuando todas las interpretaciones individuales encajan y forman un maravilloso todo en el que, citando al psicólogo de la Gestalt Kurt Koffka, «el todo es más que la suma de las partes». Grabar consiste en capturar la música en un soporte de almacenamiento. Producir consiste en lograr que esa música llegue al corazón del oyente.

En este capítulo cambiaré un poco la dinámica. En vez de ayudarte a comprender mejor cómo te suena la música, trataré de mostrarte cómo suena para una productora musical. Espero que adentrarnos en la mente de quienes escuchan música para ganarse la vida te sirva para ahondar un poco más en tu perfil de oyente. Y confieso también un segundo deseo privado: espero que este capítulo anime a algunos lectores a plantearse una carrera en la producción musical.

Escuchar música es un talento distinto a tocarla, del mismo modo que dirigir una película requiere habilidades diferentes a las de actuar en ella. Antes de que llegaran los softwares de grabación domésticos, los productores exitosos solían empezar su andadura en roles distintos a los de músico o compositor. Gus Dudgeon, Jerry Wexler, Nigel Godrich, Sylvia Massy, Keith y Hank Shocklee, Mark Ronson y Boi-1da tenían vocación de productores y renunciaron conscientemente a convertirse en artistas e intérpretes. Al igual que otros tantos en la industria, estos productores, famosos por mérito propio, comenzaron sus carreras como periodistas musicales (Wexler), representantes de A&R (Dudgeon), ingenieros de grabación (Godrich, Massy), innovadores técnicos (los hermanos Shocklee, Just Blaze) o DJ (Ronson, Avicii). Dos de mis grandes héroes, Sam Phillips

(Sun Studio) y Rick Hall (FAME Studios), fueron referentes en la producción, aunque nunca se plantearon en serio una carrera como músicos.

No hay duda de que ser músico facilita muchos aspectos de la producción. Sin embargo, a menudo requiere un reajuste de tus habilidades de escucha. Todos mis alumnos de Berklee son músicos talentosos. Han dedicado innumerables horas a perfeccionar su arte, día tras día, mes tras mes, año tras año. La práctica musical, especialmente cuando implica escuchar tonos individuales con atención, fortalece los circuitos de procesamiento auditivo y crea «atletas auditivos». Así como un tenista que entrena todos los días desarrolla habilidades motoras y coordinación ojo-mano, un músico con formación adquiere la capacidad de percibir y responder rápidamente a diferencias sutiles en todos los sonidos, no solo en la música. Esta habilidad recibe el nombre de *escucha analítica*.[1]

Los músicos están adiestrados para escuchar los detalles acústicos más intrincados y sutiles en cualquier sonido. A medida que mejoran su escucha analítica, aprenden a distinguir y producir notas afinadas y que encajan en un compás. Aprenden a enfatizar ciertas notas para que los oyentes puedan sentir el ritmo de determinada pieza y a modificar la longitud de las frases para generar un mayor impacto emocional. Aprenden cómo obtener el mejor timbre de su instrumento, cuándo tocar suave y cuándo meterle caña. Cuando se unen a un grupo, la escucha analítica les permite percibir cómo sus gestos interpretativos se integran con los del resto de los músicos. Los alumnos de Berklee son expertos en adaptarse para complementar, apoyar o enriquecer la interpretación de un conjunto. Ahora bien, parte de mi labor como profesora en el Departamento de Producción e Ingeniería Musical es enseñar a los estudiantes a escuchar como productores, y eso implica aprender a oír música que, como dijo Rick Hall, «tiene un gran atractivo para la gente común, que constituye el grueso del público comprador de discos».

Los productores discográficos necesitan un oído capaz de percibir la totalidad de los elementos sonoros de la canción, esa que va más allá de la suma de elementos individuales que la componen, lo que llamamos *escucha sintética*. Los productores la aplican para distinguir los detalles de una grabación que deben quedar perfectos de aquellos que quizá podrían beneficiarse de errores menores o incluso intencionados. La capacidad de escucha analítica se adquiere mediante años de formación musical exhaustiva. La escucha sintética, en cambio, se desarrolla tras años escuchando discos y grabaciones.

Mientras mis compañeros de clase practicaban escalas, yo escuchaba discos. Cuando, de adolescentes, mis colegas trataban de volcar sus sentimientos en letras, yo escuchaba discos. Al llegar a la veintena, mientras el resto ensayaba con grupos y daba conciertos, yo escuchaba discos. Cuando mis contemporáneos ya hacían giras en salas, vendían canciones y empezaban a firmar con discográficas, yo escuchaba discos y estudiaba las habilidades técnicas que necesitaría para producirlos. Cuando al fin tuve la oportunidad de hacerlo, todos esos años de escucha intensa y activa me habían proporcionado un profundo bagaje de conocimientos e intuición, grabado a fuego en los circuitos de mi cerebro. Como sucede con todos los productores, mi biblioteca mental me parecía un valioso recurso profesional, en el que confiaba para tomar decisiones estéticas rápidas en el estudio y grabar una toma tras otra.

Para los grandes productores como Rick Hall, escuchar música es tan inseparable de sus mentes como su sombra lo es de sus cuerpos. No importa dónde se encuentren, la música siempre será el sonido predominante. Para estos productores, el término *música de fondo* es un oxímoron. Sus cerebros sintonizan con cualquier música que llegue a sus oídos, sin excepción.

La música puede incluso distraerlos de sus actividades cotidianas o imposibilitar que se centren en ellas. Hace poco, tuve que ponerme una escena de una serie tres veces para quedarme con el diálogo, porque se desarrollaba en un bar con una canción de Al Green en la máquina de discos. Me resultaba imposible apartar mi atención del tema.

A los productores veteranos les cuesta concentrarse en tareas tan básicas como leer, escribir, mantener una conversación, cocinar, hacer ejercicio o incluso conducir (al menos a mí) si hay música sonando. Muchos de nuestros recuerdos —esperar a una amiga en una cafetería, hacer la compra, echar gasolina o relajarnos en la playa— están marcados por la música que sonaba en esos momentos. Un productor tiene éxito cuando emplea su propio perfil de oyente, con todos sus puntos sensibles, para crear un tapiz sonoro ante el que otros oyentes exclamen:

¡Esta música es para mí!


## 2


Muchas veces, lo primero que un productor se pregunta al arrancar un nuevo proyecto es: «¿Cuál es la función de esta grabación?».

Existe una relación crucial entre la forma de una creación y el papel que cumple en la vida de quienes la consumen. Me planteo esta relación como «el dilema del puf». Este tipo de asiento blando es un ejemplo perfecto de creación atemporal con una funcionalidad limitada. Por su forma inusual (sin patas ni respaldo y con una superficie flexible), rara vez encontrarás un puf en oficinas o comedores, aunque es habitual en dormitorios infantiles y salas de estar de familias. La clásica silla Navy de aluminio representa todo lo contrario: consta de cuatro patas, un respaldo rígido y un asiento plano, y se usa en una amplia variedad de entornos, desde conferencias académicas hasta buques de guerra.

Cuanto más inusual es la forma, más limitada es la función. Un tema con una forma clásica, como «All Too Well» de Taylor Swift, puede acompañar al oyente a lo largo de todo el día: desde el trayecto matutino al trabajo hasta las cervezas o cócteles de después, e incluso a última hora antes de acostarse. La magnífica, aunque poco convencional, «Fault and Fracture» de Converge tiene una utilidad más reducida. Cuanto más limitada es la función, menor suele ser su atractivo comercial, aunque a veces una grabación poco ortodoxa puede conquistar a millones de personas e incluso volverse icónica, como «Bohemian Rhapsody» de Queen.

La forma de una grabación depende sobre todo de los artistas y compositores, que son quienes crean la materia prima: las canciones. No obstante, el responsable de la función es, en gran medida, el productor. Este debe pensar en cómo se usarán las canciones del artista y sopesar ideas sobre el público ideal, el contexto ideal y la respuesta ideal de los oyentes. Dado que los músicos son artistas, incluso entre los profesionales existe una gran tendencia a crear «arte por el arte» —y, muchas veces, así lo hacemos—, pero la supervivencia profesional tanto del músico como del productor depende en última instancia de alcanzar cierto grado de éxito comercial.

Cuando trabajamos con estilos vanguardistas (como el noise pop o el free jazz), no nos cabe duda de que, al igual que un puf, nuestra grabación tendrá una funcionalidad limitada. Si optamos por una forma más clásica, entonces, como nos recuerda la curva de novedad y popularidad, el tema será más fácil de vender porque atraerá a muchos perfiles de oyente distintos y podrá utilizarse en muchos más contextos musicales. Sin embargo, las formas muy funcionales presentan sus propios desafíos, incluido el mayor de todos: la competencia.

Los productores comerciales de primera línea graban música con formas conocidas. Por lo tanto, el consumidor siempre tiene un montón de opciones entre las que elegir. Es más fácil competir en un ámbito reducido con pocos rivales que hacerlo en un mercado enorme con productos muy parecidos, pero, en general, las ganancias en el negocio de la música son proporcionales al tamaño del mercado.

Cuando una productora evalúa la funcionalidad de una grabación, piensa en el contexto ideal en el que más destacaría. «Untitled (How Does It Feel)» de D'Angelo se ajusta a la forma atemporal de los temas para besarse y enrollarse: tempo moderado, dinámica uniforme, voz melosa y *legatos*. «Celebration», de Kool & the Gang, deja claro desde el principio que está hecha para sonar en cualquier fiesta que se precie: «There's a party goin' on right here...» ('Aquí se ha montado una fiesta'). Queen no ideó el famoso ritmo de pisotones y palmadas de «We Will Rock You» para que los consumidores lo escucharan solos en su cuarto, sino para interactuar con el público en conciertos multitudinarios, donde solo un ritmo simple y lento permite que ochenta mil fans respondan al unísono. Como aprendimos en el capítulo sobre el ritmo, moverse y cantar en grupo genera un sentimiento de comunidad y convierte el acontecimiento en una experiencia social memorable. (Esta es la función del «rock de estadio»: permitir que miles de fans se sientan unidos entre ellos, además de con el grupo.) Los Grateful Dead escribieron muchas de sus canciones, como «Playing in the Band», incluida en el disco *Grateful Dead* de 1971, para que al tocarlas en directo acompañaran los viajes psicodélicos de sus fans. Por eso, algunos de los temas del grupo no tienen tanto gancho en su versión grabada. En palabras de un crítico musical: «[Ni siquiera] los discos en directo logran reflejar la experiencia de verlos en vivo».

A lo largo de mi vida he sido testigo de más de un cambio importante en la funcionalidad de las grabaciones, pero quizás el más significativo fue cuando culturalmente pasamos de la escucha activa a la escucha pasiva. Como ocurre con cualquier producto, cambiar la forma en que se consume la música transforma la forma en que se produce. En los primeros tiempos de la radio y los tocadiscos, la mayoría de consumidores la escuchaban activamente, sentados frente a la radio o en la habitación donde se reproducía la música, prestándole toda su atención. En mi época íbamos a casa de nuestros amigos a oír discos, normalmente cargando con algunos propios. Los esparcíamos frente al equipo de música y hojeábamos las portadas y contraportadas como si buscáramos pistas de otro mundo, mientras compartíamos opiniones sobre el significado de las letras o lo que el artista podría haber sentido o hecho cuando escribió la canción.

El maravilloso mundo de la escucha activa y comunitaria se tambaleó con la llegada del walkman de Sony en 1979. Aquello marcó el inicio de una nueva era en que la escucha podía ser individual y portátil. Por primera vez, los oyentes podían disfrutar de su música favorita en privado y en entornos cotidianos diversos, como la oficina, el parque o incluso la biblioteca, es decir, contextos en los que realizamos actividades no musicales que exigen nuestra atención. Esto suponía una escucha pasiva, la que se da cuando no te concentras solo en la música, sino que simplemente quieres una banda sonora de fondo que te mantenga motivada, relajada o conectada mientras haces otra cosa. La mayor parte de la música del siglo XXI se consume de forma pasiva.

Los productores discográficos son conscientes de que, hoy más que nunca, los resultados de su intensa labor creativa tendrán como destino oídos que solo «escuchan a medias». Por tanto, deben considerar el nivel de esfuerzo cognitivo que su producto requerirá para ser disfrutado por completo. Las grabaciones muy complejas o innovadoras se aprecian mejor si la escucha es activa, para no perderse las sutiles capas armónicas o la poesía de las letras. En cambio, la música adecuada para una escucha pasiva —y, por tanto, dirigida a un público más amplio— debe emplear formas familiares y pocas sorpresas.

## 3

Antes de empezar a hablar de la forma y la función, sin embargo, el productor o la productora debe ser contratado. El primer paso para conseguirlo es pasar la audición.

Esta prueba se parece mucho a una cita a ciegas, pero en este caso entre un productor y una banda o artista. El objetivo es averiguar si encajan bien o si sería mejor para todos juntarse con otra persona. El productor se sienta con el artista y se intercambian opiniones sobre el próximo disco para saber si lo que hay que hacer está dentro de sus competencias. Durante la charla, el productor debe prestar suma atención a lo que dice el artista, a fin de no entusiasmarse sin haber comprendido antes su visión creativa. Los productores con experiencia le dan unas cuantas vueltas al asunto antes de responder.

Una vez hice una audición con Lou Reed, el legendario líder de la Velvet Underground. Era una noche lluviosa en el barrio del SoHo, en Manhattan, y quedamos en un restaurante japonés discreto y elegante. Lou era un auténtico dios del rock. Tenía muchas ganas de trabajar con él, pero mi entusiasmo fue desinflándose al oír cómo describía el álbum. Quería grabar un disco de rock intenso, con gran énfasis en la improvisación y la inspiración espontánea. Me encanta escuchar ese tipo de discos, pero sabía que carezco del oído necesario para producirlos. Se me da mucho mejor cuidar los pequeños detalles que grabar un proyecto improvisado abarcándolo todo de una sentada. Me gusta subrayar musicalmente lo que dicen las letras. Doy mucha importancia a los matices del bajo y la batería. Una de mis formas favoritas de experimentar es a través de complejas capas armónicas. Estas preferencias y habilidades me convierten en la candidata perfecta para obtener grabaciones refinadas de estudio, pero no soy tan buena cuando lo que hay que vender es el «rollo» o la atmósfera de un disco.

Por mucho que me molestara, tuve que reconocer que no era la productora adecuada para el proyecto de Lou. Al final decidió trabajar con su antiguo colaborador, Hal Willner. Fue la mejor decisión para ambos. ¡No hubiera podido vivir en paz sabiendo que había desvirtuado un disco de Lou Reed!

Si un artista decide que quiere trabajar conmigo, una de las mejores formas de conocernos es escuchar música juntos. ¿Qué es para ti un buen ritmo? ¿Qué voces te suenan bien? ¿Hay alguna letra que te impacte? ¿Demasiado reverb? Cuando dices que quieres grabar soul, ¿piensas en Drake o en Solomon Burke? Cuando dices «disco de country clásico», ¿te refieres a Patsy Cline o a Kasey Musgraves? Es horrible estar en el estudio el primer día y darte cuenta de que el sonido de caja que te parecía perfecto es totalmente erróneo para el artista.

Hace unos cuantos años, compartí una sesión de escucha con Paul Westerberg, de The Replacements, unas semanas antes de entrar a trabajar como ingeniera para él. Le recomendé al músico David Coleman (el hermano menor de Lisa Coleman, la teclista de la banda de Prince, The Revolution), conocido por coescribir con él la canción que da título al álbum *Around the World in a Day*. David era un jovencísimo violonchelista de primera, capaz de tocar una amplia variedad de estilos y con una creatividad extraordinaria. Paul solo tenía una pregunta: «¿Qué tipo de zapatos lleva?».

«Esas zapatillas planas y negras que te venden en Chinatown por un dólar», respondí.

Tras este diálogo se escondía la verdadera pregunta de Paul: «¿Es David un violonchelista con formación clásica, estirado, que espera que las sesiones se planifiquen y marchen como un reloj suizo, o es alguien con quien un pionero del rock alternativo puede convivir en el estudio?». Para Paul Westerberg, las zapatillas chinas eran la respuesta correcta.

Es un hecho, tanto en el flirteo romántico como en la producción discográfica, que por mucho que demos lo mejor de nosotros mismos, no conseguiremos agradar a todo el mundo. Si queremos que un tema o un disco tengan éxito, solo necesitamos complacer a una categoría de oyentes. Por suerte, hay tres grandes entre las que elegir: los críticos, los músicos y el público general. Cada uno de estos grupos se basa en criterios distintos para juzgar la música. Por lo tanto, cada público premia a los creadores de forma diferente. Antes de embarcarse en un nuevo proyecto, conviene elegir a uno de estos grupos como objetivo. Aunque hay algunos discos que atraen a los tres tipos de público, el terreno que comparten los grupos es pequeño y muy difícil de alcanzar.

Tan difícil, de hecho, que cualquier disco o tema capaz de conquistar al mismo tiempo a los críticos, los músicos y el público general se considera ganador de la «triple corona».

Los críticos y los estudiosos de la música, al igual que sus colegas del cine y la literatura, buscan ideas cuyo momento ha llegado. Se preguntan: «¿Quién está haciendo el tipo de arte que la cultura contemporánea necesita ahora mismo?». Los críticos evalúan la música más allá de sus preferencias personales: quieren llamar la atención sobre talentos poco valorados, impulsar a jóvenes artistas que se lo merecen y recompensar a quienes demuestran audacia o inteligencia. Son oyentes bien informados cuya labor consiste en situar a cada artista entre sus pares y en el marco histórico, para que el público pueda decidir con criterio. ¿Cuál de los artistas destacados de un nuevo género se convertirá en leyenda? ¿Por qué nos decepciona el nuevo disco de esa banda tan famosa? Los críticos con talento pueden incluso orientar las tendencias hacia algo estéticamente interesante. Cuando algo gusta a los críticos, estos lo publicitan, por lo que se podría decir que recompensan a los creadores con la fama.

Los músicos buscan inspiración y referencias en los trabajos de otros artistas. Escuchan para saber cuál es el nivel y para descubrir ideas o técnicas interesantes que imitar. Nunca somos tan duros como cuando juzgamos a alguien que nos recuerda a nosotros mismos. Los músicos escuchan y se preguntan: «¿Podría hacerlo yo?». Si la respuesta es afirmativa, es menos probable que les impresione. Según mi experiencia en Berklee, muchos músicos jóvenes juzgan a otros artistas de manera muy binaria: o los respetan o los descartan, en función de sus propias ideas sobre lo que implica componer, cantar, programar y tocar música. Cuando una grabación gusta a otros músicos, estos la admiran y la citan como ejemplo frente a sus colegas, por lo que se puede decir que los músicos ofrecen la recompensa del respeto.

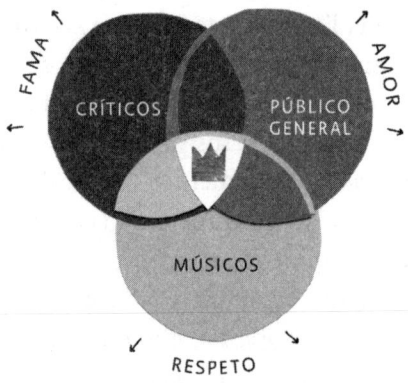

La triple corona

El público general es la categoría más conocida y más fácil de describir. A diferencia de los críticos y los músicos, este no se juega nada. Le gusta lo que le gusta y no parece preocuparse sobre quién es el más ingenioso, creativo o virtuoso. En cambio, este público busca música que le permita pagar un precio relativamente bajo en esfuerzo mental para obtener una buena dosis de disfrute. Del mismo modo que mucha menos gente va a ver cine de autor que los grandes éxitos de Hollywood, la mayoría de los oyentes suele pasar por alto la música que elogian los críticos y prefiere sonidos menos exigentes pero más emocionantes. Cuando tu música conecta con la gente, esta te sigue, va a tus conciertos, reproduce tus canciones, se pone tus camisetas y se autodenomina fan, por lo que se podría decir que el público recompensa a los artistas con amor.

Hace años, un día en que Tommy Jordan, Greg Kurstin y yo estábamos comiendo durante la grabación del álbum *Sacred Cow* de Geggy Tah, Greg planteó esta pregunta: «¿Quién ha llevado la triple corona durante más tiempo?». Resultaba difícil pensar en una banda o artista que la hubiera conservado durante más de un disco. Se nos ocurría Michael Jackson, pero muchos músicos atribuyen su éxito al productor Quincy Jones. La gente adoraba a Led Zeppelin, pero muchos críticos los detestaban. Los músicos veneraban a Jimi Hendrix como el mejor guitarrista del mundo, pero el público no lo acogió como lo hizo con Eric Clapton. Probablemente, los Beatles fueron la banda más popular de su época tanto para el público como para los críticos, pero los músicos tendían a imitar a los Rolling Stones.

Greg Kurstin puso fin a nuestro debate de sobremesa con dos palabras: «Duke Ellington». Ellington dirigía una big band en la edad de oro del género y llegó a reunir la que muchos consideran «la orquesta más célebre de la historia del jazz». Las entradas de sus conciertos se agotaban constantemente y grabó muchos exitazos. Cuando los críticos de jazz hacían listas de los mejores líderes, aparecía en los primeros puestos (y ahí sigue), y hasta recibió un Pulitzer póstumo en 1999 por su gran genio musical. Otros músicos lo veneraban como a un dios del piano. Sí, es posible que, en la historia de la música estadounidense, sir Duke haya sido quien durante más tiempo ha llevado la corona.

Prince también la tuvo durante un breve período. A medida que se labraba su reputación, fue lo bastante clarividente como para reconocer que los distintos públicos escuchaban a través de distintos filtros. Para impulsar su carrera, tomó la audaz decisión estratégica de grabar discos dirigidos a públicos diferentes. Los dos primeros álbumes de Prince hicieron lo que suelen hacer los debuts de cualquier artista: mostraban sus habilidades dentro del estilo de la época (aunque con suficientes toques de innovación como para dejar entrever de lo que era capaz). Su primer sencillo, «Soft and Wet», de su álbum de debut, no sonaba muy distinto a los temas de R&B bailable, con abundancia de teclados, que triunfaban a finales de los setenta. Para su tercer disco, sin embargo, tomó la arriesgada decisión de abandonar a los fans del soul que apenas habían comenzado a apoyarlo. Ese impactante tercer disco, *Dirty Mind*, resultaba inaceptable para las emisoras de R&B, pues tocaba demasiados temas tabú. No obstante, aquella combinación de soul y punk despertó el interés del único público que podía catapultarlo a la cima: los críticos. La pista que daba título al disco, «Dirty Mind», tenía más en común con la nueva ola de pop | rock que con el R&B, que a principios de los ochenta todavía intentaba despegarse de la música disco. Y funcionó. Los críticos, desde Nueva York hasta Los Ángeles, alabaron la maniobra estilística de Prince como prueba de que «es heredero de la tradición rebelde del rock and roll de Elvis Presley, Mick Jagger y Jimi Hendrix».

En su siguiente disco, *Controversy*, Prince apuntó a otro tipo de público: los músicos. Él mismo tocaba casi todos los instrumentos del álbum, mucho más conciso, cohesionado y que, paradójicamente, causó menos controversia. Aunque muchos músicos más veteranos seguían considerándolo un bicho raro, tuvieron que admitir que se trataba de un intérprete excepcional al teclado, la guitarra, el bajo, la voz... y que, además, sabía componer temas pegadizos. La canción «Private Joy» demuestra su habilidad prácticamente inigualable para crear pop alegre y adictivo. Pero si te fijas en el bajo, la técnica al teclado, los solos de guitarra, los coros de fondo y sus impresionantes voces, te toparás con un gran despliegue de talento natural.

Ahora que ya había obtenido buena prensa por parte de la crítica y el respeto de los músicos, era momento de ganarse al público general. Y, una vez más, funcionó. Con el disco *1999* consiguió que uno de sus sencillos entrara por primera vez en las listas de éxitos de pop. Se trataba de «Little Red Corvette».[2]

Su sexto álbum fue *Purple Rain*, un megaéxito mundial que le valió la triple corona. Ponte la canción que le da nombre e imagínate escuchándola en 1984 como si pertenecieras a cada uno de los tres tipos de público. Podrías coincidir en que «Purple Rain», al igual que todo el álbum, posee un mérito artístico innovador, demuestra un talento musical increíble y, lo más importante para el gran número de perfiles de oyentes que compran discos, se encuentra en el punto perfecto, en esa «zona Ricitos de Oro» donde nos sentimos bien.

# 4

Una vez que el productor o productora ha conseguido el trabajo, se junta con el artista para hacer un poco de preproducción antes de entrar al estudio. En esta etapa, las canciones se ensayan una y otra vez, añadiendo, descartando y cambiando partes con la esperanza de encontrar la forma ideal del disco. Una ventaja adicional de este proceso es que la productora puede familiarizarse con el modo de tocar y cantar del intérprete, así como con su temperamento y flexibilidad creativa, antes de enfrentarse al estrés del estudio de grabación.

La productora debe prestar atención a todo y escuchar el conjunto de elementos de forma sintética para decidir hacia dónde —cabeza, corazón o caderas— debería apuntar cada canción. ¿Funcionará mejor como un tema bailable? ¿Es para que el compositor se luzca? ¿Se trata de un símbolo de sexualidad o inteligencia? ¿Hay alguna armonía que sirva de contrapunto tanto a la melodía como a la letra? ¿Qué timbres realzarían sus puntos fuertes y mitigarían los débiles? Durante la preproducción, podemos probar distintas opciones para cada tema y, al mismo tiempo, descubrir las virtudes de nuestro artista.

Aquí va un ejemplo de cuando trabajé en el estudio con el músico cubano-estadounidense Nil Lara. La canción «Baby» debía destacar los dos grandes atributos artísticos de Nil: la pasión y la potencia. Se escogieron timbres de guitarra potentes y nítidos, para transmitir fuerza. Además, podríamos decir que el sonido del bajo y la batería te golpea directamente en los morros, para enfatizar ese poderío. No obstante, también nos interesa que los oyentes relacionen la música con sus propias vidas, por lo que a veces nos conviene moderar un poco ese enfoque tan directo. Para lograrlo, las guitarras cambian a un tono ligeramente más suave cuando Nil suplica «be my saviour» ('sálvame'). Su voz también se aleja del micrófono, para que la frase suene menos personal y más universal.

En la preproducción solemos probar diferentes tempos para saber cómo queda la melodía, si va rápido o si va despacio, y en el proceso aprendemos algo nuevo sobre la canción. Como ya vimos en el capítulo sobre la melodía, «Happy» de Pharrell Williams funciona mejor a un tempo relativamente rápido (adecuado para una canción que habla de la felicidad). Aunque el tempo y la letra no tienen por qué ir siempre en consonancia, tal y como apuntamos en el capítulo sobre las letras, cuando hablamos de «50 Ways to Say Goodbye», de Train. La forma básica de esta canción (melodía, letra y ritmo) podría adaptarse a un tempo más lento. Si, además, esa versión más lenta prescindiera de los mariachis, el tema podía convertirse en un relato más tradicional de desamor.

Durante la preproducción, también experimentamos con el ritmo para saber si funciona mejor en *staccato* o en *legato*. Por ejemplo, el ritmo de una canción sobre ligar encajará mejor con el mensaje de las letras si se toca de un modo ágil y juguetón, que refleje la autoconfianza del cantante. Como alternativa, podría añadirse un trasfondo sexualmente más explícito mediante un ritmo más constante. En el capítulo sobre el ritmo aprendimos cómo las síncopas activan las «caderas», pero también añaden cierto efecto saltarín. Este último podría restarle fuerza al impulso firme y decidido de las canciones para besarse y enrollarse como «Untitled (How Does It Feel)» de D'Angelo. Su compás de 6/8 (el doble del compás tradicional del vals, que es de 3/4) da una sensación más directa que un tema de flirteo, que podría emplear más síncopas. El bombo de D'Angelo suena previsiblemente en el primer tiempo y el aro de la caja en el cuarto, en todos los compases, durante los siete minutos que dura la seducción. Las síncopas pueden aparecer como el preludio a un baile romántico, mientras que los ritmos más regulares remiten al baile en sí.

En 1999 grabé un disco con el guitarrista de blues Robben Ford que incluía el tema «Don't Lose Your Faith in Me». Se trataba de una súplica, en la que el cantante pedía perdón y una segunda oportunidad. La batería, a cargo del incomparable

Vinnie Colaiuta, suena firme y equilibrada, sin adornos diná-
micos innecesarios que nos distraigan. La sección rítmica deja
espacio para que Robben se explaye. Robben es un guitarrista
de blues y jazz que fue aclamado como un niño prodigio cuando irrumpió en la escena, pero en este álbum su voz no estaba
tan entrenada ni era tan fluida como su técnica con la guitarra.
No pasa nada: cuando el cantante principal no es un torbellino
de potencia, otro instrumento puede encargarse de transmitir
la pasión.

Si hubiéramos optado por grabar esta canción con una guitarra eléctrica en vez de con una acústica, un solo apasionado
habría añadido el ardor necesario, pero eso no habría sido lo
más adecuado para el tema. Robben habría tenido que esforzarse más al cantar (al nivel que escuchamos en «Baby» de Nil
Lara) para abrirse paso entre las guitarras. Por tanto, la tarea de
transmitir pasión recayó en el famoso compositor y arreglis-
ta Roger Kellaway, cuyas cuerdas cargadas de arrepentimiento
narran la historia que se esconde tras la letra. La voz de Robben pierde potencia a ratos, pero da igual. El trasfondo musical
de las cuerdas de Kellaway la dota de sinceridad.

Cuando canta, Robben dice lo que siente, y aquello que no
puede expresar es su banda la que lo dice por él. Un crítico del
*Washington Post* escribió: «A menudo, Ford parece más intere-
sado en que las letras tengan peso que en demostrar su habilidad con la guitarra. Aunque no es un cantante imponente, logra
infundir suficiente emoción en casi todas las canciones como
para mantenernos enganchados hasta que irrumpe su guitarra».
Esa era nuestra intención con el disco, y me alegró que el mensaje fuera recibido, al menos por un oyente.

Es el artista, y no el productor, quien tiene la última palabra sobre lo que es aceptable y lo que no. (Hay excepciones
entre las bandas expresamente creadas por la industria musical
para atraer a preadolescentes, como New Kids on the Block, las

Spice Girls y BTS.) Si un productor no está de acuerdo con las decisiones del artista, deberá decidir hasta dónde está dispuesto a llegar para imponer su criterio. Un día, el productor Tony Berg me explicó por qué había cedido y dejado que la banda con la que trabajábamos eligiera un rumbo contrario a lo que él consideraba correcto:

«Yo puedo hacer unos doscientos discos en mi carrera. Ellos quizá solo hagan dos».

# 5

Entonces, ¿cómo decide un productor cómo debe sonar un disco? Quizá la directriz más importante que doy a mis alumnos es esta: haz crecer la semilla, pero no la plantes tú.

Existe la idea errónea de que el comportamiento de un productor debe ser autoritario, que debe tomar la sartén por el mango y despedir a los rezagados para sacar adelante el disco que considera oportuno. Puede que el estilo dictatorial fuera la norma en los primeros tiempos de la producción discográfica, pero hoy en día ya no funciona así. El trabajo de un productor no consiste en aplicar un sonido predeterminado a una canción concreta como quien da una capa de pintura; no se copia una grabación existente solo porque fue un éxito. La tarea tampoco consiste en grabar el esqueleto de una canción sin ningún tipo de adorno. Más bien, los productores escuchan con atención en busca de una chispa de creatividad y utilizan la luz de esa chispa para guiar a sus compañeros durante el trayecto, ofreciendo rutas alternativas si es necesario y siempre pendientes de cualquier señal que sugiera un cambio de destino.

Los productores de hoy en día son socios creativos que colaboran con compositores y artistas talentosos. El productor Greg Well, ganador de varios Grammys, visitó Berklee en 2015 y conversó con los estudiantes de Producción e Ingeniería Musical. Pronunció una frase cargada de verdad pero que rara vez se menciona: «Vosotros, que estáis sentados aquí ahora... no os hacéis una idea de lo buenos que son los buenos ahí fuera». Los músicos que logran encabezar las listas y reciben los mayores elogios son, casi sin excepción, aún más talentosos de lo que sugieren sus discos. Una vez que has escuchado un talento musical extraordinario, ya nunca lo olvidas.

Dado el altísimo nivel de talento al que muchos productores tienen acceso, podrías pensar que su objetivo es obtener la interpretación más virtuosista de los artistas. Esa es una actitud propia de principiantes. Si quieres hacer el mejor disco posible, no siempre debes elegir lo mejor que un intérprete puede dar, sino lo que realmente encaje.

Dar con la interpretación y los sonidos «correctos» es quizá la habilidad más avanzada de un productor. Todas nuestras propuestas son conjeturas fundamentadas que se basan en el resto de las grabaciones que hemos escuchado, en una buena comprensión de cómo la gente responde a la música y en nuestro propio perfil de oyente. Un buen productor aprende a detectar cuándo una parte, una interpretación o un timbre simplemente no funcionan. Una vez más, hay que hacerse preguntas. ¿El problema está en la pieza o en cómo se está tocando? ¿El timbre se queda corto? Quizás esos golpes espaciados y potentes de la batería estén jugando más en contra que a favor. O tal vez el problema sea la canción en sí. No debes convencerte de que te gusta algo que, en el fondo, sospechas que falla; de lo contrario, como decía Prince, «te perseguirá».

Incluso los gestos interpretativos más sutiles —decidir dónde acentuar, alargar una frase melódica, invertir un acorde, retrasar la voz unos milisegundos, tocar la caja con escobillas en vez de baquetas— pueden causar un impacto enorme en la percepción y la función global de una grabación. Los productores se las apañan para escuchar todos esos gestos combinados y deducir lo que la interpretación, en su conjunto, nos comunica. Sam Phillips escuchaba en busca de la «perfección imperfecta» y su capacidad para detectarla era quizá su mayor talento. En la biografía que Peter Guralnick escribió sobre este legendario productor, se describe cómo Phillips grababa a los músicos en el estudio:

A algunos los grababa con suma delicadeza, a otros con la misma energía desbocada y sobreamplificada que descubrió con «Rocket 88». Pero todos [sus trabajos] reflejaban que, sin duda, tenía la capacidad de dar forma a la inspiración de los artistas sin grandes alteraciones; todos reflejaban las circunstancias del momento en que habían nacido. Y lo único que se requería de él era esa capacidad de «trasladarse» que le permitía meterse en la piel de cada persona que se colocara frente al micrófono.

Ese «trasladarse», es decir, poder imaginar cómo suena la música tanto para quienes tocan como para el público, define la forma de escuchar de un productor. Un cambio de timbre, una variación en la dinámica, una inversión de un acorde, la supresión de algunas palabras para suavizar la melodía, la reorganización de la estructura de la canción: todas estas posibilidades giran como colores en el poste de un barbero hasta que la interpretación se acerca lo bastante a los puntos sensibles de tu perfil como para que puedas pronunciar las palabras mágicas: «¡Creo que lo tenemos!».

# 6

Según el prolífico compositor Tommy Jordan, componer canciones es como tener sexo: fácil, divertido y algo que haría felizmente todos los días. Añade, sin embargo, que grabarlas es más parecido a criar a un bebé. No duermes por las noches, te vacía la cuenta bancaria y, por mucho amor y cuidado que le pongas, nada evitará que te vomite encima.

¡Pero mira qué bien! Tú (la productora) y tu compañero (el artista) lo habéis conseguido. Habéis criado un temazo saltarín y resplandeciente que ya está listo para ir a la guardería y mezclarse con el resto de criaturitas.

No podríais estar más orgullosos de cómo ha salido el chiquillo. No obstante, cada vez os entran más nervios al pensar en cómo se las apañará vuestro solete con el resto. Puede que tengáis que explicar algunas de sus peculiaridades, y quizás esa manera suya tan adorable de ladrar como un perrito en vez de decir no, resultará más molesta que encantadora para los demás. Tú y tu compañero lo dejáis en la guardería y unas horas más tarde os acercáis a la ventana para ver cómo va la cosa. Hay muchas posibilidades de que vuestro hijo esté montando una pataleta, poniéndose cola en el pelo, mirando al infinito como si nada o, en definitiva, comportándose de un modo que os recuerde que no es exactamente la superestrella que imaginabais. Pero de tanto en tanto tienes un golpe de suerte. Crías a una hija que crece, deja su huella en el mundo y, con el tiempo, te cuida devolviéndote parte de la energía que pusiste en ella... en forma de royalties.

Una de mis criaturas hizo exactamente eso.

El disco *Stunt* de Barenaked Ladies lo produjimos entre mi colega David Leonard, la propia banda (que fue acreditada como coproductora) y yo. BNL contactaron conmigo en diciembre de 1997 para ver si podíamos trabajar juntos, pero tuve que rechazarlos. Al año siguiente solo tenía tres semanas libres, entre proyectos ya programados. Ni por asomo daba tiempo a grabar un disco completo, algo que en aquella época solía llevar entre ocho y doce semanas. Para mi sorpresa, respondieron que tenían las canciones listas y que podrían avanzar un montón en tres semanas. ¿Seguía interesada en trabajar con ellos? Si nos quedábamos sin tiempo, podíamos pasarle la pelota a un segundo productor | mezclador (David Leonard). ¡Trato hecho! Serían tres semanas muy intensas, pero gracias a unos amigos en común sabía que Steven, Ed, Jim, Tyler y Kevin eran inteligentes y trabajadores. Ya preveía que sería un auténtico gustazo.

Y lo fue, gracias al grupo. No sabía que acababan de pasar por una racha de peleas internas y dudas. Su dinámica interpersonal —un delicado castillo de naipes, como en cualquier banda— estaba cambiando y, al igual que con mi colaboración, había llegado el momento de renegociar. Su disco en directo *Rock Spectacle* se había vendido bien en Estados Unidos, por lo que si lográbamos fabricar varios sencillos que sonaran en la radio, podrían pasar a un siguiente nivel de fama.

Hasta ese momento, Steven Page había sido el cantante y compositor principal, pero Ed Robertson empezaba a ganar terreno rápidamente en las mismas disciplinas. En el nuevo álbum habría menos canciones de Steve y más de Ed, y eso alteraba el equilibrio de poderes dentro de la banda, así como su sonido. A su favor, diré que habían trabajado en esa nueva dinámica antes de que yo volara hasta Scarborough, Ontario, para cuatro días de preproducción en su local de ensayo. Abundan las historias de bandas que se pelean y se separan durante la grabación de un disco, y debemos romper una lanza a favor de BNL, que fueron tan maduros y sensatos como para arreglar sus diferencias antes de que empezara el trabajo creativo. La camaradería y el compromiso mutuo entre los miembros de la banda eran vitales si queríamos hacer auténticos progresos en solo tres semanas. Por suerte, solo me encontré nada más que profesionalidad por parte de la banda, incluso cuando se quitaron la ropa en el estudio para grabar una canción desnudos, algo que hacían en todos sus discos.[2]

Pero lo primero es lo primero: ¿a qué aspiraban con este disco? Me hablaron de dos objetivos. Barenaked Ladies eran conocidos y apreciados en su Canadá natal, pero no habían alcanzado el mismo nivel de éxito en Estados Unidos. Además, su público era predominantemente femenino. Su primer objetivo era sacar un disco que funcionara bien en EE.UU. El segundo, que quería atraer a más público masculino.

Para lograr el primer objetivo, debíamos atender a la estructura rítmica de su música. Me daba la sensación de que la música que copaba las listas canadienses en los noventa tenía más influencia británica que la que triunfaba en EE.UU. En el tipo de rock que popularizaron los Beatles, los Kinks y Queen, los baterías suelen «marcar» la línea melódica tocando un redoble de tom para acentuar las palabras con las que terminan las secciones. Esto hace que el rock suene más dinámico. Las estrofas tienen una energía moderada y los estribillos son mucho más intensos, con transiciones claras entre una sección y la siguiente. En las listas estadounidenses se notaba la influencia del soul y el R&B, en los que esta dinámica es menos habitual. El soul, el funk, el R&B y los estilos que evolucionaron a partir del blues tienden a generar tensión no mediante un tira y afloja entre secciones, sino manteniendo un mismo ritmo que sigue un crescendo constante hasta alcanzar su punto álgido al final de la canción.

Para que Barenaked Ladies triunfaran al otro lado de la frontera, necesitábamos que el batería, Tyler Steward, cumpliera la orden que Prince solía dar a su grupo: «No os mováis». Esto significaba aguantarse las ganas de añadir dinamismo con redobles de tom y simplemente complementar el ritmo de la banda en los cambios de sección. Esta modificación en la forma implica que la sección rítmica aportará un marco más sólido a las voces, pero sin que nos distraiga tanto. Tyler es un batería arrollador con un dominio rítmico del rock como pocos. ¿Podría alejarse de Kenny Aronoff (John Mellencamp, Jon Bon Jovi) y ser más como James Gadson (Bill Withers, Marvin Gaye)? Por supuesto que sí.

Para lograr el segundo objetivo necesitábamos tonos de guitarra más crudos, sin perder la sutileza femenina en las voces. Steven y Ed son dos de los compositores (y personas) más listos que conozco. Sus agudos comentarios sobre el escenario no tenían parangón. Pero, para atraer a un público masculino, debíamos estar dispuestos a mostrar un poco más de actitud. La sabiduría popular dice que los hombres tienen un sentido del humor distinto al de las mujeres —*Los tres chiflados* y los «chistes de padres» dan muestra de ello— y que se ríen de «insultos» ingeniosos que a las mujeres pueden parecerles crueles o malintencionados. Me fijé en el mensaje general de las letras del disco. Algunos de los temas más oscuros tendrían que presentarse de un modo más directo, sin tanta inventiva. Sus fans mujeres —yo entre ellas— los amaban por la imagen que proyectaban en sus letras: divertidos, ingeniosos, sensibles, respetuosos y, sobre todo, accesibles.

Llegué a Canadá con maquetas de catorce canciones, pero en cuanto nos vimos Ed preguntó: «Oye, ¿te hemos mandado la última? Se llama "One Week"». Más tarde, Steven comentó que la canción difería radicalmente de los temas típicos de BNL, pero que recordaba mucho a sus actuaciones en directo. Las estrofas tomaban elementos del hip-hop y se parecían a la parte de los conciertos en que Ed y Steven improvisaban letras sobre un ritmo de fondo. Había que darle unas vueltas. Que cinco tíos blancos de Toronto hicieran algo de *freestyle* en los conciertos era una cosa, pero rapear en una grabación era otra muy distinta. Debíamos permanecer fieles a nosotros mismos y dejar claro que se trataba de un grupo de pop | rock que tomaba prestado un elemento característico del hip-hop, en lugar de apropiarse de todo el estilo.

No había recibido la maqueta con antelación, así que la repasamos durante el ensayo. Ed tocó «One Week» a la guitarra acústica mientas Jim Creeggan, Kevin Hearn y Tyler lo acompañaban con el bajo, el teclado y la batería. Estaba claro que la sección rítmica debía seguir siendo acústica (en vez de usar una caja de ritmos y bajos de sintetizador), pero la segunda guitarra merecía un sonido limpio, eléctrico, como en el R&B. Crearíamos una grabación realista, que evocara los conciertos, aprovechando el reciente éxito de su disco en directo. Aunque en principio podría haber funcionado como una pieza de cantautor, para atraer al público masculino necesitábamos un tempo enérgico y contundente. Tyler, como todo profesional con experiencia, dotó a cada sección —estrofa, preestribillo, estribillo— de su propio ritmo regular. En vez de meter acentos con el tom, dejó que los platos hicieran su trabajo. Se abstuvo de señalar la siguiente sección con un redoble de tom. Igual que en el R&B, este estilo «directo» otorgaba potencia no por lo que se ejecutaba, sino por lo que se dejaba en reserva.

¿Cabeza, corazón o caderas? Sin duda, el fuerte de la canción era su ingeniosísima letra. Descubrimos que si conseguíamos contrarrestar las voces rápidas y percusivas con un bombo pesado y un bajo contundente, eso realzaría el rapeo al tiempo que le ofrecía una base poderosa. Un año antes había aprendido, gracias al éxito de Geggy Tah con «Whoever You Are», que las letras cantadas rápido con un estilo melódico llaman la atención de los niños. La letra de «One Week», además, puede resultarles atractiva, pues contiene referencias a Aquaman, Sailor Moon y los samuráis, pero los temas que se mencionan son adultos, como el sexo tántrico, los palos de golf y las películas de Kurosawa. Ed se encargó de las estrofas mientras que Steven, con su característica voz de tenor, cantaba el preestribillo y el estribillo, más melódicos. Con estos arreglos, toda la banda se lucía, por lo que la canción sonaba más grupal que como una pieza de autor.

Siempre me ha gustado el timbre de los sonidos potentes que surgen de un lugar pequeño, y queríamos añadir una parte que sonara como si alguien estuviera tocando por encima de la grabación. Conectamos la guitarra de Ed a un miniamplificador Pignose, de apenas unos centímetros de alto, y lo microfoneamos de cerca para lograr el efecto deseado. Los pequeños fraseos que incluimos a lo largo del tema refuerzan el espíritu de improvisación, igual que el *freestyle* de las estrofas.

Recuerdo que cuando grabé e hice el *comping* de la voz de Ed (el *comping* consiste en pasarse muchísimas horas escogiendo los mejores fragmentos de cada toma para combinarlos y obtener una única pista perfecta) pensé que habíamos logrado la grabación que pretendíamos. Tyler lo escuchó, se volvió hacia mí y soltó: «Puede hacerlo mejor», e hizo una seña para que Ed regresara a la cabina de grabación. Y tenía toda la razón. La nueva interpretación de Ed dio totalmente en el clavo. Las voces de Steven fueron fáciles y rápidas de grabar, como suele ocurrir con cantantes veteranos de estudio de semejante nivel. Steven y el resto del grupo no pudieron evitar meter un par de bromas privadas justo cuando la música se desvanecía. Por lo general no me gusta incluir este tipo de autorreferencias en las grabaciones, porque creo que pueden resultar un poco excluyentes, pero el tono general de «One Week» lo permitía.

Seis meses después, estaba durmiendo en un hotel de Sídney, Australia, cuando sonó el teléfono. Era mi mánager, Sandy Roberton, que me llamaba desde Los Ángeles. Me dio la mejor noticia que una productora puede recibir:

«¡Enhorabuena! ¡Esta semana tu canción es la número uno del país!».

De entre todas las «criaturitas» que había ayudado a nacer, esta había dejado huella en el mundo. Empleé los royalties que obtuve de «One Week» para pagar mis estudios en la Universidad de Minnesota, donde me matriculé a la tempranísima edad de cuarenta y cuatro años. ¿Y dónde estaba doce años después? Impartiendo una clase sobre técnica a los estudiantes de producción en Berklee. Mencioné «One Week». Uno de mis alumnos, Andrew Sarlo, se inclinó hacia el compañero de al lado y cantó, con su mejor voz de barítono, «It's been...», imitando la entrada de Steven Page. Ambos se partieron de risa como si fueran a caerse de las sillas. Cuando recuperó el aliento, Andrew explicó que había pillado el tema de niño cuando sonaba en la radio y que le encantaba. Él y su amigo solían jugar a cantarse «It's been...» al oído para reírse a carcajadas. Mi pronóstico de que a los niños les encantaría «One Week» se confirmó allí mismo, en mi clase de Berklee.

Este es el ciclo interminable de la música: un niño que va a la escuela se enamora de una canción. La escucha con más profundidad y atención que sus compañeros de clase. Fascinado, indaga y escucha cada vez más temas, que lo van familiarizando con su propio perfil de oyente. Con el tiempo, aprovecha sus habilidades musicales para matricularse en Berklee, donde sigue escuchando todo lo que cae en sus manos al tiempo que aprende producción. Se gradúa y entonces se lo rifan por su talento, su personalidad y, sobre todo, su oído. Tras salir de Berklee, Andrew Sarlo empezó a producir por su cuenta, hasta que con el tiempo acabó trabajando en discos nominados a los Grammy con artistas como Big Thief, Bon Iver y Courtney Marie Andrews. Estoy segura de que alguien que ande escuchando los álbumes de Sarlo acabará produciendo los discos del futuro.

Los oyentes son una parte esencial del ciclo interminable de la música, porque todos los creadores empiezan en esa posición. A raíz de esa escucha surgen los cantantes, bailarines, intérpretes, compositores, DJ, ejecutivos de la industria, innovadores técnicos, diseñadores de sonido y productores, todos ellos ansiosos por mostrarle a la siguiente generación cómo suenan las cosas... a sus oídos.

# El futuro de la música

Shimon tiene cuatro brazos y toca la marimba. Fue creado por el equipo de Robotic Musicianship del Instituto de Tecnología de Georgia (EE.UU.). Gracias a sofisticados algoritmos de aprendizaje automático, Shimon adquiere conocimientos de teoría musical y los usa para improvisar junto con intérpretes humanos, en estilos que van desde la música de cámara hasta el *dubstep*.

En 2015, Shimon se unió a varios músicos de jazz experimentados sobre el escenario del Kennedy Center de Washington D.C. para una actuación realmente impresionante. Shimon consiguió dar la talla entre tanto talento. Dio muestras de una conciencia similar a la humana respecto a sus compañeros de concierto, pues se orientó hacia los solistas. Incluso expresó su entusiasmo moviendo la cabeza al ritmo de la música.

¿La música creada por la inteligencia artificial degradará el arte? Mi postura coincide con la de quienes la disfrutan: si una música nos toca la fibra sensible, ¿por qué decir que es inferior a cualquier otra que encontramos gratificante?

Puedes ver la actuación de Shimon en el Kennedy Center a través de un enlace en nuestro sitio web, ThisIsWhatItSoundsLike.com.

# CAPÍTULO 9

# ENAMORARSE

## Tu música

Era todo en lo que pensaba, el motivo
por el que vivía, aquello que amaba sin reservas.

MILES DAVIS al hablar sobre su relación con la música

# I

Aún recuerdo la primera vez que lo vi. Fue como observar una parte de mí misma que no sabía que existía. No se trataba tanto de su aspecto. De hecho, llevaba unas pintas desastrosas. Alto y delgado, con una melena despeinada desde hacía tiempo y una colilla colgándole de la mano izquierda. La ropa le quedaba grande, los zapatos daba pena verlos. Permanecía de pie junto a una pizarra en una salita con poca luz, sosteniendo un trozo de tiza entre dos dedos, a uno de los cuales le faltaba la última falange. Otros tres hombres, todos mayores que él, cuyos cuerpos robustos amenazaban con romper las endebles sillas plegables que los contenían, se inclinaban hacia delante con los codos sobre las rodillas, mirando la pizarra en silencio sin entender nada. Les estaba explicando cómo funciona un televisor. Dibujó el circuito que lleva la señal desde la torre de telecomunicaciones hasta que, finalmente, aparece en forma de imágenes en pantalla.

Mi compañera de piso me había llevado al recóndito estudio de grabación donde acababa de empezar a trabajar con la esperanza de conocer y casarse con una estrella del rock. No parecía haberse fijado ni un poco en aquel joven ingeniero. ¿Cómo es que no estaba fascinada? ¿Es que no veía que era perfecto? A mí se me cortaba la respiración al pensar que acababa de toparme con alguien que adquiriría una gran importancia para mí en los próximos años.

Me acuerdo perfectamente de aquel flechazo a primera vista. Lo más probable es que tú también tengas alguna experiencia parecida. De repente ves a alguien y el mundo se detiene. Te paralizas y te entra flojera a la vez. Te fijas en esa persona y recorres sus rasgos con la mirada. Tratas de reunir el valor para presentarte. ¿Qué está pasando? ¿Por qué te impresiona tanto y el resto de personas no? ¿Es su ropa, su aroma, sus ojos, su lenguaje corporal...? ¿Es algo que ha dicho? Resulta difícil de describir, pero cuando lo sientes, lo sabes.

La ciencia ha escrito ríos de tinta para explicar los quarks y los agujeros negros, pero el fenómeno del amor a primera vista sigue siendo, en gran medida, inexplicable. Sabemos que los flechazos no se basan en el conocimiento íntimo de la otra persona. Es justo lo contrario, de hecho. Al parecer, el factor principal es exactamente el que nos imaginamos: atracción física instantánea. Con solo un vistazo, sientes un extraño tirón magnético que te impulsa a acercarte. ¿Por qué esa persona ilumina tus rincones psíquicos más ocultos de un modo que se siente a la vez familiar y totalmente desconocido?

El amor a primera escucha tiene mucho en común con el amor a primera vista. Enamorarse de una canción conlleva un proceso similar: una atracción instantánea, junto con la peculiar disonancia cognitiva de sentir que ya conocías esa música desde siempre. Todos los productores discográficos aspiran a lograr esa reacción, ese deseo insaciable que grita: «¡Necesito tenerlo!».

En términos neurobiológicos, como ya vimos en el capítulo sobre la novedad, existe una diferencia entre que algo te guste y desearlo. El gusto es una respuesta hedonista simple. Podemos posponer ir tras algo que nos gusta. El deseo, sin embargo, es más poderoso, porque sentimos que aquello que anhelamos resulta esencial para nuestro bienestar. El amor a primera escucha nace fuera de nuestra conciencia, de una fuente inagotable de atracción personal que incluso los melómanos más apasionados difícilmente pueden explicar. Pero puedes examinar esa sensación, tan electrizante y misteriosa, a través de algo concreto, comprensible y científico.

Tu perfil de oyente.

## 2

Las cualidades de cada grabación que escuchas pueden asociarse a las siete dimensiones de tu perfil de oyente. Las cuatro dimensiones musicales —melodía, letras, ritmo y timbre— se analizan en redes cerebrales distintas especializadas en música. Las tres dimensiones estéticas —autenticidad, realismo y novedad— las procesan varias regiones cerebrales de orden superior interconectadas que reciben información de las cuatro redes específicas de la música.

Cada una de estas siete dimensiones puede, por sí sola, procurarte un buen subidón al escuchar música. Algunas de ellas pueden proporcionarte más placer que otras, aunque estas «dimensiones preferidas» varían de una persona a otra. Hay quien se fija sobre todo en la melodía, mientras que otros descartarán cualquier tema que no tenga un buen ritmo. Algunos oyentes disfrutan solo de los géneros que les resultan familiares, mientras que a otros no les importa si la música es vieja o nueva siempre y cuando la letra sea poética. Hay fans de los sonidos hechos por ordenador, pero también los hay de las grabaciones a la antigua usanza. Cuando la música coincide con uno o más de tus puntos sensibles, hay muchas posibilidades de que sientas un flechazo.

Los puntos sensibles de tu perfil de oyente han tomado forma a partir de una predisposición genética, la influencia cultural y los episodios de escucha musical, tanto casuales como intencionados, que has experimentado a lo largo de tu vida. La mayoría comenzaron siendo amplios y difusos durante la infancia, pero a medida que tu universo musical crecía —desde la primera nana hasta el primer concierto—, tus puntos sensibles fueron volviéndose cada vez más precisos. Tu cerebro se fue acostumbrando a reconocer si una melodía, letra, ritmo o timbre resultaba especialmente gratificante. Del mismo modo, aprendiste de forma inconsciente a prestar atención a los tipos de autenticidad, realismo y novedad que ya te habían cautivado antes.

Cada cerebro se forma a partir de un número incontable de eventos genéticos y fisiológicos influenciados por el azar. Cada cerebro crece en una cultura musical distinta. Su trayectoria a lo largo de la vida es única. En conjunto, estas grandes verdades del desarrollo, derivadas de la ciencia de la individualidad, significan que tu perfil de oyente, incluyendo su combinación de dimensiones y puntos sensibles preferidos, es solo tuyo.

Por eso hay algo que siempre repito a mis estudiantes: «No seáis unos esnobs».

Tu gusto musical es tan válido como el mío. Es la variedad ilimitada de perfiles lo que alimenta esta forma de arte que tanto amamos. Si todos tuviéramos los mismos puntos sensibles, entonces las canciones comerciales nos emocionarían por igual, pero la música permanecería estancada y homogénea. Por suerte, nuestros puntos sensibles difieren. La manera en que la música te proporciona gratificación, tu patrón particular de placer, no indica tu nivel de sofisticación cultural ni de logros intelectuales. Hay personas que solo usan vaqueros azules, mientras que otras no han tenido un solo par en su vida; que a alguien le gusten los vaqueros no dice nada sobre su nivel de conocimiento de la moda. Solo indica que los vaqueros le sientan bien. La variedad de gustos humanos hace que la vida, y la música, sean maravillosas.

El gráfico a continuación muestra los puntos sensibles de una oyente ficticia. Llamémosla «Val». Al examinar su perfil, recuerda que las cuatro dimensiones musicales no son binarias, sino que constan de varios ejes diferentes, cada uno de los cuales puede tener un punto sensible. Para no enredarnos, en la imagen que muestra el perfil de Val, utilizaré el eje «intervalo reducido vs. intervalo amplio» para la dimensión de la melodía; el eje «personales e íntimas vs. generales y filosóficas» para las letras; el eje «constante vs. sincopado» para el ritmo, y el eje «acústico vs. electrónico» para el timbre. Ten en cuenta que cada una de estas dimensiones musicales está compuesta por múltiples ejes que representan diferentes fuentes de placer.

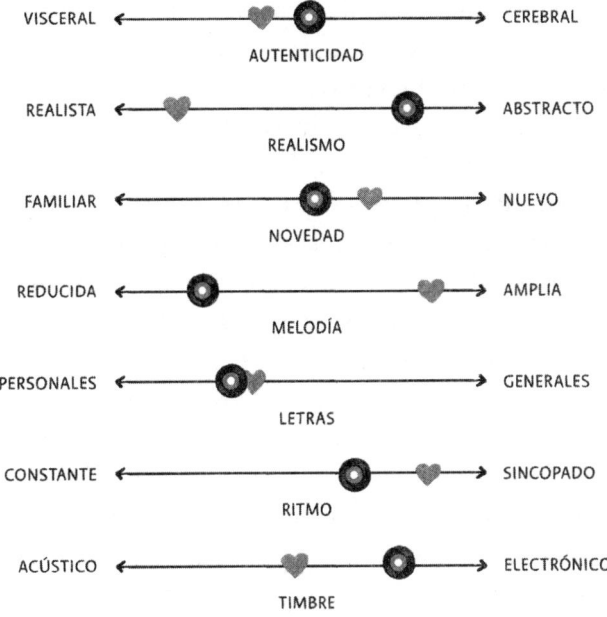

El perfil de oyente

Ahora examinemos cómo una canción específica se ajusta al perfil de oyente de Val: «Old Town Road» de Lil Nas X (con Billy Ray Cyrus).

Puesto que Lil Nas X era joven e inexperto cuando compuso e interpretó este tema, hay cierta ingenuidad en su voz, más visceral que cerebral. La aparición de Billy Ray Cyrus, en cambio, aporta años de técnica depurada. El estilo de producción también sugiere que no se grabó a la ligera, siguiendo los instintos, sino que es producto de un trabajo sesudo. Las técnicas de baja fidelidad de Lil Nas X, propias de un estudio casero, fueron cuidadosamente pulidas por profesionales. En la dimensión estética de la autenticidad, esta grabación se sitúa en el centro. A Val, que prefiere un sonido más crudo, quizás le resulte un poco demasiado limpia.

La producción digital moderna de «Old Town Road» hace que el tema sea más abstracto que realista. Las baterías son sintéticas, pero el banjo recuerda a un músico de carne y hueso, aunque se haya sampleado e insertado en distintas secciones. Hay suficientes voces para que Val, que adora el realismo, pueda imaginar a los intérpretes, pero aun así el tema está lejos de su punto sensible en cuanto al realismo. «Old Town Road» fue un éxito mundial en 2019, con un equilibrio entre elementos nuevos y familiares que lo situó justo en la cima de la curva de novedad y popularidad. A Val le encanta lo nuevo, así que el tema podría resultarle un poco demasiado predecible en comparación con la mayoría de sus favoritos.

«Old Town Road» tiene una melodía con intervalos relativamente pequeños, y Val tiene un cierto gusto por melodías románticas con un rango de notas más amplio, así que es posible que la canción se le quede un poco corta. Val también tiene una fuerte preferencia por los ritmos sincopados, pero el de este tema es bastante estable. El tempo es lento, va a 68 pulsos por minuto, como al caminar. No es una canción que vaya a arrasar en las pistas de baile, pero numerosos vídeos han demostrado que la gente puede bailarla. La letra de esta deliciosa canción es, quizás, su punto fuerte. Evoca imágenes frescas y fáciles de imaginar. Destaca el uso de la frase «Can't nobody tell me nothin'» ('A mí nadie me dice qué hacer'), un sentimiento que atraviesa generaciones y estilos musicales. Es muy posible que todos los oyentes hayan dicho o pensado eso en algún momento. Así, el atractivo de esta letra es innegable. A este respecto, la canción se acerca al punto sensible de Val. Los timbres son modernos, electrónicos e incluyen dos cantantes masculinos carismáticos. La combinación del banjo con el bombo de la TR-808 funciona muy bien para Val, que disfruta escuchando sonidos acústicos y electrónicos en un mismo tema.

Podemos decir sin miedo a equivocarnos que Val no se enamorará de «Old Town Road» en cuanto la escuche, pero es probable que le guste lo suficiente como para disfrutarla cuando la oiga por ahí. También podemos ver que, como «Old Town Road» se sitúa en el centro de varias dimensiones, es posible que la mayoría de oyentes conecten de algún modo con la canción, algo que, de hecho, confirman sus cifras récord de reproducción en todo el mundo.

La capacidad de mapear tu perfil de oyente y descubrir qué música te llena de verdad es algo que te pertenece por completo. Solo tú puedes atender a los matices y profundizar en los discos y las canciones que amas para identificar por qué te gustan más que otros. Explorar tus gustos musicales puede ser un viaje de autodescubrimiento tan revelador como cualquier relación humana. El mejor modo de descubrir quién eres realmente, más allá de las apariencias, la presión social y la fachada que te construyes, es sumergirte en tus listas de música...

... y escuchar con atención.

# 3

La capacidad de soñar despiertos es un don que no valoramos lo suficiente. A menudo, se denigra a quienes dejan volar la mente durante demasiado tiempo como vagos o distraídos, sobre todo si se trata de personas adultas. Nuestra cultura tiende a retratar a los adultos que sueñan despiertos como infantiles, por eludir sus responsabilidades y no estar disponibles para los demás. Pero ¿y si dejar que la mente divague tuviera unos beneficios trascendentales? Esa parece ser la conclusión de un montón de investigaciones recientes sobre el tema.

Cada vez que tu mente se ocupa de una tarea con un objetivo concreto, como redactar un email o planear la cena, se activan redes cerebrales especializadas en tareas concretas, como la «red de reconocimiento visual», la «red de navegación» y la «red de toma de decisiones». Estas redes orientadas a objetivos nos ayudan a sacar las cosas adelante. Pero hace poco que los científicos han descubierto algo nuevo. Cuando los investigadores plantean la siguiente pregunta: «¿Estás pensando en algo más allá de lo que estás haciendo ahora mismo?», los encuestados responden que sí entre un 30 y un 50 % de las veces. Esto llevó a que los neurocientíficos se preguntaran qué ocurría exactamente en el cerebro de quienes dejaban que su mente divagara en lugar de concentrarse en la tarea que tenían entre manos.

Hace poco más de una década, los científicos comenzaron a vislumbrar una respuesta al descubrir una red cerebral hasta entonces desconocida, que se activa cuando no estamos haciendo una tarea en particular. Cada vez que nos dejamos llevar por ensoñaciones, fantasías o reflexiones sobre nosotros mismos, esta extraña red se pone en funcionamiento. Al principio, los neurocientíficos la llamaron *red neuronal por defecto*, un término descriptivo y neutro para sugerir que era responsable de generar una especie de estado base del cerebro. Puesto que se activa más cuando pensamos de forma espontánea y sin un rumbo concreto, también podríamos llamarla *red de divagación mental*. Los primeros investigadores de esta red creían que era la mitad de un sistema binario que abarcaba todo el cerebro: asumían que la red se activaba cada vez que comenzábamos a soñar despiertos y se apagaba cuando nos dedicábamos a una tarea externa con un objetivo fijo. Descubrimientos más recientes han demostrado que esta supuesta dicotomía es cierta solo en parte. La red de divagación mental no solo se activa cuando nuestro cerebro está «ocioso», sino que también lo hace cuando pensamos de manera creativa, por ejemplo, al intentar concebir una canción.

El pensamiento creativo es un proceso dinámico. Cuando se da, vamos alternando entre pensamientos espontáneos y una evaluación más analítica de estas ideas. Durante la fase en que la mente divaga, puede que en tu cabeza surja una imagen aleatoria, por ejemplo, un árbol con unas iniciales grabadas en el tronco. Durante la fase analítica del pensamiento creativo, reflexionas de manera consciente en lo que podrías hacer con esa imagen espontánea, por ejemplo, utilizarla como inspiración para escribir un tema romántico sobre corazones tallados en árboles.

Los científicos han hecho un nuevo descubrimiento sobre la red de divagación mental que es aún más relevante para explicar por qué nos enamoramos de las canciones. Nuestro cerebro trata la escucha de música como una forma especial de soñar despierto. Cuando nos sumergimos en nuestros temas favoritos y los disfrutamos, la red de divagación mental se activa como si hubiera fuegos artificiales. Esto sirve para explicar muchos de los misterios en torno a nuestra profunda conexión con la música.

Cuando tu cerebro está ocioso, el contenido de tus ensoñaciones —lo que el psicólogo William James llamó «vuelos de la mente»— influye en la conciencia que tienes de ti misma. Cada vez que sueñas despierta o fantaseas, tu mente viaja a lugares íntimos y privados, para pensar en lo que te gusta, lo que necesitas y lo que deseas. Así, cuando escuchas la música que amas —aquella que coincide con tus puntos sensibles—, activas la parte de tu mente que conecta con las capas más profundas de tu identidad.

La conexión entre la red de divagación mental y el placer estético se descubrió por primera vez al estudiar cómo reaccionaban los espectadores ante algunas pinturas. El científico Edward Vessel y su equipo mostraron obras desconocidas, de una amplia variedad de estilos visuales, a los participantes, que estaban dentro de un escáner de resonancia magnética funcional. Como estos no habían visto las pinturas con anterioridad, era imposible que las juzgaran basándose en experiencias previas o en la reputación cultural de las obras. Se pidió a los participantes que observaran los cuadros y dijeran hasta qué punto los «conmovía» cada uno. Curiosamente, la red de divagación mental se activaba solo cuando veían obras que les gustaban, sobre todo aquellas que «les tocaban la fibra».

Los investigadores concluyeron que «ciertas obras, aunque sean desconocidas, encajan tan bien con la configuración única de un individuo que logran acceder a los sustratos neuronales relacionados con el yo; un acceso que, por lo general, otros estímulos externos no tienen». Dicho de un modo más sencillo, tu experiencia del placer estético está ligada a tu sentido de la identidad. Los científicos también sugirieron que «ciertas obras "resuenan" con las señas de identidad de un individuo de tal manera que generan correlaciones y consecuencias fisiológicas bien definidas, concretamente en regiones de la red neuronal por defecto». Los puntos sensibles de tu perfil de oyente son el ejemplo perfecto de este tipo de resonancia entre el arte y tu yo más íntimo.

El premio Nobel Eric Kandel escribió que al unir la experiencia del yo con la experiencia del arte, el espectador participa activamente de la obra. Cuando observas una pintura, evalúas si las ideas y los sentimientos que evoca coinciden con el concepto que tienes de ti mismo. Si sientes emociones positivas al mirar un cuadro, tu red de divagación mental se pone en marcha y se activan los circuitos que sustentan tu sentido del yo, lo que resulta en una experiencia muy gratificante: «Esta obra es para mí».

La reacción del oyente es similar a la del espectador, aunque existe una diferencia fundamental. Los circuitos auditivos tienen conexiones más variadas y directas con los circuitos emocionales. Esto se debe a la capacidad de nuestro cerebro para el lenguaje, sin duda la herramienta mental más importante en el kit de supervivencia del *Homo sapiens*. La necesidad de una mayor capacidad lingüística impulsó el rápido desarrollo de nuestras redes cerebrales dedicadas a la melodía, las letras, el ritmo y el timbre. Como resultado, podemos captar los matices emocionales más sutiles del habla, pues analizamos de manera automática las entonaciones, los ritmos y las palabras elegidas por la persona en busca de la más mínima pista sobre sus verdaderos sentimientos e intenciones. Al escuchar música, utilizamos esos mismos circuitos lingüísticos vinculados a la emoción.

Por este motivo, la música activa nuestra red de divagación mental (y nuestro sentido del yo) con mayor facilidad e intensidad que cualquier otra forma de arte.

# 4

Vale. Entonces, ¿qué pasa exactamente en tu cerebro cuando te sientes atraída por una canción?

La investigadora Robin Wilkins, de la Universidad de Wake Forest (Carolina del Norte), dirigió un equipo que estudiaba la actividad cerebral de las personas mientras oían distintos géneros musicales, tanto conocidos como desconocidos. Los participantes se relajaban en un escáner de resonancia magnética funcional y escuchaban a través de auriculares temas de música clásica, country, rap, rock y ópera china, además de su canción favorita, elegida por ellos mismos. Debían clasificar cada pieza musical dentro de «Me gusta», «No me gusta» o «Favorita». Luego, Wilkins examinaba su actividad cerebral mientras las escuchaban. La científica observó unas dinámicas interesantes en una estructura cerebral llamada *precuña*, relacionada con la autoconsciencia, la cohibición, la autoimagen y la creatividad. Esta estructura no forma parte de la red de divagación mental, aunque sí están conectadas.

La precuña se activaba en todos los participantes al escuchar cualquier género musical. Cuando oían música que habían catalogado como «Me gusta» o «Favorita», la actividad conjunta de la precuña y la red de divagación mental aumentaba significativamente. En cambio, cuando oían música perteneciente a su categoría de «No me gusta», la precuña dejaba de comunicarse con la red de divagación y «se conectaba sobre todo consigo misma». Esto es increíble. Sugiere que nuestro cerebro «rechaza» activamente los temas que no nos gustan; es decir, que cuando oímos música que no disfrutamos, el cerebro se pone en marcha automáticamente para evitar que esos estilos se integren en nuestra autoimagen.

Wilkins y su equipo dieron con otro descubrimiento sorprendente. Detectaron una comunicación significativa entre las redes auditivas y el hipocampo (una estructura cerebral implicada en la formación de recuerdos) cada vez que los sujetos escuchaban música que habían catalogado como «Me gusta» o «No me gusta». De primeras, podrían haber concluido que el hipocampo se activa siempre que escuchamos música, pero Wilkins se fijó en que la comunicación entre las redes auditivas y el hipocampo disminuía cuando la gente escuchaba sus canciones favoritas.

El equipo de Wilkins sugiere que, cuando escuchamos una de nuestras canciones preferidas, los circuitos de la memoria funcionan en modo recuperación más que en el de codificación y, entonces, «reproducimos» los recuerdos de personas, lugares y acontecimientos que asociamos con ese tema. La interesante hipótesis de Wilkins concuerda con lo que Ogi y yo descubrimos en nuestra investigación sobre las visualizaciones de los oyentes al disfrutar de la música: las imágenes mentales más comunes resultaron ser recuerdos autobiográficos.

Estos hallazgos podrían ofrecer una respuesta a la gran pregunta que planteé al comienzo de este libro: ¿qué hay en ti para que algunas canciones te emocionen, mientras que otras te dejan indiferente? En pocas palabras, ¿qué hace que alguien se enamore de una canción?

La red de divagación mental es compleja y conecta con muchas partes del cerebro, incluidas las redes de la percepción, el pensamiento, las emociones y lo social. Se desarrolla y evoluciona a medida que estas otras redes aprenden de la experiencia. Por tanto, tu red de divagación mental está estrechamente vinculada a la trayectoria impredecible y personalísima de tu vida. Es ahí donde se forja tu perfil de oyente.

La imagen de la página siguiente incorpora la red de divagación mental a la representación de la «mente musical» que ya vimos en el capítulo sobre el timbre. La nueva figura ilustra cómo los circuitos que procesan la música están influidos por la mente, que va a la deriva.

En gran medida, nos acercamos a la música por el placer de dejar que nuestra mente divague, un placer ligado a nuestra concepción más profunda de quiénes somos. A veces necesitamos acceder a nuestras emociones más recónditas, mientras que otras veces nos hace falta conectar con nuestro bailarín, guerrero o atleta internos. En ocasiones necesitamos palabras para expresar nuestros pensamientos enredados; otras veces nos gus-

# La mente musical

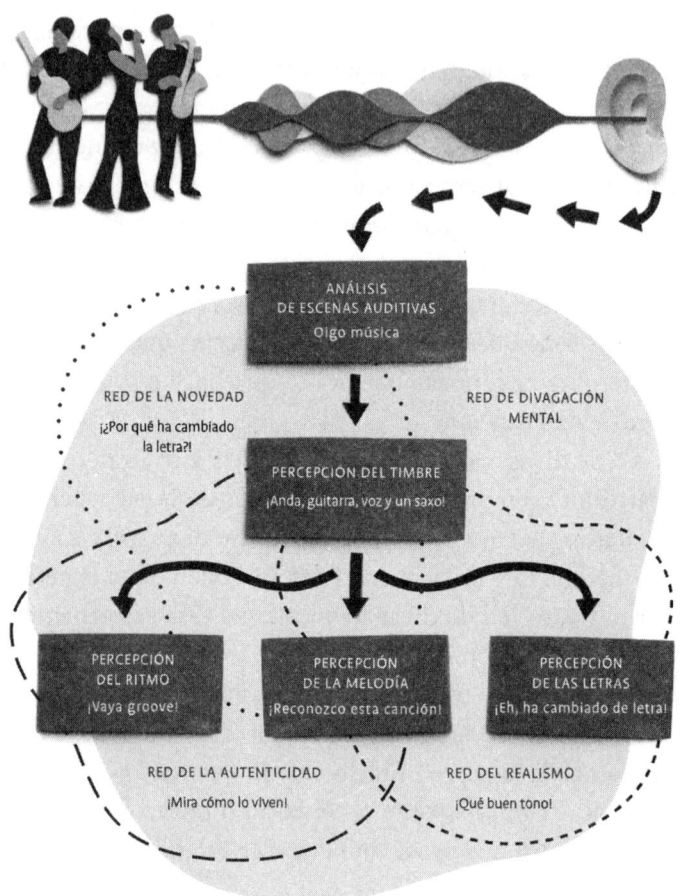

ta imaginar un romance imposible. Recurrimos a nuestras canciones favoritas para que nos lleven allí donde queremos ir, allí donde necesitamos ir.

No elegimos nuestra «senda» musical preferida más de lo que escogemos nuestra estatura u orientación sexual. Nuestra mente vaga a su bola. Nuestra única opción es permanecer abiertas a lo que esa deriva pueda enseñarnos sobre nosotras mismas. Nunca deberíamos negar nuestra auténtica naturaleza, no importa si nuestro amor musical recae en Billie Eilish, Billy Currington, Billy Idol o Billie Holiday. Tanto en las relaciones humanas como en las musicales, el primer paso es ser honesto contigo mismo acerca de aquello que verdaderamente te atrae.

Y aquí llegamos a mi último, y quizá más importante, punto sobre el amor a primera vista. Todos somos propensos a enamorarnos perdidamente de alguien solo por la forma en que sonríe, habla o se mueve. Cuando sientes uno de esos flechazos, la otra persona te parece perfecta. Pero lo cierto es que tu ser amado siempre tendrá defectos, quizás importantes. Conduce de manera temeraria; jamás reconoce los errores; dice «cocreta» en vez de «croqueta»; solo cuenta medias verdades; tiene una risa estridente. Tus amigos no dan crédito ni entienden cómo puedes pasar por alto semejantes cosas. Pero esto solo demuestra que, al final, la atracción humana se reduce al siguiente cliché:

*Tu persona amada nunca será perfecta... pero puede serlo para ti.*

# 5

Si he tenido una carrera en el mundo de la música, ha sido porque supe prestar buena atención a mi perfil de oyente. El verano en que cumplí nueve años, nos visitó un primo mayor, acompañado de sus sencillos de 45 rpm. Antes de su llegada, conocía a los Beatles, las Supremes, los Jackson 5 y casi todo lo que sonaba en las emisoras pop de 1965, el año en que los monopatines y las minifaldas se pusieron de moda por primera vez. El primo Mike puso «Papa's Got a Brand New Bag», de James Brown, en el tocadiscos y la música comenzó a sonar.

Fue un auténtico flechazo.

En cuanto escuché aquellos metales tan precisos y la guitarra rítmica en *staccato*, mi mente infantil se volvió loca: ¡aquello era totalmente mi rollo! La música me llegaba como nunca antes lo había hecho. El bajo guiaba el vaivén de nuestras caderas. El *hi-hat* marcaba el movimiento de nuestros pies. El padrino del soul estaba tan seguro de sus palabras que, con su autoridad, conducía a la banda y a todos los oyentes hacia lo que de verdad molaba. Sentí que el groove del funk vibraba en lo más hondo de mi ser. «Resonaba» con mi identidad musical y personal. La música nunca me había sentado tan bien, tan hecha a medida.

Entonces, en aquel momento excepcional, me di cuenta de tres cosas. Primero, que la música soul era mi casa; segundo, que el pop no lo era, y tercero, que yo no había elegido establecerme allí. Era la música misma la que me había encontrado y dicho: «Este es tu hogar».

Deseaba experimentar esa emocionante sensación de afinidad y autoconsciencia otra vez, así que busqué el mismo efecto con cada tema que escuchaba. Cada vez que me daban la paga o algo de dinero por mi cumpleaños, me lo gastaba en nuevos discos de 45 rpm, por ejemplo, de Booker T. & the MGs, los Turtles, Buffalo Springfield, los Yardbirds, Marvin Gaye y Creedence Clearwater Revival. Mi objetivo nunca fue un estilo. Perseguía una verdad interior. Desde el principio busqué música que me transportara a un paisaje psíquico donde mis sentimientos e ideas pudieran florecer.

Por aquel entonces no podía siquiera imaginar que este tipo de atención minuciosa a mi perfil de oyente implicaba plantar la semilla de mi carrera como productora. Simplemente me embarcaba en un viaje musical que me parecía, tanto antes como ahora, una relación vital y necesaria. Sentía un compromiso con la música. Quería ponerme a su servicio, apoyarla, disfrutarla, respetarla y comportarme como una buena compañera en todo momento. Mi amor por la música me impulsó a estudiar electrónica para poder arreglar los equipos necesarios para grabarla; me permitió aguantar días enteros sin dormir trabajando para mi artista favorito; me urgió a adquirir las habilidades y la confianza necesarias para convertirme en productora; me introdujo en las ciencias musicales y la educación... y me empujó a escribir este libro. Nunca he dejado de cultivar mi amor por la música. Por su parte, ella me ha ayudado a ser más comprensiva con los demás, a ganarme la vida y a seguir maravillándome cuando, con mis alumnos, descubro sus nuevas formas, que no paran de evolucionar. La música ha moldeado casi todos los aspectos de mi identidad.

El área musical que habitas cuando eres joven no tiene por qué cambiar a medida que envejeces, pero es posible que con la edad empieces a visitar otros barrios de tanto en tanto. Aunque el tipo de canciones y discos que buscas pueda variar, por lo general, lo que disfrutas de mayor suele tener algo en común con lo que te gustaba de joven, porque también refleja esas preferencias profundas que te definen.

Aunque me pasé muchos años trabajando y tocando en las avenidas musicales del rock alternativo, siempre regresaba a casa, a la música soul. Por supuesto, cuando trabajaba en la industria, era más joven que ahora y me sentía atraída por la música que expresaba los intereses e ideales de mi generación. Al llegar a los cuarenta, me adentré en nuevas avenidas, pues el jazz fue ganándome poco a poco. Ahora, que estoy en los sesenta, paso más tiempo disfrutando del blues. Y de vez en cuando, me enamoro de un tema que no encaja del todo en ninguno de mis géneros preferidos.

Un día, mi antiguo alumno Ben Gebert (que ahora toca en el grupo Haerts) puso en clase uno de sus proyectos de producción. He escuchado cientos de grabaciones de estudiantes, pero nunca había experimentado amor a primera escucha hasta que oí su trabajo con «Angelina», de Russell Lacy.

La grabación arranca con un «mmm» cálido y profundo, como la voz de Russell. Reconozco de inmediato el timbre masculino que más me gusta. Luego entran el piano electrónico y la batería. El batería marca un ritmo ligero y uniforme con escobillas, no con baquetas, y el bombo golpea de un modo suave y constante, mientras la caja baila en síncopa por encima, casi como un ritmo de hip-hop. Coincide con mi punto sensible y me siento como en casa. El piano Wurlitzer me recuerda a los discos de soul que tanto me gustan, y el pianista se mantiene fiel a ese estilo: no presume, añade notas de adorno y armonía en torno a la progresión de acordes. El sonido carece de efectos, es tan cercano que casi incomoda. La canción crea una escena que, a mis oídos, resulta sorprendentemente realista, por lo que enseguida disfruto imaginándome a los músicos. En cuestión de segundos siento que esta grabación podría ser especial. Me inclino hacia delante con expectación.

Y entonces, ¡el flechazo musical! Una letra auténtica, original, ingeniosa, poética. Así son los primeros versos de Russell:

Angelina, I will catch your breath
Save it on my tongue
Even though I am the lowest wretch
For you I would atone.

Angelina, atraparé tu aliento
y lo guardaré bajo la lengua,
aunque sea el más miserable
por ti me redimiría.

Russell le dedica a Angelina algunos versos más, pero se calla sin transmitir del todo sus pensamientos. Los músicos también se detienen, salvo el batería, que continúa por su cuenta. La sensación no es la del típico solo de batería; se parece más a la pausa cargada de tensión que se produce tras un accidente. Es suspense puro y sugiere verdades no dichas.

Anywhere's a good place to die
Any way is a good way to go.

Cualquier lugar vale para morir
cualquier forma vale para irse.

Grabar con los micrófonos cerca, junto con la delicadeza de las interpretaciones, genera cierta sensación de claustrofobia. Mientras Russell canta, siento que estoy en un cuarto pequeño y estrecho, donde acaba de suceder algo terrible o ilegal, pero no sé exactamente el qué. Imagino una habitación, una vela y una copa, pero no me queda claro dónde está Angelina ni qué ha ocurrido.

Angelina, we are bound
Songbirds to sound.

Angelina, estamos unidos
como aves cantoras al sonido.

En mi mente imagino que la música resuena en los cerros de Virginia, donde Russell creció; unas colinas que han inspirado a los compositores estadounidenses durante siglos. Percibo la eterna americanización de los inmigrantes en la sensibilidad de dos alumnos que llegaron a Estados Unidos hace poco, Ben y su mujer, Nini Fabi, cuya voz se mezcla con la de Russell en el estribillo.

«Angelina» combina la forma clásica de los temas de cantautor con las letras imaginativas que tanto me gustan. Se trata de una grabación realista que me permite visualizar a los intérpretes e imaginarme el relato. Tiene una melodía amable, fácil de tararear, que contrasta con la historia oscura, como una mano de gorila en el guante de una dama, y aun así fluyen juntas. El ritmo es de esos que mi cuerpo reconoce y acompaña sin pensarlo, y se mantiene ahí.

Reconozco la calle en la que vivo. Reconozco mi hogar.

# 6

La historia de la música se desarrolla a través de las experiencias de millones de oyentes, con orígenes y perfiles muy distintos. Cada quien persigue su propio amor musical cuando se pone una canción, asiste a un concierto, escribe un rap o programa un ritmo de batería. De esta infinidad de expediciones individuales surgen las grandes tendencias del deseo colectivo. Nuestra búsqueda personal de gratificación hace que la música sea un ecosistema dinámico, que cambia todo el tiempo, a medida que cada nueva generación de oyentes se une al baile.

Por eso me gustaría acabar este libro del mismo modo que empezó: con una sesión de escucha colectiva. A continuación, encontrarás testimonios de hombres y mujeres de todo tipo, donde rememoran algunos de sus flechazos musicales. Cada persona describe, con sus propias palabras, una canción que ha marcado su vida. Estas grabaciones generaron en quien las eligió sentimientos de profunda afinidad, asombro y amor, aunque es poco probable que tú experimentes lo mismo con ellas. ¡Pues tú también tienes tus propios amores! Con un poco de suerte, como en cualquier buena quedada para escuchar música, ver cómo otros explican por qué una canción les toca tanto te ayudará a apreciar todavía más los temas que escuchas una y otra vez.

**T. J.** es un californiano de mediana edad lo bastante ágil y en forma como para moverse en skate y atreverse a trepar árboles. Se compró una casa que había pertenecido a sus abuelos en el pasado y se le da bien sacar fotos artísticas con el teléfono. Esto es lo que cuenta sobre su flechazo musical:

«Su actitud no deja lugar a dudas; destaca por encima del conjunto. Le está diciendo a un tipo lascivo que ya no lo soporta más. Ella se muestra totalmente dueña de su sexualidad, sin ningún temor. Hay algo retorcido, como si viéramos al mosquito y la sangre que anhela a la vez. El marimbol suena primordial, volcánico, como el pulso de toda la humanidad. Cuando entran los tambores, ni siquiera los necesitamos, pero suenan masculinos, mientras que ella es toda femenina. Es amenazante y seductora al mismo tiempo, pero de algún modo evoca un sentimiento que me representa».

El tema es «Funkier Than a Mosquito's Tweeter» de Nina Simone, 1974.

**A. N.** acaba de dejar atrás la veintena y creo que no conozco a nadie cuya dedicación a esto sea mayor. Sufrió un traumatismo craneal cuando estaba en el instituto, pero se recuperó por completo, aunque de adolescente tuviera que aprender a caminar y alimentarse de nuevo. Habla así de su amada:

«De jovencito me encantaba el hardcore porque eran chavales diciendo lo que les daba la gana con toda la agresividad y dureza que consideraban oportunas. Pero esta canción tiene una dinámica extrema y una forma atípica, como de música clásica; hay dulzura en la composición y una destreza increíble en la voz. Hay movimiento; se siente como algo auténtico y emotivo. Transmite una urgencia tangible; se nota que los músicos lo tocaron juntos. Suena como si solo hubieran tenido una oportunidad para grabar la canción y que, de no aprovecharla, se habría perdido para siempre. Siento empatía por la interpretación, pero también algo parecido a la soledad. Contiene tanta aventura interior...».

Se trata de «Mojo Pin» de Jeff Buckley, 1994.

**J. B.** es un joven guitarrista de jazz y productor con un oído excepcionalmente fino. Al hablar de música con él, te das cuenta de que, como oyente, se ha metido tan dentro que quizá nunca logre salir. Para él, la música es la única forma de estar en el mundo. Esto es lo que nos cuenta de su amor:

«A menudo escuchamos en busca de confort, pero también es importante oír música que nos haga sentir incómodos. Cuando me pongo este tema me mareo, siento escalofríos, pero por alguna extraña razón, a veces persigo ese efecto. La canción va de romper una relación. Ya sabes lo doloroso que es tener que dar la noticia, tanto para ti como para la otra persona, a quien aún aprecias. La letra funciona en ambos sentidos: o [el cantante] te la está cantando a ti, o eres tú quien la canta. Cuando la escuché por primera vez, estaba con la persona a la que quería dejar. No sé si ella lo notó, pero el ambiente estaba cargado. Sentí como si la cantara a través del cantante. Cuando la escucho ahora, se me eriza el vello de los brazos y regreso a esa sensación: el aire se vuelve denso. Toda música psicodélica debería transmitir cierta sensación de peligro. Nos educan para rechazar la oscuridad, pero en mi caso me ha marcado tanto como la belleza».

El tema es «Eventually» de Tame Impala, 2015.

**A. M.** tiene una galería en Los Ángeles con su pareja. Su amor por las artes visuales se extiende a los artistas que las producen. Tras una década en el negocio, su gratitud por poder mostrar al público las obras que se lo merecen no ha dejado de crecer. En su tiempo libre, toca el violín. Habla así de su amada:

«Si cierras los ojos y prestas atención durante los cuarenta minutos es imposible que no se te salten las lágrimas. Compuso treinta variaciones, todas con la misma línea de bajo, rematadas por dos arias. Por momentos, las variaciones te desgarran el corazón, te elevan al cielo o te devuelven a lo más cotidiano. Es tan complejo que llevo quince años escuchándolo y sigo descubriendo cosas nuevas. Es como asomarse a una mente que te enseña lo profundos que pueden ser los humanos. Gould interpreta esta versión con plena conciencia de lo grande que es (y sabe que tú también eres consciente)».

Hablamos de la versión que Glenn Gould grabó en 1981 de las *Variaciones Goldberg, BWV 988*, de J. S. Bach.

**E. G.** tiene un apetito insaciable y aventurero por los viajes, la comida, el cine y la música. De joven, dejó su Venezuela natal para estudiar música en Estados Unidos.

«La primera vez que lo escuché tenía quince años. Me destruyó y me reconstruyó, y aún hoy bebo de esa fuente de pura energía. Fue como si algo cayera del cielo y lo aplastara todo. Hasta ese momento, el metal no había conectado con ritmos africanos y funk. Todo era agresión anglosajona o germánica. Nadie había hecho heavy con tanto ritmillo. Cuando suena esta canción, el cuerpo se me mueve solo. Las guitarras dan la misma sensación que arrastrar los dedos por la superficie de un globo hinchado; un sonido que apela a las vísceras. El guitarrista solía hacer *glissandos*; aquí había uno sinuoso, que recordaba al movimiento de una serpiente. Aquello era distinto del metal rígido como bloques de Lego y provocaba cierto mareo. Tenía una disonancia fuera de lo común, que se contrarrestaba con una precisión impecable, sobrehumana, imposible. Mi cerebro de cuarenta y cuatro tacos aún es capaz de disfrutarla, pero lo que ocurre es que me retrotrae a los quince años. Es más que un recuerdo: vuelvo a tener esa edad».

El tema es «Mouth of War» de Pantera, 1992.

**T. B.** es un artista que creció como hijo único. Respetar las normas del instituto no era lo suyo, así que solía escabullirse a la biblioteca, donde se pasaba los días estudiando los libros sobre técnicas de pintura y escultura. Habla así de su amor:

«Ante mis ojos se desplegaban un montón de imágenes. Era la primera vez que "veía" una canción. Qué cosa tan personal y a la vez tan extraña. La letra y el sonido de la voz, los arreglos de fondo, las pausas... es pop y, sin embargo, no lo es. Está construida con una precisión extrema y, al mismo tiempo, tiene soltura. Era como si [el artista] hablara consigo mismo sobre algo que le parecía relevante. Para mí fue un despertar en la producción. Me mostró cómo podía ser la música. En aquel momento me interesaba el surrealismo y esta canción parecía aplicarlo a lo musical: imágenes familiares dispuestas de un modo desconocido».

Se trata de «I Am the Walrus» de los Beatles, 1967.

**C. S.** es una pianista con formación clásica que nació y se crio en Japón. Sus actuaciones son para caerse muerta, tanto cuando toca sola como al frente de su banda de vanguardia. Así describe su amor:

«Esta grabación me mostró el poder del estudio. Cada vez que la escucho, oigo algo distinto. Hay discos que he ido dejando atrás con la edad, pero siempre vuelvo a esta canción. Me sirve de guía en mi trabajo. Tiene un aire sombrío, cierta oscuridad, y a mí me atraen las cosas oscuras. Suena casi como si llegara de ultratumba, como si Emily Dickinson observara su propio cadáver. La música oscura es una válvula de escape, sirve para celebrar que aún estamos aquí. Es como un faro; me enamoro de ella una y otra vez».

Se trata de «Religion» de Sheena Ringo, 2003.

W. M. es una rara avis —o, como diría ella, un «potro salvaje»— cuyos gestos y expresiones me hacen pensar en música con forma humana. Dice lo siguiente:

«La primera vez que oí esta canción tenía trece años. Me destrozó el corazón por completo y cambió mi trayectoria vital. Mis padres se acababan de divorciar, así que sentía una mezcla de tristeza, pérdida, inquietud y ansiedad. No es que me portara mal, pero por dentro estaba hecha un lío y sentía una impulsividad difícil de contener. Cuando escuché este tema fue como si me convirtiera en adulta de repente —me obligó a madurar— y tuve un atisbo de lo que podría ser cuando creciera. Sus acordes sonaban como preguntas suspendidas en el aire, sin ningún punto de origen claro. Te tocaba a ti dilucidar de dónde venían. Las letras de Bob Dylan podían darte la sensación de que estabas viajando, pero esta canción lo hacía con los acordes».

Es «Don Juan's Reckless Daughter» de Joni Mitchell, 1977.

A. R. trabaja en la construcción y su vida ha estado repleta de altibajos. Es increíblemente alto y fuerte, pero tan empático por naturaleza que los animales y los niños se sienten atraídos hacia él como por un imán. Así habla de su amor musical:

«La melodía es como una resurrección. Empieza describiendo un mal panorama, pero al que sobrevivirás. Tiene un comienzo, un desarrollo y un final geniales. Suena solemne, pero hay felicidad y esperanza. También hay un trasfondo de calma, sin ningún tipo de ira. Yo ansiaba esa estabilidad. Siempre fui tímido, introvertido y odiaba la confrontación. Normal que me enamorara de esta canción. Si me dijeran que va a caer una bomba nuclear, me la pondría sin dudarlo».

Se trata de «Brokedown Palace» (en directo desde Nueva Jersey) de los Grateful Dead, 1988.

Esta diversidad de romances musicales alimenta y al mismo tiempo explica los orígenes de la música misma. Nuestros anhelos personales actúan como fuente inagotable de inspiración.

Cuando termines este libro, escucha alguna de tus canciones favoritas. Préstale atención. Nada de teléfonos. Sin distracciones. Sintoniza con esas corrientes profundas de tu interior. Cuando te concentres en esas dimensiones de la música que te fascinan, sin ninguna idea preconcebida de lo que es bueno, guay o aceptable, aprenderás algo esencial sobre ti mismo y quizá descubras una nueva forma de conectar con los demás.

# Coda

El coautor de este libro y yo iniciamos nuestra colaboración con una sesión de escucha. No tardamos en darnos cuenta de que nuestros gustos musicales eran completamente distintos. Dimos mil vueltas tratando de encontrar algo, poniéndonos una canción tras otra. Podríamos haber caído fácilmente en la tentación de querer impresionarnos el uno a la otra, pero aquello hubiera ido en contra del espíritu de una quedada de este tipo. Aquí se trata de ser honestos. Ogi me puso una amplia variedad de temas, pero ninguno tocó mis puntos sensibles. Y aunque mostró mucha curiosidad acerca de mis elecciones, tampoco le tocaron la fibra. Por lo visto, en lo que respecta a la música, buscábamos placeres totalmente opuestos.

Cuando no había mucho movimiento en el estudio, solía preguntarles a los músicos y al equipo por sus «placeres culpables», es decir, esas canciones que una prefiere no admitir que le gustan. Tales confesiones pueden ser profundamente reveladoras. Los temas que atesoramos en secreto reflejan facetas de nuestro yo musical que preferiríamos que otros no conocieran. Cuando llegaba mi turno, admitía que me gustaba «One Lonely Night» de REO Speedwagon, una balada sentimental de un grupo de rock con mucha laca que fue particularmente popular en los años setenta y ochenta.

Al final de nuestra sesión de escucha, Ogi y yo ya sabíamos suficiente sobre el perfil del otro como para profundizar un poco más. ¿Cuáles eran nuestros placeres culpables? Yo reconocí que «One Lonely Night». Después, Ogi confesó el suyo con cierta timidez: «Cool Water», cantada por Tim Blake Nelson. ¡Por fin! ¡Una conexión!

Pese a que Ogi y yo vivimos en avenidas musicales distintas, casi al cierre de nuestra sesión por fin encontramos un cruce alegre e inesperado: la música wéstern, con artistas como Gene Autry, Sons of the Pioneers, Montana Slim y Marty Robbins. Aunque al escuchar música nuestras fantasías nos llevan por caminos muy distintos, resultó que había un género capaz de brindarnos un disfrute común.

La música wéstern, que ahora también se llama *música cowboy* o *de vaqueros*, difiere de su pariente más cercano, el country. Para mí, las canciones de vaqueros presentan un romanticismo solitario que las sitúa en un nicho propio. Transmiten un sentimiento de soledad con un toque de valentía y optimismo. Suenan como las canciones que un perro cantaría si pudiera, y ningún otro animal expresa la soledad tan bien como los perros. La sencillez de este tema en concreto conecta con el tipo de amor puro que siento cuando estoy con animales. Cuando escucho música cowboy, puedo oler el polvo y sentir el calor que emana del cuello de mi caballo mientras nos dirigimos hacia la próxima aventura.

En el caso de Ogi, la música de vaqueros despierta imágenes de tierras lejanas con vastas panorámicas de cielos abiertos que se extienden de horizonte a horizonte, mientras un viajero solitario avanza con brío por el chaparral desierto. Pese a que cabalga solo y parece diminuto frente a la inmensidad de la naturaleza, su ánimo se mantiene firme y alegre, aunque quizá teñido de una leve melancolía. A Ogi, la música cowboy siempre le hace pensar en un viaje hacia lo desconocido, quizás incluso en ese último viaje que nos espera a todos, pero sin rendirse al dolor, al remordimiento o al miedo, y saboreando los recuerdos de los placeres sencillos, incluido el acto mismo de cantar.

Dado que la música puede resultar tan íntima y personal, es fácil olvidar que se trata, sobre todo, de una forma de compartir. Como mencioné en la obertura, la música, para existir, requiere tanto de un intérprete como de un oyente. Los compositores, letristas y músicos conectan con lo que escuchaban en su juventud y van afinando sus propios perfiles de oyente a medida que maduran como artistas. Al comenzar a compartir su obra, los nuevos oyentes la utilizan para desarrollar sus propios perfiles. Los mensajes de la música nos alcanzan y transforman la manera en que pensamos, hablamos, nos movemos, nos vestimos e interactuamos con los demás.

Es una suerte para la música que cada uno de nosotros reaccione a su manera. Y es una suerte para los seres humanos que, a veces, una canción provoque en dos personas la misma chispa de placer y abra la puerta a una conexión que trascienda las palabras.

# Agradecimientos

Una vez le preguntaron a Hillary Clinton, ante las cámaras, cómo había hecho para que la relación con su marido, Bill, durara tanto. Se limitó a explicar lo siguiente: «Empezamos una conversación en la primavera de 1971 y, más de treinta años después, seguimos hablando». Susan lo entiende muy bien. Ella empezó una conversación sobre música con Tommy Jordan en la primavera de 1992 y todavía siguen hablando. Este libro no existiría sin él. Cualquier idea lúcida o destello de brillantez que aparezca en estas páginas germinó, en realidad, con Tommy.

Susan también desea dar las gracias a sus mentores y colaboradores musicales por su talento y por todo lo que le enseñaron: Tony Berg, Jeff Black, Tim Bruckner, David Byrne, Lisa Coleman, Jim Creeggan, Robben Ford, Kevin Hearn, Jesse Johnson, Greg Kurstin, Nil Lara, George Massenburg, Wendy Melvoin, Craig Northey, Steven Page, Michael Penn, Sandy Roberton, Ed Robertson, Mark Rubel, Tyler Stewart, Al B. Sure, Tricky, Greg Wells y Andrew Yeomanson. Un agradecimiento especial a Todd Herreman por su ayuda con los derechos de las canciones.

Todo dúo necesita a alguien que desempate. Cada vez que Susan y Ogi llegaban a un punto muerto, la cosa se resolvía enseguida con una frase que empezaba así: «Tom piensa...».

No podríamos haber tenido un editor mejor que el inigualable Tom Mayer, ni una editorial mejor que Norton. También estamos encantados con el director de arte, Steve Attardo, y con la llamativa portada de Mike Perry. Ese cuidado y cariño extra hacen que el libro destaque de verdad. Le dedicamos una estruendosa ovación también a Bonnie Thompson, nuestra correctora, que revisó cada palabra y cada canción de este libro como una auténtica Sherlock Holmes. Agradecemos los talentos de Nneoma Amadi-obi, Elisabeth Kerr, Steve Colca, Anna Oler, Steven Pace y Will Scarlett. Además, mandamos un fuerte saludo al equipo de la Levine Greenberg Rostan Literary Agency, que incluye a nuestro excelente y queridísimo agente Jim Levine, a Courtney Paganelli, a Michael Nardullo y a Melissa Rowland.

Mención destacada a nuestra brillante ilustradora Hanna Piotrowska, que supo plasmar nuestras ideas del mejor modo posible.

Susan y Ogi están muy agradecidos con los lectores que revisaron los manuscritos y ofrecieron valiosas sugerencias: Nikolina Kulidžan, Rajeshwari Dutt, C. Crandall Hicks, John Davis, Katherine Rosenhammer, Steve Armin, Lori Dalton, Gail Schwartz, Robin Flinchum, Sarah Roman, Sai Gaddam y Tofool Alghanem.

Susan también quisiera dar las gracias a los asesores académicos y a los investigadores cuya dedicación a entender cómo funciona la música los convierte en auténticos referentes en cognición musical y neurociencia auditiva. Su brillantez eclipsa al sol. Son los siguientes: Albert Bregman, Peter Cariani, Nancy Etcoff, Tecumseh Fitch, Erica Knowles, Daniel Levitin, Psyche Loui, Stephen McAdams, Caroline Palmer, Aniruddh Patel y Eve-Marie Quintin. También da las gracias a los estudiantes, el profesorado y el personal del Berklee College of Music por las innumerables charlas extracurriculares sobre música y sobre la mejor manera de crearla y compartirla: Prince Charles Alexander, Carl Beatty, Jeremy Bernstein, Chad Blinman, Celia Bolgatz, Stephen Croes, Matthew Ellard, Enrique Gonzalez Müller, Jarred Hahn, Adam Moskowitz, Andrew Nault, Alex Prieto, Andrew Sarlo, Josh Sebek, Hank Shocklee, Sean Slade, Ebonie Smith, Courtney Swain, Barbara Thomas, John Whynot y Steven Xia.

Por último, esta sección no estaría completa sin reconocer lo mucho que les debemos a nuestros seres queridos. En el caso de Susan: las familias Rogers, Jordan y Bruckner; John Sacchetti, y el «primo Mike» Van Meter. En cuanto a Ogi: Tofool Alghanem y Zain Ogas.

# Notas

## Obertura

1  **dragones entre naranja y carmesí:** Puedes ver el traje de seda negra de Jimmy Page en la página web del Metropolitan Museum of Art: <https://www.metmuseum.org/art/collection/search/754663>.

2  **«perfil de oyente» personalizado:** Los psicólogos cognitivos usan el término *perfil cognitivo* como una manera de reconocer que cada cerebro humano es único, moldeado por billones de eventos bioquímicos microscópicos y por años de experiencias que son propias de cada individuo.

## Capítulo 1. AUTENTICIDAD

1  **en palabras de un asistente habitual a los recitales del ayuntamiento:** Citado en el artículo de Susan Orlean de 1999 para *The New Yorker*, «Meet the Shaggs».

2  **el mejor disco jamás grabado en la historia del universo:** Reimpreso en las notas de John DeAngelis de la recopilación del álbum *The Shaggs* para Rounder Records, 1988.

3  **las normas y las teorías musicales:** En una entrevista, el diseñador Cecil Balmond declaró: «Se trata de un concepto interesante del siglo XVIII o XIX, de Friedrich Schiller. Lo que importa es lo

naíf frente a lo sentimental. Quienes se afanan muchísimo por lograr algo en particular, y se fuerzan a sí mismos y a la obra para que funcione, son sentimentales. En lo naíf, sin embargo, irrumpe otra cosa. Al arte primitivo lo llamamos *naíf*, pero eso no significa que sea simple. Un verdadero genio, como Bach o Shakespeare, es también naíf. Aunque sus obras sean el sumun de la composición, son naífs, porque te llegan directamente y se te quedan dentro. Tomas una obra de Shakespeare y está aquí [señala su pecho]; te habla directamente. En cambio, si tomas una obra de Marlowe, o de alguien con menos talento, lo que notas es que el autor está bregando para que funcione; eres consciente de las capas de esfuerzo ocultas en la obra; la obra se queda aquí [señala la cabeza]. Es un argumento un poco extremo, pero interesante».

4  **«son más autoindulgentes de lo normal y están cargados de efectos»**: Vince Aletti, al reseñar el disco *Where I'm Coming From* de Stevie Wonder en la revista *Rolling Stone*, el 5 de agosto de 1971. Wonder debió de pulir los defectos poco después, porque tras este álbum logró una hazaña sin precedentes y prácticamente imposible, lanzó cinco grandes discos consecutivos: *Music of My Mind; Talking Book; Innervisions; Fulfillingness' First Finale, y Songs in the Key of Life.*

5  **el legendario productor Tony Berg**: Tony Berg hace discos en Zeitgeist, su estudio de Los Ángeles. Es un purista de la música en el sentido de que todos sus proyectos creativos buscan llevar la música más lejos, sin preocuparse mucho por el éxito en las listas pop. A lo largo de su carrera, que abarca varias décadas, Tony ha influido y servido de mentor a decenas de productores, ingenieros, músicos de sesión y artistas, muchos de ellos entre los más destacados y exitosos de Los Ángeles. Tuve el privilegio de grabar varios álbumes para él cuando regresé a casa después de dejar Minnesota. Ver trabajar a Tony me enseñó a producir.

6  **su propia isla musical**: Citado en John DeAngelis, en las notas del álbum *The Shaggs* (Rounder Records, 1988).

## Capítulo 2. REALISMO

1 **salpicaduras de color sin figura alguna:** El neurocientífico y premio Nobel Eric Kandel explica, en su brillante libro *Reductionism in Art and Brain Science* ('Reduccionismo en el arte y la neurociencia'), la extraña manera en que nuestro cerebro percibe las pinturas de Pollock: «Sus obras no tienen puntos de énfasis ni partes identificables. Carecen de un motivo central y estimulan nuestra visión periférica. Así, nuestros ojos están en constante movimiento: la mirada es incapaz de concentrarse y quedarse fija en el lienzo. Por eso el *action painting* nos resulta tan vivaz y dinámico». No es casualidad que las obras de arte abstracto a menudo se asemejen a las manchas de tinta de Rorschach: ambas están diseñadas para provocar respuestas subjetivas que revelen el mundo interior de quien las mira. Mis explicaciones sobre el realismo y la abstracción en la pintura, incluyendo el impacto de la fotografía, se basan en ideas presentadas en el libro de Kandel.


## Capítulo 3. NOVEDAD

1 **ventas (streaming incluido):** La lista de *Billboard* muestra qué música se consume en Estados Unidos, sin importar el género ni el formato, incluyendo ventas, radio y streaming. En cambio, la «American Top 40» de Ryan Seacrest, según sus propios responsables, se enfoca sobre todo en música *adult contemporary*. La ventaja de *Billboard* es que abarca mucho más, y por eso se ha convertido en el referente de la industria.

2 **la sigan y aprendan:** El experto en comunicación e información Christopher Burns señala en el pódcast *Point of Inquiry* que los humanos evolucionamos para ser excelentes aprendices. El problema es que se nos da fatal desaprender.

3 **la Hot 100 de *Billboard* en 2019:** A veces, algunos músicos famosos crean canciones simplificadas a propósito para que los niños también las disfruten, por ejemplo, los discos *Snacktime!* de Barenaked Ladies, *My Green Kite* de Peter Himmelman, *Ozokids* de

Ozomatli, *Not for Kids Only* de David Grisman y Jerry Garcia, y el maravilloso *Family Time* de Ziggy Marley.

4   **dentro de un estilo familiar:** Los estilos musicales clásicos pueden evolucionar y, de hecho, lo hacen, aunque suele haber resistencia por parte de los oyentes, que detestan que sus formas musicales conocidas se alteren demasiado. Soundgarden y Pearl Jam surgieron de la escena grunge y lograron aceptación entre los fans del rock clásico porque añadieron originalidad en la justa medida, ampliando el esquema básico del rock de un modo que era a la vez innovador y reconocible. Una generación después de Pearl Jam, la joven banda de rock Greta Van Fleet, de Michigan, ha tenido muchas más dificultades para conseguir una aceptación generalizada.

La banda ha recibido una atención mediática envidiable, y parece poseer todos los ingredientes para convertirse en el próximo gran grupo de rock, entre ellos las impresionantes voces del cantante, Josh Kiszka, que recuerdan a las de Robert Plant. Sin embargo, a los músicos de rock se les exige audacia. El rock dio origen a los pogos y al *stage diving*. Cuando Pete Townshend, de The Who, destrozaba su guitarra al final de un concierto, o cuando Kurt Cobain, de Nirvana, se lanzaba de cabeza sobre la batería de Dave Grohl, demostraban la actitud temeraria que define a esta música. Por desgracia, en una noche fatídica, Greta Van Fleet no estuvieron a la altura. Vi, junto con millones de personas, cómo la banda actuaba en *Saturday Night Live* a principios de 2019. Al final de su primera canción, el guitarrista hizo algo raro: se movió como si fuera a lanzarse sobre la batería, pero en el último momento dudó y retrocedió. Sentí una dolorosa punzada de empatía. Sabía cómo los fans del rock interpretarían aquel gesto fallido. Y, en efecto, a la mañana siguiente, los blogueros musicales no fueron demasiado amables con ellos.

5   **se los ridiculiza por sus gustos poco convencionales:** Durante una cena en Boston, un hombre sentado frente a mí me acusó de «mentir» cuando confesé que no era una gran fan de los Beatles y que, de hecho, prefería a Sly & the Family Stone. Según él, mi preferencia por Sly en vez de por John y Paul no era más que

una táctica para llamar la atención. Ese triste y desconcertante incidente puso en marcha las ideas que, al final, dieron lugar a este libro.

6   **extremadamente talentoso y muy formado:** El galardonado Greg Kurstin ha demostrado su talento como compositor y productor en un montón de éxitos conocidos, como «Hello» y «Easy on Me» de Adele, «Stronger (What Doesn't Kill You)» de Kelly Clarkson y «Girl» de Maren Morris.

7   **como el *circuit bending*:** El *circuit bending* es una técnica que consiste en desarmar parcialmente un dispositivo electrónico barato (como un sintetizador de baja fidelidad o un juguete infantil) y reconectarlo o cortocircuitar algunos de sus componentes para crear sonidos inusuales y aleatorios. Es un recurso destacado en la música noise y, a veces, se realiza en vivo. Para escuchar un ejemplo, ponte «Jacob's Ladder» de Arcane Device.

8   **acabar marcando tendencia:** Para ver cómo surge un movimiento en menos de tres minutos busca el vídeo de YouTube «First Follower: Leadership Lessons from Dancing Guy» [Primer seguidor: el tío que baila nos da lecciones de liderazgo], que muestra imágenes de un festival de música al aire libre (encontrarás un enlace en ThisIsWhatItSoundsLike.com). Está narrado por Derek Sivers, exalumno de Berklee y fundador de CD Baby. Al principio del vídeo, un tipo sin camiseta es el único que se atreve a bailar sin complejos, mientras que el resto de los asistentes permanecen sentados. Pero cuando un «primer seguidor» se anima a unirse, otros no tardan en imitarlo. Así es como surgen también los movimientos y las tendencias musicales, aunque en un período de tiempo más largo.

9   **su cerebro busca la aventura en otros lugares:** Esto me ayudó a entender por qué las bandas tributo son tan sorprendentemente populares en Boston, mucho más que en otras grandes ciudades. Para su tamaño, Boston tiene una cantidad inusualmente alta de facultades y universidades. Muchos estudiantes agotados que salen para desconectar a un bar no tienen la energía ni el ánimo suficientes para disfrutar de canciones novedosas y que no conocen.

## Capítulo 4. MELODÍA

1  **el Ahmanson Theatre de Los Ángeles:** Puedes ver esta actuación en el documental *Sinatra: All or Nothing at All* (2015), disponible en varias plataformas de streaming.

2  **la misma progresión de acordes:** Un acorde es un conjunto de tres o más notas que se tocan al mismo tiempo. A una sucesión de acordes se le llama *progresión de acordes* y funciona como una especie de «esqueleto tonal» de la canción. «The 1» de Taylor Swift comienza con una progresión de dos acordes repetida al piano, a la que luego se suma otra progresión en la guitarra antes de que la voz de Swift entre para cantar la melodía.

3  **incluso antes de nacer:** Los elementos musicales que para los oyentes de una generación o cultura suenan de cierta manera, pueden percibirse de forma muy distinta por los de otra. Se dice que el «Adagio para cuerda» de Samuel Barber (quizá lo conozcas como el tema de la película *Platoon*) es la melodía más triste jamás compuesta. Aunque Barber solía mostrarse melancólico, no hay indicios de que considerara que esta pieza fuera triste. Compuso el «Adagio» en el verano de 1936, durante un período particularmente feliz de su vida. Tras terminar la obra le escribió a un amigo: «Acabo de terminar el movimiento lento de mi cuarteto hoy, ¡es un golpe de gracia!». Luke Howard, profesor de Historia de la Música, escribe en *American Music* que Barber no tenía la menor intención de que la pieza se usara como himno fúnebre. Se convirtió en la «música semioficial del luto» en Estados Unidos después de que se emitiera tras las muertes de Franklin Delano Roosevelt y John Fitzgerald Kennedy. Hoy se considera un referente cultural de cómo suena la «tristeza» en la música.

4  **otros artistas de rock:** En *Sound Targets: American Soldiers and Music in the Iraq War* ('Objetivos sonoros: soldados estadounidenses y música en la guerra de Irak'), Jonathan Pieslak señala que, según algunas fuentes, el objetivo no era intimidar a Noriega, sino subir la moral a las tropas estadounidenses.

5  **el tono de Shepard:** Los tonos musicales presentan dos características, el croma o «color» (las notas genéricas) y la altura tonal (la

octava en la que suenan). En un piano, los doce tonos de la escala cromática (llamados *semitonos*) se repiten siete veces a lo largo de siete octavas completas. Incluso en animales no humanos, los tonos que difieren en una octava son percibidos como similares (relación 2:1). Esto inspiró al experto en psicoacústica Roger Shepard a representar el croma y la altura de los tonos como una espiral ascendente, en forma de hélice, de modo que cada nota quedara directamente sobre la misma nota una octava más abajo. Esta disposición circular permite que un conjunto de tonos generados por ordenador cree una ilusión auditiva.

Si alguien escucha los doce semitonos consecutivos, uno tras otro, y se aumenta la intensidad de cada uno a medida que suena, da la impresión de que el tono asciende de manera continua. Tras escuchar los doce tonos, estamos una octava más arriba que al principio, pero, debido a la «equivalencia entre octavas», perceptualmente volvemos al punto de partida. Al igual que la famosa escalera infinita del artista M. C. Escher, los tonos Shepard parecen subir sin cesar, sin alcanzar nunca la cima.

## Capítulo 5. LETRAS

1   **la historia que cuenta la letra:** Algunos estudios sobre poesía (Belfi, Vessel y Starr, 2017) señalan que el mayor atractivo de un poema está en la intensidad de las imágenes que evoca, y es muy probable que esto se aplique también a las letras de canciones, dado que imaginar la historia que cuentan es una actividad común cuando escuchamos música.

2   **antes de las redes sociales:** Fue la única vez que presencié una descarga de correo mientras trabajaba con Prince. Su equipo pronto hizo que la correspondencia de los fans se enviara a otro sitio, quizá porque aquellos sacos desbordados eran la imagen misma de la palabra *futilidad*. Resultaba sencillamente imposible ponerse al día con todo lo que llegaba.

3   **contenido semántico (la información):** Cuanto más se modifica una voz para que suene como un instrumento, por ejemplo, usan-

do mucho vocoder o Auto-Tune, menos procesa el cerebro esa señal en su «área del canto» y más la percibe como si fuera un instrumento (Lévêque y Schön, 2015).

## Capítulo 6. RITMO

1 **evaluar la sordera tonal:** Si sientes curiosidad por la MBEA, puedes hacer la prueba online y gratis en <musicianbrain.com/mbea/>. ¡Es bastante divertido!

2 **se aceleraba o bajaba de velocidad:** Ani Patel y su equipo viajaron a Indiana para comprobar si Snowball podía seguir el compás. Cambiaron el tempo de varios fragmentos musicales en un rango muy amplio y descubrieron que Snowball ajustaba el ritmo de sus movimientos espontáneamente para seguir sincronizado (Patel, Iversen, Bregman y Schulz, 2009).

3 **extraer un tactus:** Si te interesa el tema, quizá disfrutes de este artículo de revisión de W. Tecumseh Fitch; su trabajo es a la vez académico y fascinante: W. Tecumseh Fitch, «Four Principles of Biomusicology», *Philosophical Transactions of the Royal Society B: Biological Sciences,* vol. 370, núm. 1664 (2015), p. 20140091. <https://doi.org/10.1098/rstb.2014.0091>.

4 **digna de Elaine Benes en la pista:** Elaine Benes era un personaje de la serie de comedia *Seinfeld.* En uno de los episodios se descubre que baila tan mal que da risa.

5 **golpes intermitentes de la caja:** En «Poinciana», el batería suelta las bordoneras de la caja para que esta suene más como un tom.

## Capítulo 7. TIMBRE

1 **salvo en ciertos casos de aliteración:** Hay un tipo de aliteración en el que el final de un sonido o palabra coincide con el comienzo de la siguiente. Los letristas pueden usar este recurso y darle un toque ingenioso al texto. Por ejemplo, «Sacred Cow» de Geggy Tah incluye los versos «What song reminds you

of when | Life was home on the dangerous | Which side of the tracks are you on?». El cantante, Tommy Jordan, alitera el final de *dangerous* con el inicio de *which*, de modo que suena como *switch side.*

2  **un ritmo «continuo» ni siquiera tiene sentido:** El efecto Risset es una ilusión auditiva en la que un tempo parece acelerarse sin parar. Este efecto se produce por un proceso automático de reorganización perceptual. Recibe su nombre de Jean-Claude Risset, pionero de la música por ordenador. A medida que los golpes de batería parecen acelerarse, llega un momento en que nuestro cerebro considera la velocidad como imposible o, al menos, muy poco probable. Entonces, el cerebro reorganiza automáticamente la señal de audio entrante y agrupa los golpes percusivos en «bloques» más grandes, por lo que el ritmo se ralentiza.

3  **un poderoso efecto emocional en nosotros:** Comparada con nuestra percepción de la melodía, la letra y el ritmo, la percepción del timbre es especialmente compleja, no solo por su variedad infinita, sino también, como vimos al comparar violines antiguos y nuevos, por sus vínculos con nuestras experiencias previas con un sonido. El timbre revela la identidad de una fuente sonora, y muchas fuentes de sonido acaparan nuestra atención, como un bebé que chilla, un susurro seductor, una sirena que se acerca o el bip de un mensaje de texto. Aprendemos a clasificar los sonidos como gratificantes o molestos, relevantes o irrelevantes, prometedores o desalentadores... dependiendo de lo que hayamos experimentado con ellos en el pasado.

4  **estimula el tímpano:** Casi todos los sonidos que escuchamos nos llegan a través de los conductos auditivos, pero también existen sonidos transmitidos por los huesos y otros que se generan dentro de nuestro propio cuerpo.

5  **«el gorjeo de un gorrión»:** Según Alluri *et al.*: «Los aspectos tímbricos activaron sobre todo áreas perceptuales y zonas del cerebro que suelen estar en modo reposo o funcionando por defecto, así como áreas cognitivas del cerebelo. En cambio, con los aspectos tonales y rítmicos, observamos por primera vez que, al escuchar un estímulo naturalista, se activaban regiones subcorticales rela-

cionadas con las emociones, junto con áreas cognitivas y somato-
motoras de la corteza cerebral».

6  **una experiencia de placer (o desagrado):** Las redes de procesamiento independientes son el motivo por el que la canción perfecta, escuchada en el momento equivocado, puede resultar desagradable o molesta. Puede que ames cada elemento de tu tema
favorito, pero si lo escuchas mientras discutes con tu pareja por
dinero, no sonará igual. Tus circuitos de percepción estética en-
vían una alerta a tu red de recompensa: ¡inapropiado!

7  **y cómo los manipulamos:** Aprendemos a reconocer el timbre de
distintos instrumentos a medida que los escuchamos en la infancia. El término para este conocimiento adquirido es *plantilla de
timbres* y sirve también para las voces (Handel y Erickson, 2004).

## Capítulo 8. FORMA Y FUNCIÓN

1  **«escucha analítica»:** En el ámbito de la cognición musical, se
considera *músico* a toda persona que haya recibido al menos cinco años de formación musical reglada desde la infancia. La práctica musical durante la niñez, cuando nuestros cerebros son más
maleables, provoca cambios físicos: toda la vía auditiva se vuelve
más gruesa y se fortalece, y los nervios auditivos desarrollan nuevas «ramificaciones» que ayudan a distinguir mejor entre sonidos
similares.

Los músicos con formación tienen mayor capacidad para escuchar los acordes de manera analítica: su sistema auditivo percibe y reconoce cada nota que los compone. Se parece a la habilidad de los «supercatadores», que pueden probar una cucharada
de sopa y nombrar todos los ingredientes. En cambio, las personas sin esa formación musical suelen ser incapaces de separar las
notas de un acorde. Escuchan de manera sintética: perciben un
acorde como un solo objeto sonoro.

Para saber si escuchas de manera analítica o sintética, puedes
recurrir a una demostración de audio de la Acoustical Society
of America, proporcionada por el Correlogram Museum, que se

llama «ASA 25—Analytic vs. Synthetic Pitch» (encontrarás un enlace en ThisIsWhatItSoundsLike.com). Escucharás un par de tonos sobre un fondo de ruido. ¿Te parece que suben o bajan? Si crees que el tono baja, escuchas de manera analítica. Si crees que sube, lo haces de manera sintética. ¿A qué se debe la diferencia? El primer tono de la pareja tiene dos frecuencias: 1000 y 800 hercios (Hz). El segundo tono también se compone de dos frecuencias: 1000 y 750 Hz. Los oyentes analíticos perciben que la parte a 800 Hz baja a 750 Hz, es decir, escuchan tonos descendentes. Los oyentes sintéticos, por el contrario, perciben como el tono sube de 200 Hz a 250 Hz. A estos, el primer tono les suena a 200 Hz porque es la diferencia entre las frecuencias simultáneas de 1000 y 800 Hz. El segundo tono les suena a 250 Hz, que es la diferencia entre 1000 y 750 Hz.

2   «**Little Red Corvette**»: En inglés, se llama *crossover singles* a las canciones que logran suficientes ventas y emisiones en radio como para salir no solo en listas especializadas, sino también en la Hot 100 de *Billboard*. Muchos grandes sencillos han aparecido primero en las listas de rock, country o R&B, pero nunca alcanzaron la difusión necesaria para pasar a la Hot 100.

3   **algo que hacían en todos sus discos:** En *Stunt*, la canción que grabaron desnudos fue «Contrary», que al final no se incluyó en el disco. Ya habíamos grabado casi todo y acabábamos de empezar con «Contrary» cuando Tyler, el batería, dijo: «Oye, tíos, todavía no hemos hecho la canción en pelotas». Antes de que terminara la frase, los cinco músicos ya se habían quitado la ropa (puede que se dejaran los zapatos). Grabamos el número habitual de tomas —cinco o seis— de este modo y luego los llamé a la sala de control. Asumí que se habrían vestido, pero cuando alcé la vista de la consola, había cinco hombres desnudos alineados a mis espaldas. Escucharon la grabación y la comentaron como de costumbre, y luego se dirigieron a las oficinas para pedirle cambio de un dólar al gerente del estudio. Podría haber llorado de alegría. Me trataban como lo hacían entre ellos. Era una más.

# Bibliografía

## Notas discográficas

BANNISTER, Scott, «A Vigilance Explanation of Musical Chills? Effects of Loudness and Brightness Manipulations», *Music & Science*, núm. 3 (2020). <https://doi.org/2059204320915654>.

BELFI, A. M. y P. LOUI, «Musical Anhedonia and Rewards of Music Listening: Current Advances and a Proposed Model», *Annals of the New York Academy of Sciences*, vol. 1464, núm. 1 (2020), pp. 99-114.

CASTRO, São Luís y César F. LIMA, «Age and Musical Expertise Influence Emotion Recognition in Music», *Music Perception: An Interdisciplinary Journal*, vol. 32, núm. 2 (2014), pp. 125-142.

KIRSCHNER, Sebastian y Michael TOMASELLO, «Joint Music Making Promotes Prosocial Behavior in 4-Year-Old Children», *Evolution and Human Behavior*, vol. 31, núm. 5 (2010), pp. 354-364.

LEVITIN, Daniel J. y Susan E. ROGERS, «Absolute Pitch: Perception, Coding, and Controversies», *Trends in Cognitive Sciences*, vol. 9, núm. 1 (2005), pp. 26-33. <https://doi.org/10.1016/j.tics.2004.11.007>.

MAS-HERRERO, Ernest *et al.*, «Dissociation Between Musical and Monetary Reward Responses in Specific Musical Anhedonia», *Current Biology*, vol. 24, núm. 6 (2014), pp. 699-704.

—, «Individual Differences in Music Reward Experiences», *Music*

*Perception: An Interdisciplinary Journal*, vol. 31, núm. 2 (2012), pp. 118-138.

PANKSEPP, Jaak, «The Emotional Sources of "Chills" Induced by Music», *Music Perception*, vol. 13, núm. 2 (1995), pp. 171-207. <https://doi.org/10.2307/40285693>.

PATEL, Aniruddh D. *et al.*, «Speech Intonation Perception Deficits in Musical Tone Deafness (Congenital Amusia)», *Music Perception* vol. 25, núm. 4 (2008), pp. 357-368. <https://doi.org/10.1525/mp.2008.25.4.357>.

PERETZ, Isabelle y Dominique T. VUVAN, «Prevalence of Congenital Amusia», *European Journal of Human Genetics*, vol. 25, núm. 5 (2017), pp. 625-630. <https://doi.org/10.1038/ejhg.2017.15>.

SANES, Dan H. y Sarah M. N. WOOLLEY, «A Behavioral Framework to Guide Research on Central Auditory Development and Plasticity», *Neuron*, vol. 72, núm. 6 (2011), pp. 912-929.

SERAFINE, Mary Louise, *Music as Cognition: The Development of Thought in Sound*, Nueva York, Columbia University Press, 1988.

ZAMM, Anna *et al.*, «Pathways to Seeing Music: Enhanced Structural Connectivity in Colored-Music Synesthesia», *Neuroimage*, núm. 74 (2013), pp. 359-366. <https://doi.org/10.1016/j.neuroimage.2013.02.024>.

## Capítulo 1. AUTENTICIDAD

ANDERSON, Thomas, «In the Studio with the Shaggs», *Blurt*, publicado online en 2016. Consultado en febrero de 2020. <https://blurtonline.com/feature/in-the-studio-with-the-shaggs/>.

BALMOND, Cecil y Eric ELLINGSEN, «Survival Patterns», en *Models*, vol. 11, editado por Emily ABRUZZO, Eric ELLINGSEN y Jonathan D. SOLOMON, Nueva York, 306090 Books, 2007, p. 27.

CHRISTOFF, Kalina *et al.*, «Mind-Wandering as Spontaneous Thought: A Dynamic Framework», *Nature Reviews Neuroscience*, vol. 17, núm. 11 (2016), pp. 718-731.

CHUSID, Irwin, «The Shaggs: Groove Is in the Heart», en *Songs in the Key of Z: The Curious Universe of Outsider Music*, pp. 4-11, Chicago, A Capella Books, 2000.

DeAngelis, John, «Notas del álbum *The Shaggs*», Rounder CD11547, 1988.

Dickinson, Emily, «Carta a Thomas Higginson. L459a», 1876. Citada en *The Complete Poems of Emily Dickinson*, Nueva York, Little, Brown, 1976. [Hay trad. cast.: *Obra poética completa*, Madrid, Amargord, 2012.]

Fishman, Howard, «The Shaggs Reunion Concert Was Unsettling, Beautiful, Eerie, and Will Probably Never Happen Again», *New Yorker*, 30 de agosto de 2017. <https://www.newyorker.com/culture/culture-desk/the-shaggs-reunion-concert-was-unsettling-beautiful-eerie-and-will-probably-never-happen-again>.

Grant, B. Rosemary y Peter R. Grant, «Songs of Darwin's Finches Diverge When a New Species Enters the Community», *Proceedings of the National Academy of Sciences*, vol. 107, núm. 47 (2010), pp. 20156-20163.

Orlean, Susan, «Meet the Shaggs», *New Yorker*, 22 de septiembre de 1999. <https://www.newyorker.com/magazine/1999/09/27/meet-the-shaggs>.

Ronson, Jon, *Jon Ronson On*, temporada 6, episodio 3, «The Fine Line Between Good and Bad: The Shaggs», emitido el 6 de junio de 2002; producido por Lucy Greenwell para White Pebble Media and Renegade Pictures, BBC 4. <https://www.bbc.co.uk/programmes/b010y002>.

Solomon, Jonathan D., Emily Abruzzo y Eric Ellingsen (eds.), *Models*, vol. 11 de *306090*, Princeton, NJ, Princeton Architectural Press, 2008.

## Capítulo 2. REALISMO

Aviv, Vered, «What Does the Brain Tell Us About Abstract Art?», *Frontiers in Human Neuroscience*, vol. 8 (2014), pp. 85. <https://doi.org/10.3389/fnhum.2014.00085>.

CHRISTOFF, Kalina *et al.*, «Mind-Wandering as Spontaneous Thought: A Dynamic Framework», *Nature Reviews Neuroscience*, vol. 17, núm. 11 (2016), pp. 718-731. <https://doi.org/10.1038/nrn.2016.113>.

DANTO, Arthur C., *The Madonna of the Future: Essays in a Pluralistic Art World*, Berkeley, University of California Press, 2001. [Hay trad. cast.: *La madonna del futuro*, Barcelona, Paidós, 2003.]

DELANEY, Darby, «How Martin Scorsese Perfected the Movie Soundtrack», *Film School Rejects*, 17 de julio de 2018. <https://filmschoolrejects.com/how-martin-scorsese-perfected-the-movie-soundtrack/>.

FROST, Robert, «Dust of Snow», *New Hampshire*, Nueva York, Henry Holt, 1923.

GALASSI, Peter, *Before Photography: Painting and the Invention of Photography*, Nueva York, Morgan Press, 1981, p. 12.

GOMBRICH, Ernst H., *The Essential Gombrich: Selected Writings on Art and Culture*, editado por Richard Woodfield, Londres, Phaidon, 1996, p. 108. [Hay trad. cast.: *Gombrich esencial: textos escogidos sobre arte y cultura*, Barcelona, Debate, 1997.]

KANDEL, Eric R., *Reductionism in Art and Brain Science: Bridging the Two Cultures*, Nueva York, Columbia University Press, 2016.

KAWABATA, Hideaki y Semir ZEKI, «Neural Correlates of Beauty», *Journal of Neurophysiology*, vol. 91, núm. 4 (2004), pp. 1699-1705. <https://doi.org/10.1152/jn.00696.2003>.

MCDONALD, John, «James Turrell: A Retrospective», *Sydney Morning Herald*, 15 de febrero de 2015.

MESQUITA, Batja, Lisa FELDMAN BARRETT y Eliot R. SMITH (eds.), *The Mind in Context*, Guilford, 2010.

MOYLE, Franny, *Turner: The Extraordinary Life and Momentous Times of J.M.W. Turner*, Nueva York, Penguin Press, 2016.

ROSE, Todd, *The End of Average: How to Succeed in a World That Values Sameness*, Nueva York, HarperOne, 2016.

ROSE, Todd y Ogi OGAS, *Dark Horse: Achieving Success Through the Pursuit of Fulfillment*, Nueva York, HarperCollins, 2018.

Rose, L., Todd, Parisa Rouhani y Kurt W. Fischer, «The Science of the Individual», *Mind, Brain, and Education*, vol. 7, núm. 3 (2013), pp. 152-158.

Salle, David, *How to See*, Nueva York, W. W. Norton, 2016, p. 23.

Schwartz, Sanford, *Artists and Writers*, Nueva York, Yarrow, 1990, p. 203.

Turrell, James, «Aten Reign at the Guggenheim and James Turrell's Skyspaces», Entrevista publicada en YouTube el 8 de diciembre de 2016. <https://www.youtube.com/watch?v=_rWoN7B5KD4>.

—, entrevista publicada en <jamesturrell.com>, 2021. <https://jamesturrell.com/about/introduction/>.

## Capítulo 3. NOVEDAD

Carpentier, Sarah M. *et al.*, «Complexity Matching: Brain Signals Mirror Environment Information Patterns During Music Listening and Reward», *Journal of Cognitive Neuroscience*, vol. 32, núm. 4 (2020), pp. 734-745. <https://doi.org/10.1162/jocn_a_01508>.

Chmiel, Anthony y Emery Schubert, «Back to the Inverted-U for Music Preference: A Review of the Literature», *Psychology of Music*, vol. 45, núm. 6 (2017), pp. 886-909. <https://doi.org/10.1177/0305735617697507>.

Ferreri, Laura *et al.*, «Dopamine Modulates the Reward Experiences Elicited by Music», *Proceedings of the National Academy of Sciences*, vol. 116, núm. 9 (2019), pp. 3793-3798. <https://doi.org/10.1073/pnas.1811878116>.

Marin, Manuela M. *et al.*, «Berlyne Revisited: Evidence for the Multifaceted Nature of Hedonic Tone in the Appreciation of Paintings and Music», *Frontiers in Human Neuroscience*, vol. 10 (2016), p. 536. <https://doi.org/10.3389/fnhum.2016.00536>.

Medawar, Peter B., «The Threat and the Glory», en *The Threat and the Glory*, Nueva York, HarperCollins, 1990. [Hay trad. cast.: *La amenaza y la gloria*, Barcelona, Gedisa, 1993.]

NICHOLSON, Nigel *et al.*, «Personality and Domain-Specific Risk Taking», *Journal of Risk Research*, vol. 8, núm. 2 (2005), pp. 157-176. <https://doi.org/10.1080/1366987032000123856>.

PERCINO, Gamaliel, Peter KLIMEK y Stefan THURNER, «Instrumentational Complexity of Music Genres and Why Simplicity Sells», *PLOS One*, vol. 9, núm. 12 (2014), p. e115255. <https://doi.org/10.1371/journal.pone.0115255>.

RIDENHOUR, Carlton, *Chuck D Presents: This Day in Rap and Hip-Hop History*, Nueva York, Hachette, 2017, p. 7.

SALIMPOOR, Valorie N. *et al.*, «Interactions Between the Nucleus Accumbens and Auditory Cortices Predict Music Reward Value», *Science*, vol. 340, núm. 6129 (2013), pp. 216-219. <https://doi.org/10.1126/science.1231059>.

—, «Predictions and the Brain: How Musical Sounds Become Rewarding», *Trends in Cognitive Sciences*, vol. 19, núm. 2 (2015), pp. 86-91. <https://doi.org/10.1016/j.tics.2014.12.001>.

SALLAVANTI, Micalena I., Vanessa E. SZILAGYI y Edward J. CRAWLEY, «The Role of Complexity in Music Uses», *Psychology of Music*, vol. 44, núm. 4 (2016), pp. 757-768. <https://doi.org/10.1177/0305735615591843>.

SAPOLSKY, Robert M., *Behave: The Biology of Humans at Our Best and Worst*, Nueva York, Penguin, 2017, pp. 161-168. [Hay trad. cast.: *Compórtate*, Madrid, Capitán Swing, 2019.]

SERRÀ, Joan *et al.*, «Measuring the Evolution of Contemporary Western Popular Music», *Scientific Reports*, vol. 2, núm. 1 (2012), pp. 1-6. <https://doi.org/10.1038/srep00521>.

ZUCKERMAN, Marvin, «The Sensation Seeking Scale V (SSS-V): Still Reliable and Valid», *Personality and Individual Differences*, vol. 43, núm. 5 (2007), pp. 1303-1305. <https://doi.org/10.1016/j.paid.2007.03.021>.

ZUCKERMAN, Marvin y D. Michael KUHLMAN, «Personality and Risk-Taking: Common Bisocial Factors», *Journal of Personality*, vol. 68, núm. 6 (2000), pp. 999-1029. <https://doi.org/10.1111/1467-6494.00124>.

# Capítulo 4. MELODÍA

BERNSTEIN, Leonard, *Leonard Bernstein's Young People's Concerts*, Nueva York, Anchor, 1962, p. 201. [Hay trad. cast.: *El maestro invita a un concierto. Música para jóvenes*, Madrid, Siruela, 2014.]

BROWN, Steven, «Are Music and Language Homologues?», *Annals of the New York Academy of Sciences*, vol. 930, núm. 1 (2001), pp. 372-374. <https://doi.org/10.1111/j.1749-6632.2001.tb05745.x>.

DEUTSCH, Diana, Trevor HENTHORN y Rachael LAPIDIS, «Illusory Transformation from Speech to Song», *Journal of the Acoustical Society of America*, vol. 129, núm. 4 (2011), pp. 2245-2252. <doi.org/10.1121/1.3562174>.

«The 500 Greatest Albums of All Time», *Rolling Stone* (octubre de 2020), pp. 41-89. Publicado online el 22 de septiembre de 2020. <https://www.rollingstone.com/music/music-lists/best-albums-of-all-time-1062063/>.

GROSSBERG, Stephen *et al.*, «ARTSTREAM: A Neural Network Model of Auditory Scene Analysis and Source Segregation», *Neural Networks*, vol. 17, núm. 4 (2004), pp. 511-536. <https://doi.org/10.1016/j.neunet.2003.10.002>.

HARDACH, Sophie, «Do Babies Cry in Different Languages?», *New York Times*, 14 de noviembre de 2019, publicado online el 15 de abril de 2020. Consultado el 10 de junio de 2021. <https://www.nytimes.com/2020/04/15/parenting/baby/wermke-prespeech-development-wurzburg.html>.

HOWARD, Luke, «The Popular Reception of Samuel Barber's *Adagio for Strings*», *American Music* (2007), pp. 50-80.

KAPLAN, James, *Frank, The Voice*, Nueva York, Anchor, 2011, pp. 105-107.

MAMPE, Birgit *et al.*, «Newborns' Cry Melody Is Shaped by Their Native Language», *Current Biology*, vol. 19, núm. 23 (2009), pp. 1994-1997. <https://doi.org/10.1016/j.cub.2009.09.064>.

McCONNELL, Patricia B., «Lessons from Animal Trainers: The Effect of Acoustic Structure on an Animal's Response», en *Perspectives in Ethology*, vol. 9, editado por P.P.G. Bateson y Peter H. Klopfer, Nueva York, Plenum Press, 1991.

McDermott, Josh H., «Auditory Preferences and Aesthetics: Music, Voices, and Everyday Sounds», en *Neuroscience of Preference and Choice*, editado por Raymond Dolan y Tali Sharot, pp. 227-256, Waltham, MA, Academic Press, 2012. <https://doi.org/10.1016/B978-0-12-381431-9.00020-6>.

Nummenmaa, Lauri, Vesa Putkinen y Mikko Sams, «Social Pleasures of Music», *Current Opinion in Behavioral Sciences*, vol. 39 (2021), pp. 196-202. <https://doi.org/10.1016/j.cobeha.2021.03.026>.

Orenstein, Arbie, *Ravel: Man and Musician*, Nueva York, Dover, 1991, p. 98.

Owings, Donald H. y Eugene S. Morton, *Animal Vocal Communication: A New Approach*, Nueva York, Cambridge University Press, 1998.

Patel, Aniruddh D., John R. Iversen y Jason C. Rosenberg, «Comparing the Rhythm and Melody of Speech and Music: The Case of British English and French», *Journal of the Acoustical Society of America*, vol. 119, núm. 5 (2006), pp. 3034-3047. <https://doi.org/10.1121/1.2179657>.

Pieslak, Jonathan R., *Sound Targets: American Soldiers and Music in the Iraq War*, Bloomington, Indiana University Press, 2009, pp. 82-86.

Ross, Deborah, Jonathan Choi y Dale Purves, «Musical Intervals in Speech», *Proceedings of the National Academy of Sciences*, vol. 104, núm. 23 (2007), pp. 9852-9857. <https://doi.org/10.1073/pnas.0703140104>.

Seyfarth, Robert M. y Dorothy L. Cheney, «Production, Usage, and Comprehension in Animal Vocalizations», *Brain and Language*, vol. 115, núm. 1 (2010), pp. 92-100. <doi.org/10.1016/j.bandl.2009.10.003>.

Snowdon, Charles T. y David Teie, «Affective Responses in Tamarins Elicited by Species-Specific Music», *Biology Letters*, vol. 6, núm. 1 (2010), pp. 30-32. <https://doi.org/10.1098/rsbl.2009.0593>.

—, «Emotional Communication in Monkeys: Music to Their Ears?», En *Evolution of Emotional Communication: From Sounds in Nonhuman Mammals to Speech and Music in Man*, editado por Eckart

Altenmüller, Sabine Schmidt y Elke Zimmermann, pp. 133-151, Oxford (Reino Unido), Oxford University Press, 2013.

Soley, Gaye y Erin E. Hannon, «Infants Prefer the Musical Meter of Their Own Culture: A Cross-Cultural Comparison», *Developmental Psychology*, vol. 46, núm. 1 (2010), p. 286. <https://doi.org/10.1037/a0017555>.

Wermke, Kathleen y Werner Mende, «Musical Elements in Human Infants' Cries: In the Beginning Is the Melody», *Musicae Scientiae* (suplemento), vol. 13, núm. 2 (2009), pp. 151-175. <https://doi.org/10.1177/1029864909013002081>.

## Capítulo 5. LETRAS

Amodio, David M. y Chris D. Frith, «Meeting of Minds: The Medial Frontal Cortex and Social Cognition», *Nature Reviews Neuroscience*, vol. 7, núm. 4 (2006), pp. 268-277. <https://doi.org/10.1038/nrn1884>.

Appel, Nadav, «"Ga, ga, ooh-la-la": The Childlike Use of Language in Pop-Rock Music», *Popular Music*, vol. 33, núm. 1 (2014), pp. 91-108. <https://www.jstor.org/stable/24736973>.

Axelrod, Jim, «Journey's "Don't Stop Believin'" Turns 30», CBS News, publicado online el 5 de junio de 2012. <https://www.cbsnews.com/news/journeys-dont-stop-believin-turns-30/>.

Belfi, Amy M. *et al.*, «Rapid Timing of Musical Aesthetic Judgments», *Journal of Experimental Psychology: General*, vol. 147, núm. 10 (2018), p. 1531. <https://doi.org/10.1037/xge0000474>.

Belfi, Amy M., Edward Vessel y G. Gabrielle Starr, «Individual Ratings of Vividness Predict Aesthetic Appeal in Poetry», *Psychology of Aesthetics Creativity and the Arts*, vol. 12, núm. 3 (2017). <https://doi.org/10.1037/aca0000153>.

Bizley, Jennifer K. y Yale E. Cohen, «The What, Where and How of Auditory-Object Perception», *Nature Reviews Neuroscience*, vol. 14, núm. 10 (2013), pp. 693-707. <https://doi.org/10.1038/nrn3565>.

Bono, «60 Songs That Saved My Life», *Rolling Stone*, publicado online el 15 de mayo de 2020.

BORČAK, Lea Wierųd, «The Sound of Nonsense: On the Function of Nonsense Words in Pop Songs», *SoundEffects: An Interdisciplinary Journal of Sound and Sound Experience*, vol. 7, núm. 1 (2017), pp. 27-43. <https://doi.org/10.7146/se.v7i1.97177>.

BRINKLEY, Douglas, «Don McLean's "American Pie"», Christie's, febrero de 2015. Consultado el 9 de junio de 2021. <https://www.christies.com/lot/lot-don-mclean-b1945-the-complete-working-manuscript-5885030/?from=salesummary&intObjectID=5885030&lid=1>.

CHRISTENSON, Peter G. *et al.*, «What Has America Been Singing About? Trends in Themes in the U.S. Top-40 Songs: 1960-2010», *Psychology of Music*, vol. 47, núm. 2 (2019), pp. 194-212. <https://doi.org/10.1177/0305735617748205>.

FINGERHUT, Joerg, *et al.*, «The Aesthetic Self: The Importance of Aesthetic Taste in Music and Art for Our Perceived Identity», *Frontiers in Psychology*, vol. 11 (2021), p. 4079. <https://doi.org/10.3389/fpsyg.2020.577703>.

FRITH, Simon, «Music and Identity», en *Questions of Cultural Identity*, editado por Stuart Hall y Paul du Gay, Thousand Oaks, CA, Sage, 1996, pp. 108-127.

GILL, A. A, «America the Marvelous», *Vanity Fair*, 14 de junio de 2013, publicado online en julio de 2013. Consultado el 14 de mayo de 2020. <https://www.vanityfair.com/culture/2013/07/america-with-love-aa-gill-excerpt>.

GREENBERG, David M. *et al.*, «The Self-Congruity Effect of Music», *Journal of Personality and Social Psychology*, vol. 121, núm. 1 (2020), pp. 137-150. <https://doi.org/10.1037/pspp0000293>.

GREENE, Andy, «Steve Perry: 5 Songs That Inspired Me», *Rolling Stone*, publicado online el 24 de octubre de 2018.

GUNTHER MOOR, Bregtje *et al.*, «Do You Like Me? Neural Correlates of Social Evaluation and Developmental Trajectories», *Social Neuroscience*, vol. 5, núm. 5-6 (2010), pp. 461-482. <https://doi.org/10.1080/17470910903526155>.

HERD, Denise, «Changing Images of Violence in Rap Music Lyrics: 1979-1997», *Journal of Public Health Policy*, vol. 30, núm. 4 (2009), pp. 395-406. <https://doi.org/10.1057/jphp.2009.36>.

History by Day, «The Complete True Story Behind "American Pie" by Don McLean», publicado online (sin fecha). Consultado el 9 de junio de 2021. <https://www.historybyday.com/popculture/the-complete-true-story-behind-american-pie-by-don-mclean-3/39.html>.

Janata, Petr, «The Neural Architecture of Music-Evoked Autobiographical Memories», *Cerebral Cortex*, vol. 19, núm. 11 (2009), pp. 2579-2594. <https://doi.org/10.1093/cercor/bhp008>.

Lévêque, Yohana y Daniele Schön, «Modulation of the Motor Cortex During Singing-Voice Perception», *Neuropsychologia*, núm. 70 (2015), pp. 58-63.

Murphey, Tim, «The When, Where, and Who of Pop Lyrics: The Listener's Prerogative», *Popular Music*, vol. 8, núm. 2 (1989), pp. 185-193. <https://www.jstor.org/stable/853468>.

Nawrocki, Tom, «Rewind: The Biggest Instrumental Hits of the Past 50 Years», *Cuepoint*, 10 de abril de 2015. Consultado el 10 de noviembre de 2021. <https://medium.com/cuepoint/what-do-the-harlem-shake-star-wars-gary-glitter-hawaii-five-o-and-barry-white-have-in-common-542dc7c0c545>.

Nummenmaa, Lauri, Vesa Putkinen y Mikko Sams, «Social Pleasures of Music», *Current Opinion in Behavioral Sciences*, núm. 39 (2021), pp. 196-202. <https://doi.org/10.1016/j.cobeha 2021.03.026>.

Peretz, Isabelle y Max Coltheart, «Modularity of Music Processing», *Nature Neuroscience*, vol. 6, núm. 7 (2003), pp. 688-691. <https://doi.org/10.1038/nn1083>.

Recording Industry Association of America, «Top 365 Songs of the Twentieth Century», publicado en marzo de 2001 por la Recording Industry Association of America (RIAA) y el National Endowment for the Arts (NEA). <http://www.theassociation.net/txt-music5.html>.

Sapolsky, Robert M., *Behave: The Biology of Humans at Our Best and Worst*, Nueva York, Penguin, 2017, p. 165. [Hay trad. cast.: *Compórtate*, Madrid, Capitán Swing, 2019.]

Schlaug, Gottfried *et al.*, «From Singing to Speaking: Facilitating Recovery from Nonfluent Aphasia», *Future Neurology*, vol. 5, núm. 5 (2010), pp. 657-665. <https://doi.org/10.2217/fnl.10.44>.

Schwartz, John, «To Know Me, Know My iPod», *New York Times*, 28 de noviembre de 2004. <https://www.nytimes.com/2004/11/28/weekinreview/to-know-me-know-my-ipod.html>.

Smirke, Richard, «U2 Producer Andy Barlow on "Songs of Experience": "The Album Changed Massively After Trump Got Elected"», *Billboard*, 12 de junio de 2017. <https://www.billboard.com/music/rock/andy-barlow-interview-u2-producer-songs-experience-8061774/>.

«Top 100 Instrumental Songs Since 1960», Tunecaster, publicado online (sin fecha). Consultado el 18 de noviembre de 2021. <http://tunecaster.com/special/most-popular/instrumentals.html>.

Ventzislavov, Rossen, «Singing Nonsense», *New Literary History*, vol. 45, núm. 3 (2014), pp. 507-522. <https://doi/10.1353/nlh.2014.0024>.

Zatorre, Robert J., Pascal Belin y Virginia B. Penhune, «Structure and Function of Auditory Cortex: Music and Speech», *Trends in Cognitive Sciences*, vol. 6, núm. 1 (2002), pp. 37-46. <https://doi.org/10.1016/S1364-6613(00)01816-7>.

Zatorre, Robert J., Joyce L. Chen y Virginia B. Penhune, «When the Brain Plays Music: Auditory-Motor Interactions in Music Perception and Production», *Nature Reviews Neuroscience*, vol. 8, núm. 7 (2007), pp. 547-558. <https://doi.org/10.1038/nrn2152>.

## Capítulo 6. RITMO

Cook, Peter *et al.*, «A California Sea Lion (*Zalophus californianus*) Can Keep the Beat: Motor Entrainment to Rhythmic Auditory Stimuli in a Non Vocal Mimic», *Journal of Comparative Psychology*, vol. 127, núm. 4 (2013), pp. 412-427.

Drake, Carolyn, Mari Riess Jones y Clarisse Baruch, «The Development of Rhythmic Attending in Auditory Sequences: Attunement, Referent Period, Focal Attending», *Cognition*, vol. 77, núm. 3 (2000), pp. 251-288.

Dreifus, Claudia, «Exploring Music's Hold on the Mind», *New York Times*, 31 de mayo de 2010.

FITCH, W. Tecumseh, «The Biology and Evolution of Rhythm: Unravelling a Paradox», *Language and Music as Cognitive Systems*, editado por Patrick REBUSCHAT *et al.*, Oxford, Reino Unido, Oxford University Press, 2012.

—, «Dance, Music, Meter and Groove: A Forgotten Partnership», *Frontiers in Human Neuroscience*, núm. 10 (2016), p. 64.

—, «Four Principles of Bio-musicology», *Philosophical Transactions of the Royal Society B: Biological Sciences*, vol. 370, núm. 1664 (2015), p. 20140091.

—, «Rhythmic Cognition in Humans and Animals: Distinguishing Meter and Pulse Perception», *Frontiers in Systems Neuroscience*, núm. 7 (2013), p. 68.

GOOD, Arla y Frank A. RUSSO, «Singing Promotes Cooperation in a Diverse Group of Children», *Social Psychology*, vol. 47, núm. 6 (2016), pp. 340-344.

GURALNICK, Peter, *Sam Phillips: The Man Who Invented Rock 'n' Roll*, Nueva York, Back Bay, 2015, pp. 15 y 255.

HATTORI, Yuko, Masaki TOMONAGA y Tetsuro MATSUZAWA, «Spontaneous Synchronized Tapping to an Auditory Rhythm in a Chimpanzee», *Scientific Reports*, vol. 3, núm. 1 (2013), pp. 1-6.

HONING, Henkjan, «Without It No Music: Beat Induction as a Fundamental Musical Trait», *Annals of the New York Academy of Sciences*, vol. 1252, núm. 1 (2012), pp. 85-91.

IVERSEN, John R., Bruno REPP y Aniruddh PATEL, «Top-Down Control of Rhythm Perception Modulates Early Auditory Responses», *Annals of the New York Academy of Sciences*, vol. 1169, núm. 1 (2009), pp. 58-73.

KEEHN, R., Joanne JAO *et al.*, «Spontaneity and Diversity of Movement to Music Are Not Uniquely Human», *Current Biology*, vol. 29, núm. 13 (2019), pp. R621-R622.

KOELSCH, Stefan, Peter VUUST y Karl FRISTON, «Predictive Processes and the Peculiar Case of Music», *Trends in Cognitive Sciences*, vol. 23, núm. 1 (2019), pp. 63-77.

LARGE, Edward W. y Patricia M. GRAY, «Spontaneous Tempo and Rhythmic Entrainment in a Bonobo (*Pan paniscus*)», *Journal of Comparative Psychology*, vol. 129, núm. 4 (2015), p. 317.

Lindner, Axel *et al.*, «Human Posterior Parietal Cortex Plans Where to Reach and What to Avoid», *Journal of Neuroscience*, vol. 30, núm. 35 (2010), pp. 11715-11725.

MacDougall, H. G. y S. T. Moore, «Marching to the Beat of the Same Drummer: The Spontaneous Tempo of Human Locomotion», *Journal of Applied Physiology*, vol. 99, núm. 3 (2005), pp. 1164-1173.

Martens, Peter A., «The Ambiguous Tactus: Tempo, Subdivision Benefit, and Three Listener Strategies», *Music Perception: An Interdisciplinary Journal*, vol. 28, núm. 5 (2011), pp. 433-448.

Mathias, Brian *et al.*, «Electrical Brain Responses to Beat Irregularities in Two Cases of Beat Deafness», *Frontiers in Neuroscience*, núm. 10 (2016), p. 40.

McAuley, J. Devin *et al.*, «The Time of Our Lives: Life Span Development of Timing and Event Tracking», *Journal of Experimental Psychology: General*, vol. 135, núm. 3 (2006), p. 348.

Merchant, Hugo y Apostolos P. Georgopoulos, «Neurophysiology of Perceptual and Motor Aspects of Interception», *Journal of Neurophysiology*, vol. 95, núm. 1 (2006), pp. 1-13.

Montagu, Jeremy, «How Music and Instruments Began: A Brief Overview of the Origin and Entire Development of Music, from Its Earliest Stages», *Frontiers in Sociology*, núm. 2 (2017), p. 8.

Patel, Aniruddh D., *Music, Language, and the Brain*, Nueva York, Oxford University Press, 2010.

Patel, Aniruddh D. y John R. Iversen, «The Evolutionary Neuroscience of Musical Beat Perception: The Action Simulation for Auditory Prediction (ASAP) Hypothesis», *Frontiers in Systems Neuroscience*, núm. 8 (2014), p. 57.

Patel, Aniruddh D., John R. Iversen, Micah R. Bregman e Irena Schulz, «Experimental Evidence for Synchronization to a Musical Beat in a Nonhuman Animal», *Current Biology*, vol. 19, núm. 10 (2009), pp. 827-830.

Pearce, Eiluned, Jacques Launay y Robin I. M. Dunbar, «The Ice-Breaker Effect: Singing Mediates Fast Social Bonding», *Royal Society Open Science*, vol. 2, núm. 10 (2015), p. 150221.

PHILLIPS-SILVER, Jessica *et al.*, «Born to Dance but Beat Deaf: A New Form of Congenital Amusia», *Neuropsychologia*, vol. 49, núm. 5 (2011), pp. 961-969.

RICHTER, Joachim y Roya OSTOVAR, «"It Don't Mean a Thing If It Ain't Got That Swing": An Alternative Concept for Understanding the Evolution of Dance and Music in Human Beings», *Frontiers in Human Neuroscience*, núm. 10 (2016), p. 485.

ROSS, Jessica M., John R. IVERSEN y Ramesh BALASUBRAMANIAM, «The Role of Posterior Parietal Cortex in Beat-Based Timing Perception: A Continuous Theta Burst Stimulation Study», *Journal of Cognitive Neuroscience*, vol. 30, núm. 5 (2018), pp. 634-643.

SISARIO, Ben, «Charlie Watts, the Unlikely Soul of the Rolling Stones», *New York Times*, 24 de agosto de 2021. <https://www.nytimes.com/2021/08/24/arts/music/charlie-watts-rolling-stones.html>.

TEMPERLEY, David, «Communicative Pressure and the Evolution of Musical Styles», *Music Perception*, vol. 21, núm. 3 (2004), pp. 313-337.

WITEK, Maria A. G. *et al.*, «Syncopation, Body-Movement and Pleasure in Groove Music», *PLOS One*, vol. 9, núm. 4 (2014), p. e94446.

YONG, Ed, «Not a Human, but a Dancer», *Atlantic*, 8 de julio de 2019. Consultado el 21 de noviembre de 2021. <https://www.theatlantic.com/science/archive/2019/07/what-snowball-dancing-parrot-tells-us-about-dance/593428/>.

ZENTNER, Marcel y Tuomas EEROLA, «Rhythmic engagement with music in infancy», *Proceedings of the National Academy of Sciences*, vol. 107, núm. 13 (2010), pp. 5768-5773.

## Capítulo 7. TIMBRE

ABDURRAQIB, Hanif, «The TR-808 Drum Machine Changed the Sound of Pop Music Forever», *Smithsonian*, julio de 2020.

ABRAMS, Daniel A. *et al.*, «Auditory Brainstem Timing Predicts Cerebral Asymmetry for Speech», *Journal of Neuroscience*, vol. 26, núm. 43 (2006), pp. 11131-11137.

ALLURI, Vinoo, Petri TOIVIAINEN, Iiro P. JÄÄSKELÄINEN, Enrico GLEREAN, Mikko SAMS y Elvira BRATTICO, «Large-Scale Brain Networks Emerge from Dynamic Processing of Musical Timbre, Key and Rhythm», *NeuroImage*, núm. 59 (2012), pp. 3677-3689.

ARNAL, Luc H. *et al.*, «Human Screams Occupy a Privileged Niche in the Communication Soundscape», *Current Biology*, vol. 25, núm. 15 (2015), pp. 2051-2056.

BARRATT, Emma L. y Nick J. DAVIS, «Autonomous Sensory Meridian Response (ASMR): A Flow-like Mental State», *PeerJ*, núm. 3 (2015), p. e851.

BERNSTEIN, David, «The Moog Synthesizer Makes a Comeback», *New York Times*, 29 de septiembre de 2004.

BREGMAN, Albert S., *Auditory Scene Analysis: The Perceptual Organization of Sound*, Cambridge, MA, MIT Press, 1990.

COLLINS, Sarah A, «Men's Voices and Women's Choices», *Animal Behaviour*, vol. 60, núm. 6 (2000), pp. 773-780.

COLLINS, Sarah A. y Caroline MISSING, «Vocal and Visual Attractiveness Are Related in Women», *Animal Behaviour*, vol. 65, núm. 5 (2003), pp. 997-1004.

ERICKSON, Molly L. y Susan R. PERRY, «Can Listeners Hear Who Is Singing? A Comparison of Three-Note and Six-Note Discrimination Tasks», *Journal of Voice*, vol. 17, núm. 3 (2003), pp. 353-369.

FEINBERG, David R. *et al.*, «The Role of Femininity and Averageness of Voice Pitch in Aesthetic Judgments of Women's Voices», *Perception*, vol. 37, núm. 4 (2008), pp. 615-623.

FRITZ, Claudia *et al.*, «Player Preferences Among New and Old Violins», *Proceedings of the National Academy of Sciences*, vol. 109, núm. 3 (2012), pp. 760-763.

FRITZ, Claudia *et al.*, «Soloist Evaluations of Six Old Italian and Six New Violins», *Proceedings of the National Academy of Sciences*, vol. III, núm. 20 (2014), pp. 7224-7229.

GIBSON, Caitlin, «A Whisper, Then Tingles, Then 87 Million YouTube Views: Meet the Star of ASMR», *Washington Post*, 15 de diciembre de 2014.

GROSSBERG, Stephen, «Adaptive Resonance Theory: How a Brain Learns to Consciously Attend, Learn, and Recognize a Changing World», *Neural Networks*, núm. 37 (2013), pp. 1-47.

HANDEL, Stephen y Molly L. ERICKSON, «Sound Source Identification: The Possible Role of Timbre Transformations», *Music Perception*, vol. 21, núm. 4 (2004), pp. 587-610.

HUGHES, Susan M., Franco DISPENZA y Gordon G. GALLUP Jr, «Ratings of Voice Attractiveness Predict Sexual Behavior and Body Configuration», *Evolution and Human Behavior*, vol. 25, núm. 5 (2004), pp. 295-304.

KUMAR, Sukhbinder *et al.*, «The Brain Basis for Misophonia», *Current Biology*, vol. 27, núm. 4 (2017), pp. 527-533.

MANTIONE, Mariska, Martijn FIGEE y Damiaan DENYS, «A Case of Musical Preference for Johnny Cash Following Deep Brain Stimulation of the Nucleus Accumbens», *Frontiers in Behavioral Neuroscience*, núm. 8 (2014), p. 152.

McADAMS, Stephen, «Recognition of Sound Sources and Events», *Thinking in Sound: The Cognitive Psychology of Human Audition* (1993), pp. 146-198.

McDERMOTT, Josh H, «Auditory Preferences and Aesthetics: Music, Voices, and Everyday Sounds», En *Neuroscience of Preference and Choice*, editado por Raymond Dolan y Tali Sharot, Waltham, MA, Academic Press, 2012, pp. 227-256.

NAGYVARY, Joseph *et al.*, «Wood Used by Stradivari and Guarneri», *Nature*, vol. 444, núm. 7119 (2006), p. 565.

PERETZ, Isabelle, «Towards a Neurobiology of Musical Emotions», en *Handbook of Music and Emotion: Theory, Research, Applications*, editado por Patrik N. JUSLIN y John A. SLOBODA, Oxford, Reino Unido, Oxford University Press, 2011, pp. 99-126.

POERIO, Giulia Lara *et al.*, «More Than a Feeling: Autonomous Sensory Meridian Response (ASMR) Is Characterized by Reliable Changes in Affect and Physiology», *PLOS One*, vol.13, núm. 6 (2018), p. e0196645.

PUTS, David Andrew, Steven J. C. GAULIN y Katherine VERDOLINI, «Dominance and the Evolution of Sexual Dimorphism in Human Voice Pitch», *Evolution and Human Behavior*, vol. 27, núm. 4 (2006), pp. 283-296.

RICKLY, Geoff, entrevista con Trent REZNOR, *Alternative Press*, 26 de junio de 2004.

ROUW, Romke y Mercede ERFANIAN, «A Large-Scale Study of Misophonia», *Journal of Clinical Psychology*, vol. 74, núm. 3 (2018), pp. 453-479.

SALIMPOOR, Valorie N. *et al.*, «Predictions and the Brain: How Musical Sounds Become Rewarding», *Trends in Cognitive Sciences*, vol. 19, núm. 2 (2015), pp. 86-91.

SAPOLSKY, Robert M. *Behave: The Biology of Humans at Our Best and Worst*. Nueva York, Penguin, 2017, p. 41. [Hay trad. cast.: *Compórtate*, Madrid, Capitán Swing, 2019.]

SCAPELLITI, Christopher, «The Guitar Gear Behind Derek & the Dominos' "Layla"», *Guitar Player*, 22 de julio de 2020.

STOEL, Berend C. y Terry M. BORMAN, «A Comparison of Wood Density Between Classical Cremonese and Modern Violins», *PLOS One*, vol. 3, núm. 7 (2008), p. e2554.

TAI, Hwan-Ching *et al.*, «Acoustic Evolution of Old Italian Violins from Amati to Stradivari», *Proceedings of the National Academy of Sciences*, vol. 115, núm. 23 (2018), pp. 5926-5931.


## Capítulo 8. FORMA Y FUNCIÓN

*Birmingham Times*, «Ten of the Greatest Jazz Groups, Bands, and Orchestras», 29 de junio de 2016. <http://www.birmingham times.com/2016/06/10-of-the-greatest-jazz-groups-bands-orchestras/>.

GALLUCCI, Michael, «Grateful Dead Albums Ranked Worst to Best», Ultimate Classic Rock, 24 de junio de 2015. <https://ultimate classicrock.com/grateful-dead-albums-ranked/>.

GURALNICK, Peter, *Sam Phillips: The Man Who Invented Rock 'n' Roll*, Nueva York, Back Bay, 2015, p. 166.

HALL, Rick, *The Man from Muscle Shoals: My Journey from Shame to Fame*, Monterey, Heritage Builders, 2015, p. 187.

HOLDEN, Stephen, «Pop: Prince, a Renegade», *New York Times*, 28 de marzo de 1981.

JOYCE, Mike, «Robben Ford "Supernatural" Blue Thumb», *Washington Post*, 12 de noviembre de 1999.

MYERS, Paul, *Barenaked Ladies: Public Stunts, Private Stories*, Nueva York, Simon and Schuster, 2007.

SMOORENBURG, Guido F. «Pitch Perception of Two-Frequency Stimuli», *Journal of the Acoustical Society of America*, vol. 48, núm. 4B (1970), pp. 924-942.

## Capítulo 9. ENAMORARSE

BELFI, Amy M. *et al.*, «Rapid Timing of Musical Aesthetic Judgments», *Journal of Experimental Psychology: General*, vol. 147, núm. 10 (2018), p. 1531.

BERRIDGE, Kent C., Terry E. ROBINSON y J. Wayne ALDRIDGE, «Dissecting Components of Reward: "Liking", "Wanting", and Learning», *Current Opinion in Pharmacology*, vol. 9, núm. 1 (2009), pp. 65-73.

BRIELMANN, Aenne A. y Denis G. PELLI, «Beauty Requires Thought», *Current Biology*, vol. 27, núm. 10 (2017), pp. 1506-1513.

CHRISTOFF, Kalina *et al.*, «Mind-Wandering as Spontaneous Thought: A Dynamic Framework», *Nature Reviews Neuroscience*, vol. 17, núm. 11 (2016), pp. 718-731.

DAVIS, Miles y Quincy TROUPE, *Miles*, Nueva York, Simon and Schuster, 1990, p. 333. [Hay trad. cast.: *Miles: la autobiografía*, Barcelona, Alba, 2015.]

JAMES, William, *The Principles of Psychology*, Nueva York, Henry Holt, 1890.

KANDEL, Eric, *Reductionism in Art and Brain Science*, Nueva York, Columbia University Press, 2016.

MIU, Andrei C., Simina Pițur y Aurora SZENTÁGOTAI-TĂTAR, «Aesthetic Emotions Across Arts: A Comparison Between Painting and Music», *Frontiers in Psychology*, núm. 6 (2016), p. 1951.

SALIMPOOR, Valorie N. *et al.*, «Predictions and the Brain: How Musical Sounds Become Rewarding», *Trends in Cognitive Sciences*, vol. 19, núm. 2 (2015), pp. 86-91.

VESSEL, Edward A., G. Gabrielle STARR y Nava RUBIN, «Art Reaches Within: Aesthetic Experience, the Self and the Default Mode Network», *Frontiers in Neuroscience*, núm. 7 (2013), p. 258.

WILKINS, Robin W. *et al.*, «Network Science and the Effects of Music Preference on Functional Brain Connectivity: From Beethoven to Eminem», *Scientific Reports*, vol. 4, núm. 1 (2014), pp. 1-8.

ZSOK, Florian *et al.*, «What Kind of Love Is Love at First Sight? An Empirical Investigation», *Personal Relationships*, vol. 24, núm. 4 (2017), pp. 869-885.